MATLAB 与科学计算教程

王沫然　编著

电子工业出版社
Publishing House of Electronics Industry
北京·BEIJING

内 容 简 介

本书从高校数学课程的教学出发，结合科学研究和工程计算的实际，系统详细地介绍了 MATLAB 语言的强大功能及其在科学计算领域中的应用。本书的前身——《MATLAB 与科学计算》作为工具书已出版 3 版，受到了广大读者的一致好评；为了适应高校的教学需求，本书在内容上做了调整，增加了课后习题和例题，以适应教学和课程学习的不同需求。

本书可作为 MATLAB 的教学用书，也可作为高等数学、线性代数、计算方法、复变函数、概率统计、数学规划等课程的教学辅导书，还可作为科研人员及工程计算人员学习和使用 MATLAB 的工具书。

图书在版编目（CIP）数据

MATLAB 与科学计算教程 / 王沫然编著. —北京：电子工业出版社，2016.2
ISBN 978-7-121-28146-4

I. ①M… II. ①王… III. ①计算机辅助计算—Matlab 软件—高等学校—教材 IV. ①TP391.75

中国版本图书馆 CIP 数据核字（2016）第 026443 号

策划编辑：赵玉山
责任编辑：桑　昀
印　　刷：北京虎彩文化传播有限公司
装　　订：北京虎彩文化传播有限公司
出版发行：电子工业出版社
　　　　　北京市海淀区万寿路 173 信箱　　邮编：100036
开　　本：787×1092　1/16　印张：23.5　字数：617 千字
版　　次：2016 年 2 月第 1 版
印　　次：2025 年 1 月第 12 次印刷
定　　价：48.00 元

凡所购买电子工业出版社图书有缺损问题，请向购买书店调换。若书店售缺，请与本社发行部联系，联系及邮购电话：(010) 88254888。

质量投诉请发邮件至 zlts@phei.com.cn，盗版侵权举报请发邮件至 dbqq@phei.com.cn。

服务热线：(010) 88258888。

前　　言

1. 编写目的

自 MATLAB 4.0 问世以来，MATLAB 语言就成为了最具吸引力、应用最为广泛的科学计算语言，2001 年 Mathworks 公司推出了强大的 MATLAB 升级版本 MATLAB 6.0，使其在符号运算和图形处理功能上进一步完善。如今，MATLAB 已成为集数值计算功能、符号运算功能和图形处理功能为一身的超级科学计算语言，可以说 MATLAB 语言是真正的 21 世纪的科学计算语言。除此之外，新版本的 MATLAB 还增强了它的应用工具箱，使 MATLAB 的应用面越来越广，功能也越来越强大。

在国外，MATLAB 不仅大量走入企业、各大公司和科研机构，而且在高等院校中，MATLAB 也成为大学生们必不可少的计算工具，甚至是从本科生到博士生都必须掌握的一项基本技能。在我国，MATLAB 之风已在各大高等院校悄然兴起，越来越多的人开始关注和使用 MATLAB，许多专业已把 MATLAB 作为基本计算工具。针对这种情况，本书旨在全面地介绍 MATLAB 的主要功能——科学计算及其可视化，以及它在计算方法、复变函数、统计和优化等领域中的应用，使 MATLAB 真正成为不同专业的学生及科研、工程技术人员所普遍认可的科学计算工具。

鉴于如上原因，编者长期致力于 MATLAB 的推广工作。2000 年之前曾编写过《MATLAB 5.x 与科学计算》，由清华大学出版社出版，并获得了广大读者的好评。但由于当时出版条件有限，对 MATLAB 的基本功能介绍还显不足，很多热心的读者也曾经通过电子邮件询问过此类问题，并希望在新的版本中看到更详尽的介绍。2001 年，在电子工业出版社的帮助下，配合 MATLAB 6.0 软件的产生，又推出了《MATLAB 6.0 与科学计算》，该书应读者的要求，补充了 MATLAB 基本功能的系统介绍，同时继承了原书的实用性风格，一经出版就获得了广大读者的一致好评，很多大学、研究所和企业还将此书作为 MATLAB 的教材和科学计算的辅助教材。2003 年，应读者需求在原书的基础上增加了动画实现、程序接口以及 Simulink 建模等内容，实现了对 MATLAB 全功能的系统介绍，图书也随即升级为《MATLAB 与科学计算》（第 2 版）。在接下来的十年时间里，第 2 版被重印了十几次，经久不衰。2011 年，编者从海外回国执教，并开始在清华大学开设全校性课程《MATLAB 与科学计算》，经过几次教学体验后，2012 年根据教学需求再次修改并出版了第 3 版《MATLAB 与科学计算》。第 3 版修正了一些由于软件升级所造成的应用问题，增加了教学实用例题，更贴近教学用书。但是，经过最近三年的教学体验，编者还是深刻体会到出版一本真正适用于高校本科生教学的 MATLAB 教材的必要性。鉴于此，本书在前书的基础上做了大量结构上的调整，结合教学案例以及近 5 年热心读者的建设性建议，增加了课后习题，正式将它完善成为一本教学用书，希望能给关注 MATLAB 教学的教师和希望学习 MATLAB 的学生提供一本满意的教材。

2. 内容框架

本书基于 MATLAB 最新版本，全面系统地介绍了它的数值计算、符号运算和图形处理等功能，让读者对 MATLAB 的强大功能有基本了解，同时深入科学计算内部，较为详尽地讲述了 MATLAB 在计算方法、复变函数、概率统计以及最优化问题等领域的应用。

全书按内容共分 10 章。

第 1 章主要介绍 MATLAB 的概况、MATLAB 安装、桌面平台及帮助系统，使读者在使用 MATLAB 之前对使用环境有一个整体的认识。

第 2 章包括 MATLAB 的数据结构、向量及其运算、矩阵及其运算、数组及其运算和多项式运算等几部分内容。

第 3 章全面介绍 MATLAB 的符号计算功能，主要包括符号表达式和符号矩阵的建立及其基本运算、符号微积分、符号代数方程求解以及符号常微分方程求解。此外，还介绍了一种使用方便的"图示化函数计算器"，以及如何利用接口来实现更为强大的符号处理功能等。

第 4 章介绍图形处理的基本功能及高级功能，包括二维、三维甚至四维图形的绘制，图形处理的技术，图形窗口的控制，句柄图形，图形用户界面（GUI）的处理方法以及动画显示的方法。

第 5 章介绍 MATLAB 语言的开放性程序设计，读者可依其简单的规则编制属于自己的程序函数库。

第 6 章主要介绍 MATLAB 在科学计算应用中与 FORTRAN 及 C 等高级语言的接口问题，并增加了创建独立应用程序的内容。

第 7 章结合大学的计算方法课程，详尽地讲解了 MATLAB 在插值与拟合、微积分、线性方程组解法、非线性方程组解法、特征值问题及常微分方程解法等方面的应用，且给出了众多的例子和例程。

第 8 章着重介绍利用 MATLAB 内部功能函数来解决复数领域中的一些问题，如复数的基本运算、复矩阵的各种函数运算、留数的计算及解析函数的 Taylor 展开。另外，还延伸讲解一些可能用到的 Laplace 变换、Fourier 变换和 Z 变换等重要运算。

第 9 章将为那些苦于实验数据处理统计的人打开方便之门，将介绍如何用 MATLAB 处理数学期望值、方差、协方差、相关系数、参数估计、置信区间计算、假设检验、方差分析及回归诊断等问题。

第 10 章介绍一个热门和实用的问题——最优化问题。主要介绍以下问题处理的方法：线性优化、二次优化、自由优化和强约束优化，有很大的现实意义。

3．本书的特点

（1）内容系统、全面

本书对最新版的 MATLAB 的科学计算功能做了详尽的介绍，这在国内外出版物中还不多见。且本书没有局限于对 MATLAB 命令的简单介绍，而是结合不同层次的高校教学中的数学课程，做到有的放矢，适应面广。

（2）紧密结合理论、算法语言及 MATLAB 实现

介绍理论、算法并非本书的目的，然而在一些问题上只有紧密结合三者才能使读者对 MATLAB 有更全面、准确的认识。

（3）算例多、应用性强

本书提供了众多的算例，特别是在第 7 章以后，许多算例是来自各大学教材及讲义的习题或作业，因此对各层次的学生来说，适用性和实用性更强。

（4）基于 MATLAB 最新版，对主要命令各版本兼顾

笔者是从 MATLAB 4.0 开始使用 MATLAB 的，因此，对不同版本的主要命令比较熟悉。在本书写作中，尽可能多地标注出不同版本之间的异同之处，以供各种版本的用户使用。

（5）命令查询方便

本书还提供了主要函数命令的索引和注释，是学习 MATLAB 的好帮手。

4．致谢

编者自学会使用 MATLAB 之日起，就一直致力于 MATLAB 在中国的推广工作。后经几位老师指导，终于可在数学上初窥门径。能够写成此书，需要感谢在学期间清华大学的数学分析、数值分析、线性代数、统计学、运筹学、计算机仿真学以及大规模数学优化等课程老师的教导。特别感谢清华大学的顾丽珍、白峰杉、高策里、李海中等几位教授和所有支持此书编写的老师。

能够完成此书，离不开我的父母、岳父母以及妻儿给我的支持和鼓励，在此向他们表示感谢；也希望最新版的出版能够告慰父亲的在天之灵。

编者要感谢电子工业出版社计算机图书分社社长郭立女士，正是她在 2001 年的敏锐挖掘和发现，才使《MATLAB 与科学计算》系列图书能够以崭新的面貌展现给读者；感谢张立红编辑和张月萍编辑对《MATLAB 与科学计算》系列图书的精心雕琢和润色；特别感谢赵玉山编辑对《MATLAB 与科学计算教程》图书在选题、内容架构以及语言表达方面的真诚建议以及所付出的巨大努力。没有三位编辑的大力帮助，很难让我在繁忙的科研教学之余完成这样一个严肃而艰巨的任务。本书的出版还得益于清华大学本科教学改革立项项目的支持。

最后还要衷心感谢关心和喜欢本书的那些可爱的读者们！热爱 MATLAB 是我撰写这样一本教材的初动力，而读者的欣赏、支持和鼓励则是我坚持不断完善该书的持久推动力。当我远渡重洋在美国多次遇到同学同事打开行李箱拿出仅有的一本或有限的几本参考书中有我所编写的书时，当我看到他们偶然发现他们珍藏的参考书的作者就在眼前那种惊诧的眼神时，我清晰地感觉到我内心深处不仅仅有成就感，更多的可能还是责任感。更让我欣喜的是读者来信，让我从抱怨和批评中得到灵感，从赞扬和感谢中获取坚持。

本书旨在推广 MATLAB，倘若读者能从本书中有所裨益的话，实属编者之幸。由于水平有限，错误及不当之处在所难免，恳请读者指正。

编者 王沫然
2015 年 10 月于清华园

目　　录

第*1*章 绪 论

MATLAB 是一种功能非常强大的科学计算软件。在正式使用它之前应对它有一个整体的认识。本章将介绍 MATLAB 的基本内容，主要包括 MATLAB 的历史、MATLAB 的特点、MATLAB 的安装过程及一些网络资源等。由于 MATLAB 的工具箱和模块集种类繁多，因此，可采用 SWYN（Select What You Need）安装模式。本书给出的各组件的说明，用户可以根据自己的需要选择安装。对 MATLAB 桌面环境的介绍可以使用户在使用时得心应手。MATLAB 具有强大的帮助系统，了解这些帮助系统对 MATLAB 的学习和使用是非常重要的。帮助系统主要包括在线帮助系统、演示系统和命令查询等。另外，对于 MATLAB 的使用者来说，了解 MATLAB 的搜索路径及其扩展的方法也是非常重要的。

1.1 MATLAB 简介

本节主要介绍 MATLAB 的整体概况、MATLAB 软件的历史、MATLAB 的一些特点及 MATLAB 的网络资源。

1.1.1 21 世纪的科学计算语言

MATLAB 源于 MATrix LABoratory 一词，原意为矩阵实验室。一开始它是一种专门实现矩阵数值计算的软件。随着 MATLAB 市场化，MATLAB 不仅具有数值计算功能，而且具有了数据可视化功能。自 MATLAB 4.1 版本开始，MATLAB 拥有了它自己的符号运算功能，MATLAB 的应用范围进一步拓宽。在 MATLAB 中，MATLAB 不仅在数值计算、符号运算和图形处理等功能上进一步加强，而且又增加了许多工具箱。目前，MATLAB 已拥有数十个工具箱，以供不同专业的科技人员使用。特别是在最新的 MATLAB 版本中，计算速度又有了明显的提高。

MATLAB 自产生之日起，就以其强大的功能和良好的开放性在科学计算诸软件中独占鳌头。如今，MATLAB 在数值计算、符号运算及图形处理方面都在同类产品中占有优势。再考虑到 MATLAB 的开放性、易学易用性等优点，MATLAB 的确是高校学生、教师、科研人员和工程计算人员的最佳选择。MATLAB 是真正面向 21 世纪的科学计算语言。

MATLAB 主要有以下其他同类工具无可比拟的特点。

1. 功能强大

MATLAB 不仅在数值计算上继续保持着相对其他同类软件的绝对优势，而且还具有符号运算功能。用户不必像以前的计算人员那样在掌握 MATLAB 的同时还要学习另一种符号运算软件。用户只要学会了 MATLAB，就可以方便地处理诸如矩阵变换及运算、多项式运算、微积分运算、线性与非线性方程求解、常微分方程求解、偏微分方程求解、插值与拟合、统计及优化等问题了。

做过数学计算的人可能知道，在计算中最难处理的就是算法的选择，这个问题在 MATLAB 面前释然而解。MATLAB 中许多功能函数都带有算法的自适应能力，且算法先进，大大解决了用户的后顾之忧。同时，这也大大弥补了 MATLAB 程序因非可执行文件而影响其速度的缺陷，因为在很多实际问题中，计算速度对算法的依赖程度大大高于对运算本身的依赖程度。另外，MATLAB 提供了一套完善的图形可视化功能，为用户向别人展示自己的计算结果提供了广阔的空间。图 1.1 和图 1.2 就是用 MATLAB 绘制的三维图形和流场显示图。

 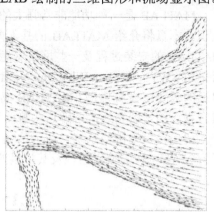

图 1.1　MATLAB 三维图形示例　　　　　　图 1.2　MATLAB 流场图形示例

2．语言简单

一种语言无论其功能多么强大，如果语言本身艰涩难懂，那么它绝非一个成功的语言。而 MATLAB 是成功的，它允许用户以数学形式的语言编写程序，比 BASIC、FORTRAN 和 C/C++等语言更接近于书写计算公式的思维方式。它的操作和功能函数指令就是以平时计算机和数学书上的一些简单英文单词表达的。由于它在很长一段时间内是用 C 语言开发的，它的不多的几个程序流控制语句同 C 语言差别甚微，初学者很容易掌握。

MATLAB 语言的帮助系统也近乎完备，用户可以方便地查询到想要的各种信息。

另外，MATLAB 还专门为初学者（包括其中某一个工具箱的初学者）提供了功能演示窗口，用户可以从中得到感兴趣的例子及演示。

3．扩充能力强、可开发性强

MATLAB 能发展到今天这种程度，它的可扩充性和可开发性起着不可估量的作用。MATLAB 本身就像一个解释系统，对其中的函数程序的执行以一种解释执行的方式进行。这样最大的好处是 MATLAB 完全成了一个开放的系统，用户可以方便地看到函数的源程序，也可以方便地开发自己的程序，甚至创建自己的"库"。

另外，MATLAB 并不"排他"，MATLAB 可以方便地与 FORTRAN、C/C++、Java 等语言接口，以充分利用各种资源。用户只要将已有的 EXE 文件转换成 MEX 文件，就可以方便地调用有关程序和子程序。

MATLAB 还和 Maple 有很好的接口，这也大大扩充了 MATLAB 的符号运算功能。

4. 编程易、效率高

从形式上看，MATLAB 程序文件是一个纯文本文件，扩展名为 m。用任何字处理软件都可以对它进行编写和修改，因此程序易调试，人机交互性强。

另外，MATLAB 还具有比较健全的调试系统，调试方便、简单。

1.1.2 MATLAB 的发展历史

在 20 世纪 70 年代中期，Cleve Moler 和其同事在美国国家科学基金的资助下研究开发了调用 LINPACK 和 EISPACK 的 FORTRAN 子程序库。这两个程序库代表着当时矩阵计算的最高水平。到 20 世纪 70 年代后期，身为新墨西哥大学计算机科学系系主任的 Cleve Moler，在给学生开线性代数课程时，他开始用业余时间为学生编写使用方便的 LINPACK 和 EISPACK 的接口程序。Cleve Moler 给这个接口程序取名为 MATLAB，意思是"矩阵实验室"。不久以后，MATLAB 便受到了学生的普遍欢迎，并且 MATLAB 也成了应用数学界的一个术语。

1983 年早春，Cleve Moler 到斯坦福大学访问，身为工程师的 John Little 意识到 MATLAB 潜在的广阔应用领域，应该在工程计算方面有所作为。于是在同年，他与 Moler 及 Steve Bangert 一起合作开发了第二代专业版 MATLAB。从这一代开始，MATLAB 的核心就采用 C 语言编写。也是从这一代开始，MATLAB 不仅具有数值计算功能，而且具有了数据可视化功能。

1984 年，Mathworks 公司成立，把 MATLAB 推向了市场，并继续 MATLAB 的研制和开发。MATLAB 在市场上的出现，为各国科学家开发本学科相关软件提供了基础。例如，在 MATLAB 问世不久后的 20 世纪 80 年代中期，原来控制领域里的一些封闭式软件包（如英国的 UMIST、瑞典的 LUND 和 SIMNON、德国的 KEDDC）就纷纷被淘汰或在 MATLAB 上重建。

1993 年，MATLAB 的第一个 Windows 版本问世。同年，支持 Windows 3.x 的 MATLAB 4.0 版本推出。同以前的版本比起来，4.0 版本做了很大的改进，如增加了 Simulink, Control, Neural Network, Optimization, Signal Processing, Spline, State-space Identification, Robust Control, Mu-analysis and synthesis 等工具箱。

1993 年 11 月，Mathworks 公司又推出了 MATLAB 4.1 版本，首次开发了 Symbolic Math 符号运算工具箱。其升级版本 MATLAB 4.2c 在用户中得到了广泛的应用。

1997 年，MATLAB 5.0 版本问世了。相对于 MATLAB 4.x 版本，它可以说是一个飞跃：真正的 32 位运算，功能强大，数值计算加快，图形表现有效，编程简洁直观，用户界面十分友好。

2000 年下半年，Mathworks 公司推出了 MATLAB 6.0（R12）的试用版，并于 2001 年年初推出了正式版。紧接着，于 2002 年 7 月又推出了他们的最新产品 MATLAB 6.5（R13），并升级了 Simulink 到 5.0 版本。MATLAB 6.5 的最大特点是推出了 JIT 程序加速器。

2004 年 9 月 Mathworks 公司正式推出了 MATLAB Release 14，即 MATLAB 7.0，其功能在原有的基础上又有了进一步的改进。此后，几乎形成了一个规律，每年的 3 月份和 9 月份便推出当年的 a 和 b 版本。

1.1.3 MATLAB 的应用和网上资源

开发 MATLAB 软件的初衷是为了方便矩阵运算或者说数值运算。但随着商业软件的推广，MATLAB 不断升级。如今，MATLAB 已经把工具箱延伸到了科学研究和工程应用的许多领域。现在，诸如信号处理、神经网络、鲁棒控制、系统识别、控制系统、实时工作、图形处理、光谱分析、频率识别、模型预测、模糊逻辑、数字信号处理、定点设置、金融管理、小波分析、地图工具、交流通信、超级链接、模型处理、LMI 控制、概率统计、样条处理、工程规划、非线性控制设计、QFT 控制设计、NAG 和偏微分方程求解等，都在 Toolbox 家族中有了自己的一席之地。

随着 MATLAB 应用的日益广泛，Mathworks 公司为用户提供了各种网上服务和网络资源，详见表 1.1 和表 1.2。

表 1.1　MATLAB 的网上服务

E-mail 地址	解　释
Support@mathworks.com	Mathworks 公司的技术支持
Bugs@mathworks.com	Mathworks 公司的 Bug 报导
Doc@mathworks.com	Mathworks 公司的文档报导
Suggest@mathworks.com	Mathworks 公司的升级建议
Service@mathworks.com	Mathworks 公司的订购信息
Subscribe@mathworks.com	Mathworks 公司的订户信息
Info@mathworks.com	Mathworks 公司的一般信息
Micro-updates@mathworks.com	Mathworks 公司的 PC 及 MAC 的升级信息
Matlib@mathwors.com	Mathworks 公司的文件库
Digest@mathworks.com	Mathworks 公司的 MATLAB 文摘
Ftpadmin@mathworks.com	Mathworks 公司的 FTP 站点
Webmaster@mathworks.com	Mathworks 公司的网络主管

表 1.2　MATLAB 的网络资源

网络资源站点	解　释
www.mathworks.com	WWW 站点
ftp.mathworks.com	匿名 FTP 站点
144.212.100.10	WWW 及 FTP 的 Internet IP
Novell.felk.cvut.cz	ftp.mathworks.com 的影像站点

1.2　MATLAB 的桌面平台

1.2.1　启动 MATLAB

启动 MATLAB 有多种方式。最常用的方法就是双击系统桌面的 MATLAB 图标，也可以在开始菜单的程序选项中选择 MATLAB 快捷方式，还可以在 MATLAB 安装路径的 bin 子目录中双击可执行文件 matlab.exe。

初次启动 MATLAB 后，将进入 MATLAB 默认设置的桌面平台，如图 1.3 所示。

1.2.2　桌面平台

默认情况下的桌面平台包括 6 个窗口，分别是 MATLAB 主窗口、命令窗口、历史窗口、当前目录窗口、发行说明书窗口和工作空间窗口。下面分别对各窗口做简单介绍。

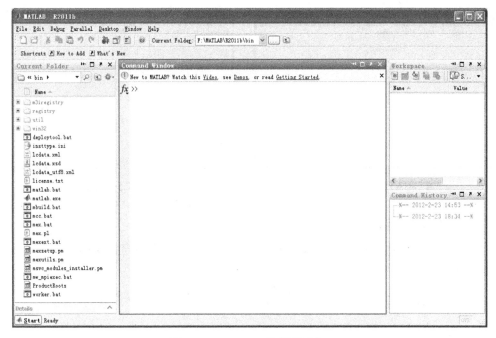

图 1.3　MATLAB 的桌面平台

1. MATLAB 主窗口

MATLAB 主窗口如图 1.3 所示。其他的几个窗口都包含在这个大的主窗口中。主窗口不能进行任何计算任务的操作，只用来进行一些整体的环境参数的设置。它主要包括 6 个下拉菜单和 10 个按钮控件。本节只对 10 个按钮控件做简单介绍，6 个菜单的详细介绍请参见附录 A。

各按钮控件及说明如下：

　　　新建或打开一个 MATLAB 文件。

　　　剪切、复制或粘贴已选中的对象。

　　　撤销或恢复上一次操作。

　　打开 Simulink 主窗口。

　　打开 MATLAB 的帮助系统。

Current Folder: F:\MATLAB\R2011b\bin　　设置当前路径。

2. 命令窗口

MATLAB 的命令窗口如图 1.4 所示。其中，"＞＞"为运算提示符，表示 MATLAB 正处在准备状态。当在提示符后输入一段运算式并按【Enter】键后，MATLAB 将给出计算结果，然后，再次进入准备状态。

3. 历史窗口

历史窗口如图 1.5 所示。

在默认设置下，历史窗口中会保留自安装起所有命令的历史记录，并标明使用时间，这方便了使用者的查询。双击某一行命令，即在命令窗口中执行该行命令。

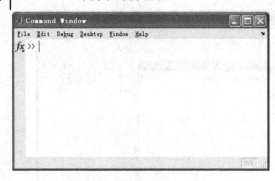

图 1.4 MATLAB 的命令窗口

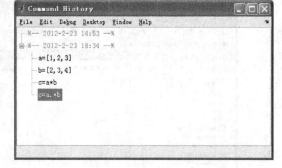

图 1.5 历史窗口

4．当前目录窗口

在当前目录窗口中可显示或改变当前目录，还可以显示当前目录下的文件并提供搜索功能，其形式如图 1.6 所示。

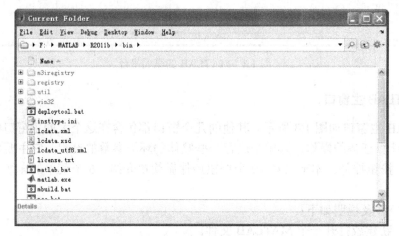

图 1.6 当前目录窗口

此窗口有 4 个按钮控件，具体说明如下。

▶ F: ▶ MATLAB ▶ R2011b ▶ bin ▶ ▼ 显示当前目录控件，与主窗口中的路径显示控件完全相同。

⊡ 进入所显示目录的上一级目录。

⌕ 在当前目录的文件中查找。

⚙ 在当前目录的文件中进行一些普通的操作，如创建新的目录、创建新的文件等。

5．工作空间窗口

工作空间窗口是 MATLAB 的重要组成部分，如图 1.7 所示。

在工作空间窗口中将显示目前内存中所有的 MATLAB 变量的变量名、数学结构、字节数以及类型，不同的变量类型分别对应不同的变量名图标。

工作空间中的变量以变量名（Name）、数值（Value）、最小值（Min）和最大值（Max）的形式显示出来，双击某个变量，将进入变量编辑器（Variable Editor），可以直接观察变量中具体元素的值，也可以直接修改这些元素。

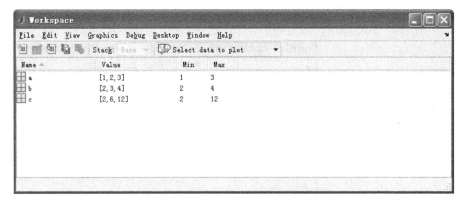

图 1.7　工作空间窗口

工作空间中还有一个工具条，可快捷地在工作空间中进行许多操作，简单介绍如下。

● （增加新变量）：在工作空间中增加一个新的变量，并可对此变量进行赋值、修改等操作。

● （打开选定的变量）：将工作空间中选定的变量在变量编辑器中打开，可对此变量进行修改等操作。

● （导入数据）：将 MATLAB 支持格式的数据导入工作空间。

● （将变量保存为文件）：将工作空间中选定的变量以文件的形式保存起来。

● （删除变量）：将工作空间中选定的变量删除。

● （将变量绘制成图形）：将工作空间中选定的变量绘制成图形，支持的绘图函数有 plot、bar、stem、stairs、area、pie、hist 和 plot3 等。若在工作空间选择某变量后，再单击该图标，便可实现对该变量的曲线、曲面等图形的绘制。

1.3　帮 助 系 统

与其他科学计算软件相比，MATLAB 的一个突出优点就是帮助系统非常完善。它的帮助系统大致可分为以下 3 大类。

● 联机帮助系统。

● 命令窗口查询帮助系统。

● 联机演示系统。

用户在学习 MATLAB 的过程中，理解、掌握和熟练运用这些帮助系统是非常重要的。下面将分别对它们进行详细介绍。

1.3.1　联机帮助系统

MATLAB 的联机帮助系统更为系统全面，简直就是一本 MATLAB 的百科全书。进入 MATLAB 联机帮助系统的方法很多，下面介绍其中的 3 种。

● 最简单的方法是直接按下 MATLAB 主窗口中的 ? 按钮。

● 选中如图 1.8 所示的【Help】下拉菜单的前 4 项中的任何一项。

● 在命令窗口中执行 helpwin，helpdesk 或 doc。

以上 3 种方法都可以进入如图 1.9 所示的联机帮助系统窗口。

联机帮助窗口如图 1.9 所示，包括帮助导向页面和帮助显示页面两部分。

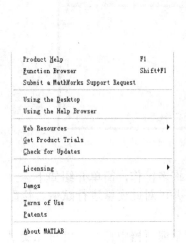 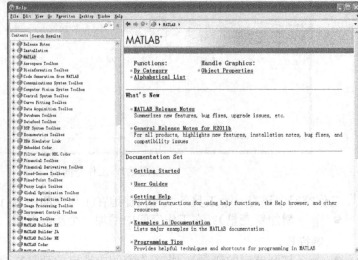

图 1.8　Help 下拉菜单　　　　　　　　　　图 1.9　联机帮助窗口

此外，帮助页面还有一个显示具体帮助信息的窗口，如图 1.10 所示。在窗口的文本框中显示当前的帮助主题。可以在其中更改帮助主题，也可以单击【Add to Favorites】选项将当前的帮助主题加入用户自定义的帮助主题集中，这样可集中用户常用的帮助主题，方便日后的查找。

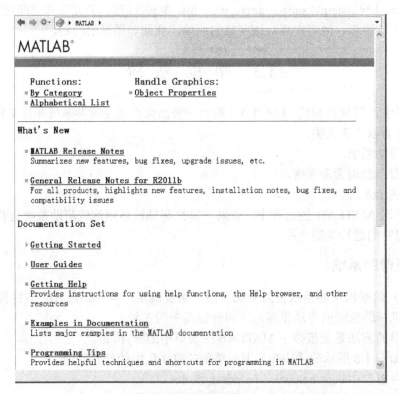

图 1.10　帮助信息窗口

1.3.2 命令窗口查询帮助

熟练的用户可以使用更为快速的命令窗口查询帮助。这些帮助主要可以分为 help 系列、lookfor 命令和其他常用帮助命令。

1. help 系列

help 系列的帮助命令有 help、help+函数（类）名，helpwin 及 helpdesk，其中后两者是用来调用联机帮助窗口的。下面介绍前两个命令。

● help

help 命令是最为常用的命令。在命令窗口中直接输入 help 命令将会显示当前的帮助系统中所包含的所有项目，即搜索路径中所有的目录名称，结果如下所示。

```
>> help
HELP topics:

toolbox\local     - General preferences and configuration information.
matlab\general    - General purpose commands.
matlab\ops        - Operators and special characters.
matlab\lang       - Programming language constructs.
...
```

● help+函数（类）名

在实际应用中，这是最有用的一个帮助命令，可以辅助用户进行深入的学习。举例说明如下。

help+函数类名

【例如】

```
>>help matfun
Matrix functions - numerical linear algebra.

  Matrix analysis.
    norm        - Matrix or vector norm.
    normest     - Estimate the matrix 2-norm.
    rank        - Matrix rank.
    det         - Determinant.
    trace       - Sum of diagonal elements.
    null        - Null space.
    orth        - Orthogonalization.
    rref        - Reduced row echelon form.
    subspace    - Angle between two subspaces.

  Linear equations.
    / and /     - Linear equation solution; use "help slash".
    linsolve    - Linear equation solution with extra control.
    inv         - Matrix inverse.
    rcond       - LAPACK reciprocal condition estimator
    cond        - Condition number with respect to inversion.
    condest     - 1-norm condition number estimate.
    normest1    - 1-norm estimate.
```

```
   chol        - Cholesky factorization.
   ldl         - Block LDL' factorization.
   lu          - LU factorization.
   qr          - Orthogonal-triangular decomposition.
   lsqnonneg   - Linear least squares with nonnegativity constraints.
   pinv        - Pseudoinverse.
   lscov       - Least squares with known covariance.

Eigenvalues and singular values.
   eig         - Eigenvalues and eigenvectors.
   svd         - Singular value decomposition.
   gsvd        - Generalized singular value decomposition.
   eigs        - A few eigenvalues.
   svds        - A few singular values.
   poly        - Characteristic polynomial.
   polyeig     - Polynomial eigenvalue problem.
   condeig     - Condition number with respect to eigenvalues.
   hess        - Hessenberg form.
   schur       - Schur decomposition.
   qz          - QZ factorization for generalized eigenvalues.
   ordschur    - Reordering of eigenvalues in Schur decomposition.
   ordqz       - Reordering of eigenvalues in QZ factorization.
   ordeig      - Eigenvalues of quasitriangular matrices.

Matrix functions.
   expm        - Matrix exponential.
   logm        - Matrix logarithm.
   sqrtm       - Matrix square root.
   funm        - Evaluate general matrix function.

Factorization utilities
   qrdelete    - Delete a column or row from QR factorization.
   qrinsert    - Insert a column or row into QR factorization.
   rsf2csf     - Real block diagonal form to complex diagonal form.
   cdf2rdf     - Complex diagonal form to real block diagonal form.
   balance     - Diagonal scaling to improve eigenvalue accuracy.
   planerot    - Givens plane rotation.
   cholupdate  - rank 1 update to Cholesky factorization.
   qrupdate    - rank 1 update to QR factorization.
```

help+函数名

【例如】

```
>>help inv
inv   Matrix inverse.
   inv(X) is the inverse of the square matrix X.
   A warning message is printed if X is badly scaled or
   nearly singular.

   See also slash, pinv, cond, condest, lsqnonneg, lscov.

   Overloaded methods:
```

```
codistributed/inv
gf/inv
InputOutputModel/inv
idmodel/inv

Reference page in Help browser  doc inv 2.
```

2. lookfor 函数

当知道某函数的函数名而不知其用法时，help 命令可帮助用户准确地了解此函数的用法。然而，若要查找一个不知其确切名称的函数名时，help 命令就远远不能满足需要了。这种情况下，可以用 lookfor 命令来查询根据用户提供的关键字搜索到的相关函数。

【例如】

```
lookfor diff
cir         - Cox-Ingersoll-Ross (CIR) mean-reverting square root diffusion class file
hwv         - Hull-White/Vasicek (HWV) mean-reverting Gaussian diffusion class file
sdemrd      - Stochastic differential equation (SDE) from mean-reverting drift rate
diffusion   - Diffusion rate class file of stochastic differential equations.
drift       - Drift rate class file of stochastic differential equations.
sde         - Stochastic differential equation (SDE) class file.
sdeddo      - Stochastic differential equation (SDE) from Drift and Diffusion objects.
sdeld       - Stochastic differential equation (SDE) from linear drift rate.
setdiff     - Set difference.
...
```

又如：

```
lookfor laplace
freqs       - Laplace-transform (s-domain) frequency response.
```

lookfor 的查询机理为：它对 MATLAB 搜索路径中的每个 M 文件的注释区的第一行进行扫描，一旦发现此行中含有所查询的字符串，则将该函数名及第一行注释全部显示在屏幕上。由此机理，用户也可在自己的文件中加入在线注释。

3. 其他帮助命令

MATLAB 中还有一些可能会经常用到的查询、帮助命令，如下所示。
- what　　目录中文件列表
- who　　内存变量列表
- whos　　内存变量详细信息
- which　　确定文件位置

1.3.3　联机演示系统

除了在使用时查询帮助，对于 MATLAB 或者其中某个工具箱的初学者，最好的办法就是查看它的联机演示系统。

单击 MATLAB 主窗口菜单的【Help】→【Demos】选项，或者在命令窗口输入 demo 或 demos，或者直接在帮助页面上选中 Demos 选项卡，将进入 MATLAB 帮助系统的主演示页面，如图 1.11 所示。

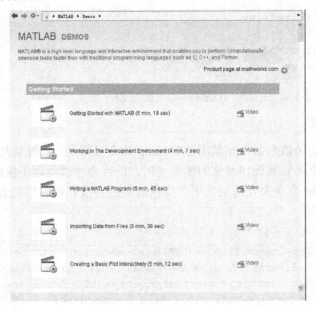

图 1.11　主演示页面

　　页面的左边是可以演示的选题，双击某个选题即可进入具体的演示界面，图 1.12 所示的是选中【MATLAB】→【Graphics】→【3-D Plots】的情形。

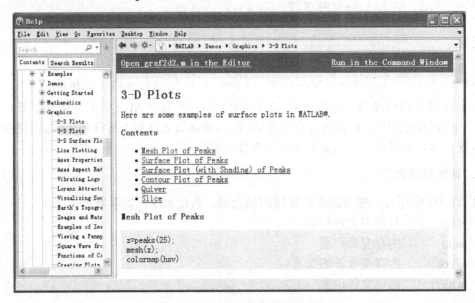

图 1.12　【3-D Plots】演示界面

1.3.4　常用的命令和技巧

1. 一些通用命令

　　使用 MATLAB 之前，还需要了解一些通用命令。这里给出最常用的几个通用命令，见表 1.3。

2. 一些常用操作技巧

在 MATLAB 的使用过程中常常会用到一些输入技巧，可以在输入命令的过程中起到事半功倍的效果。表 1.4 就列出了可能用到的这些技巧。

表 1.3 通用命令表

命 令	命 令 说 明	命 令	命 令 说 明
cd	显示或改变工作目录	hold	图形保持开关
dir	显示目录下内容	disp	显示变量或文字内容
type	显示文件内容	path	显示搜索目录
clear	清理内存中变量	save	保存内存变量
clf	清除当前图形窗口	load	加载指定文件的变量
pack	整理内存	diary	日志文件命令
clc	清理命令窗口	quit	退出 MATLAB
echo	命令窗信息显示开关	!	调用 DOS 命令

表 1.4 命令行中的键盘按键技巧

键 盘 按 键	说 明	键 盘 按 键	说 明
↑	Ctrl+P，调用上一行	Home	Ctrl+A，光标置于当前行开头
↓	Ctrl+N，调用下一行	End	Ctrl+E，光标置于当前行末尾
←	Ctrl+B，光标左移一个字符	Esc	Ctrl+U，清除当前输入行
→	Ctrl+F，光标右移一个字符	Del	Ctrl+D，删除光标处的字符
Ctrl+←	Ctrl+L，光标左移一个单词	Backspace	Ctrl+H，删除光标前的字符
Ctrl+→	Ctrl+R，光标右移一个单词	Alt+Backspace	恢复上一次删除

通过使用上述的键盘按键技巧可以使命令窗口的行操作变得简单容易。

3. 标点

在 MATLAB 语言中，一些标点符号也被赋予了特殊的意义或代表一定的运算，具体见表 1.5。

表 1.5 MATLAB 语言的标点及其定义

标 点	定 义	标 点	定 义
:	冒号，具有多种功能	.	小数点，小数点及域访问符等
;	分号，行分隔及取消运行显示等	...	续行符
,	逗号，列分隔及函数参数分隔符等	%	百分号，注释标记
()	括号，指定运算过程中的先后次序等	!	惊叹号，调用操作系统运算
[]	方括号，矩阵定义的标志等	=	等号，赋值标记
{}	大括号，定义单元数组等	'	单引号，字符串标示及矩阵转置等

1.4 MATLAB 的搜索路径与扩展

MATLAB 的一切操作都是在它的搜索路径（包括当前路径）中进行的，如果调用的函数在搜索路径之外，MATLAB 则认为此函数并不存在。这是初学者常犯的一个错误，明明看到自己编的程序在某个路径下但 MATLAB 就是找不到，并报告此函数不存在。这个问题很容易解决，只要把程序所在目录扩展成 MATLAB 的搜索路径即可。本节将详细介绍 MATLAB 的搜索路径及其扩展方法。

1.4.1 MATLAB 的搜索路径

默认时，MATLAB 的搜索路径是 MATLAB 的安装主目录及所有工具箱的路径，用户可以通过以下几种方法查看此搜索路径。

1. 搜索路径对话框

选择 MATLAB 主窗口中的菜单【File】→【Set Path】选项，进入设置搜索路径对话框，如图 1.13 所示。

图 1.13 所示的对话框包括两组按钮控件和一个列表框，具体含义将在下一小节的搜索路径设置中详细讲解。这里的列表框中所列出的目录就是 MATLAB 的所有搜索路径。

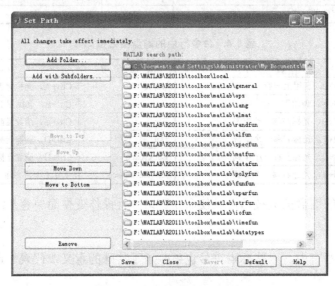

图 1.13　设置搜索路径对话框

2. path 命令

在命令窗口中输入命令 path 可得到 MATLAB 的所有搜索路径，如下所示：

```
>> path
    C:\Documents and Settings\Administrator\My Documents\MATLAB
    F:\MATLAB\R2011b\toolbox\local
    F:\MATLAB\R2011b\toolbox\matlab\general
    F:\MATLAB\R2011b\toolbox\matlab\ops
    F:\MATLAB\R2011b\toolbox\matlab\lang
    F:\MATLAB\R2011b\toolbox\matlab\elmat
    F:\MATLAB\R2011b\toolbox\matlab\randfun
    F:\MATLAB\R2011b\toolbox\matlab\elfun
...
    F:\MATLAB\R2011b\toolbox\wavelet\compression
    F:\MATLAB\R2011b\toolbox\rtw\targets\xpc\xpc
    F:\MATLAB\R2011b\toolbox\rtw\targets\xpc\target\build\xpcblocks\thirdpartydrivers
```

```
F:\MATLAB\R2011b\toolbox\rtw\targets\xpc\target\build\xpcblocks
F:\MATLAB\R2011b\toolbox\rtw\targets\xpc\xpcdemos
F:\MATLAB\R2011b\toolbox\rtw\targets\xpc\xpc\xpcmngr
F:\MATLAB\R2011b\toolbox\rtw\targets\xpc\target\kernel\embedded
...
```

3. genpath 命令

在命令窗口中输入命令 genpath 可以得到由 MATLAB 所有搜索路径连接而成的一个长字符串。

4. editpath 或 pathtool 命令

在 MATLAB 命令窗口中输入 editpath 或 pathtool 命令，将进入如图 1.13 所示的设置搜索路径对话框。

1.4.2 扩展 MATLAB 的搜索路径

本节将以一个例子说明扩展 MATLAB 搜索路径的几种方法。首先在 F:\路径下建立一个新的目录 myfiles。

1. 利用路径设置菜单

选中【File】→【Set Path】菜单选项，进入图 1.13 所示的设置搜索路径对话框。如果只想把某一目录下的文件包含在搜索范围内而忽略其子目录，则单击对话框中的【Add Folder】按钮，否则单击【Add with Subfolders】按钮。这里最好选中后者，以免在以后的使用中出现错误。本例中单击【Add with Subfolders】按钮，进入图 1.14 所示的浏览文件夹对话框。

选中新建的目录 F:\myfiles，单击【确定】按钮，新目录出现在搜索路径列表中。单击【Save】按钮保存新的搜索路径，单击【Close】按钮关闭对话框。此时，新的搜索路径设置完毕。

下面介绍图 1.13 所示的设置搜索路径对话框中的其他几个按钮控件。

图 1.14 浏览文件夹对话框

Move to Top	将选中的目录移到搜索路径的顶端。
Move Up	将选中的目录在搜索路径中上移一位。
Remove	将选中的目录在搜索路径中删除。
Move Down	将选中的目录在搜索路径中下移一位。
Move to Bottom	将选中的目录移到搜索路径的底端。
Revert	恢复上次改变搜索路径前的路径。
Default	恢复到最原始的 MATLAB 默认路径。

2. 使用 path 命令扩展目录

使用 path 命令也可以扩展 MATLAB 的搜索路径。就本例来说，把新目录扩展到搜索路径的方法是在 MATLAB 命令窗口中输入：

```
path (path, 'F:\myfiles');
```

3. 使用 addpath 命令扩展目录

扩展搜索路径的命令还有 addpath。在此例中，若要把新目录加到整个搜索路径的末尾，则可以使用如下命令：

```
addpath F:\myfiles -end
```

若要把新目录加到整个搜索路径的开始，则使用的命令如下：

```
addpath F:\myfiles -begin
```

4. 使用 editpath 和 pathtool 命令扩展目录

这两个命令引导到设置搜索路径对话框，然后进行的工作可参看使用【Set Path】选项的情况。

第2章 数值计算功能

MATLAB 的强大数值计算功能使其在诸多数学计算软件中傲视群雄，它是 MATLAB 软件的基础。自商用的 MATLAB 软件推出之后，它的数值计算功能就在不断地改进并日趋完善。MATLAB 更是把其数值计算功能推向了一个新的高度。正是由于 MATLAB 有了如此令人惊叹的强大数值计算功能，Mathworks 公司才有能力把 MATLAB 的应用延伸到不同专业、不同行业和部门的各个领域，使其成为世界上最优秀的、应用最为广泛的、最受用户喜爱的数学软件。

本章将与读者一同深入 MATLAB 的数值计算功能之中，领略奇妙的数值计算世界。

在本章中，读者将会学到以下内容：MATLAB 的数据类型、向量的建立及其运算、矩阵的创建及其运算、数组运算和多项式的各类运算。

2.1 MATLAB 的数据类型

MATLAB 的数据类型主要包括数字、字符串、矩阵（数组）、单元型数据及结构型数据。本节将介绍这些数据类型。

2.1.1 变量与常量

1. 变量

变量是任何程序设计语言的基本元素之一，MATLAB 语言当然也不例外。与一般常规的程序设计语言不同的是，MATLAB 语言并不要求对所使用的变量进行事先声明，也不需要指定变量类型，它会自动根据所赋予变量的值或对变量所进行的操作来确定变量的类型；在赋值过程中，如果变量已存在，MATLAB 语言将使用新值代替旧值，并以新的变量类型代替旧的变量类型。

在 MATLAB 语言中，变量的命名遵守如下规则。

- 变量名区分大小写；
- 变量名长度不超过 63 位，第 63 个字符之后的字符将被忽略；
- 变量名以字母开头，变量名中可包含字母、数字、下画线，但不能使用标点。

与其他的程序设计语言相同，MATLAB 语言中也存在变量作用域的问题。在未加特殊说明的情况下，MATLAB 语言将所识别的一切变量视为局部变量，即仅在其调用的函数内有效。若要定义全局变量，应对变量进行声明，即在该变量前加关键字 global。一般来说，全局变量常用大写的英文字符表示，尽管这不是 MATLAB 语言所必需的。

2. 常量

MATLAB 有一些预定义的变量，这些特殊的变量称为常量。表 2.1 给出了 MATLAB 语言中经常使用的一些常量及其说明。

表 2.1　MATLAB 语言中的常量及其说明

常 量 名	常 量 值	常 量 名	常 量 值
i, j	虚数单位，定义为 $\sqrt{-1}$	Realmin	最小的正浮点数，2^{-1022}
pi	圆周率	Realmax	最大的浮点数，2^{1023}
eps	浮点运算的相对精度 10^{-52}	Inf	无穷大
NaN	Not-a-Number，表示不定值		

【例如】

```
>>pi
ans =
    3.1416
```

当分母为 0 而分子不为 0 时，计算结果将为 Inf；或者在合理的运算过程中有溢出发生时，即计算结果或计算的中间结果超过最大浮点数范围时，也会显示结果为 Inf。当分子分母均为 0 时，计算结果为 NaN。

【例如】

```
>> 1/0
ans =
    Inf
```

在 MATLAB 语言中，在定义变量时应避免与常量名相同，以免改变这些常量的值。如果已改变了某个常量的值，可以通过 "clear +常量名" 命令恢复该常量的初始设定值。当然，重新启动 MATLAB 系统也可以恢复这些常量值。

【例如】

```
>> pi=1
  pi =
    1
>> clear pi
>> pi
ans =
    3.1416
```

2.1.2　数字变量

MATLAB 是以矩阵为基本运算单元的，而构成数值矩阵的基本单元是数字。为了更好地学习和掌握矩阵的运算，首先对数字的基本知识做简单的介绍。

1. 数字变量的运算

对于简单的数字运算，可以直接在命令窗口中以平常惯用的形式输入，如计算 258 和 369 的乘积时，可以直接输入：

```
>> 258*369
  ans =
```

```
    95202
```

这里 ans 是指当前的计算结果。若计算时用户没有对表达式设定变量，MATLAB 就自动将当前结果赋给 ans 变量。用户也可以输入：

```
>> x=258*369
  x =
    95202
```

此时 MATLAB 就把计算值赋给指定的变量 x 了。

对于简单表达式的计算，直接输入不失为一个最好的办法，而当表达式比较复杂或重复出现次数太多时，更好的办法是先定义变量，再由变量表达式计算得到结果。

【例 2.1】　要求计算水在温度为 0℃，20℃，40℃，60℃，80℃时的黏度，已知水的黏度随温度的变化公式为

$$\mu = \frac{\mu_0}{1 + at + bt^2}$$

其中 μ_0 为 0℃水的黏度，值为 1.785×10^{-3}。

在 MATLAB 命令窗中输入：

```
>> muw0=1.785e-3;                  %定义摄氏零度时的黏度值
>> a=0.03368;                      %定义两常数
>> b=0.000221;
>> t=0:20:80;                      %定义摄氏温度变量
muw=muw0./(1+a*t+b*t.^2)           %计算摄氏温度对应黏度值
```

得到

```
muw = 0.0018    0.0010    0.0007    0.0005    0.0003
```

说明

● 在本例中，同一行内 "%" 以后的内容只起到注释的作用，对最终结果不产生任何影响。

● 当用户不想显示中间的计算结果时，可用 ";" 来结束一行的输入，此时中间结果将不显示在屏幕上；当用户想再次查询此变量时，只需要输入变量名。

在 MATLAB 中，一般代数表达式的输入就如同在纸上进行演算一样，如四则运算符就直接用 +、−、* 和 / 即可，所以，还有人称其为演算纸式的科学计算语言。

【例如】

```
>> 124+456
ans =
    580
>> 124*456
ans =
    56544
```

MATLAB 中的乘方、开方运算可能和其他一些语言中有所不同，分别由 ^ 符号和函数 sqrt 来实现。

【例如】

```
>> 123^3
  ans =
    1860867
```

```
>> sqrt(ans)
   ans =
    1.3641e+003
```

说明 由于单纯数字的运算在用 MATLAB 解决计算问题时很少用到，且很多功能函数已融入矩阵运算和数组运算当中，因此，将在以下的几节中详细介绍相关内容。这里只提醒大家一点，注意计算中的顺序和优先级问题，一般说来，^和 sqrt 的优先级最高，*、/次之，+、−的优先级最低。

【例如】

```
>> 1+2*3^4
   ans =
    163
```

2. 数字的输入输出格式

在 MATLAB 语言中的数值有多种显示形式。在默认情况下，若数据为整数，则以整型表示；若为实数，则以保留小数点后 4 位的浮点型表示。

在 MATLAB 语言中，所有的数据均按 IEEE 浮点标准所规定的长型格式存储，数值的有效范围为 $10^{-308} \sim 10^{308}$。

MATLAB 的输入格式完全继承了 C 语言的风格和规则，如正负号、小数点和科学计数法等。

【例如】

```
 9    -73    0.1999    1.4756e4    6.62620E34
```

MATLAB 的输出格式可由 format 命令控制。值得注意的是，format 命令只影响在屏幕上的显示结果，而不影响其在内部的存储和运算，而 MATLAB 的数据存储和运算总是以双精度进行的。

下面以 sqrt(2)为例来具体展示各种不同格式对显示的影响。

- Short   1.4142
- Long   1.41421356237310
- Hex   3ff6a09e667f3bcd
- Bank   1.41
- +   +
- Short e   1.4142e+000
- Long e   1.414213562373095e+000
- Short g   1.4142
- Long g   1.4142135623731
- Rational   1393/985

说明

- 对于长型格式显示而言，15 位后的显示数字不一定正确，但这只是对于显示而言的，数据在计算机内部的二进制存储是准确的。
- 对长短格式输出时，若数值大于 100000000 或小于 0.001 时，MATLAB 会自动加上比例因子。

【例如】

```
>> x=0.000991
   x =
      9.9100e-004
```

2.1.3　字符串

字符和字符串运算是各种高级语言必不可少的部分,MATLAB 作为一种高级的数学计算语言,字符串运算功能同样是很丰富的,特别是在 MATLAB 增加了符号运算工具箱(Symbolic toolbox)之后,字符串函数的功能进一步得到增强。此时的字符串已不再是简单的字符串运算,而成为 MATLAB 符号运算表达式的基本构成单元。

1. 关于字符串的约定

● 在 MATLAB 中,所有的字符串都用单引号设定后输入或赋值（yesinput 命令除外）。
【例如】

```
>> s='matrix laboratory'
   s =
   matrix laboratory
```

● 字符串的每个字符（包括空格）都是字符数组的一个元素。
【例如】

```
>> size(s)          %size 命令用来查看字符数组 s 的维数
   ans =
   1 17
```

● 在 MATLAB 中,字符串和字符数组（或矩阵）基本上是等价的。
【例如】

```
>> s(3)
   ans =
    t
>> s2=['matlab']
   s2 =
    matlab
```

2. 字符数组的生成

函数 char 可以用来生成字符数组（或矩阵）。
【例如】

```
>> s3=char('s','y','m','b','o','l','i','c');
>> s3'              % "'" 的作用是将字符数组显示为行变量
ans =
symbolic
```

3. 字符串和数组之间的转换

● 字符串转换为数值代码,此功能可由函数 double 来实现。

【例如】

```
>> double(s3)'
  ans =
    115   121   109    98   111   108   105    99
```

● 字符数组转换为字符串，此功能可由函数 cellstr 实现。

【例如】

```
>> cellstr(s3)
ans =
    's'
    'y'
    'm'
    'b'
    'o'
    'l'
    'i'
    'c'
```

● 数值数组和字符串之间的转换，可由表 2.2 中的函数来实现。

表 2.2　数值数组和字符串转换函数表

函　数　名	可实现的功能	函　数　名	可实现的功能
num2str	数字转换为字符串	str2num	转换字符串为数字
int2str	整数转换为字符串	sprintf	将格式数据写为字符串
mat2str	矩阵转换为字符串	sscanf	在格式控制下读字符串

【例 2.2】数值数组和字符串转换示例。

```
>> a=[1:5];          %生成数值数组 a
>> b=num2str(a);     %将 a 转换为字符串后赋给 b
>> a*2
ans =
     2     4     6     8    10
>> b*2
ans =
  Columns 1 through 12
  98  64   64  100   64   64  102   64   64  104   64   64
  Column 13
  106
```

本例表明将数值数组转换为字符数组后，虽然表面上看形式相同，但注意此时它的元素是字符而非数字。因此，在进行数值计算时会出现很大差异，在应用时要多加注意。若要使字符数组能够进行数值计算，可先将它转换为数值之后再进行计算。

【例如】

```
>> str2num(b)*2
ans =
     2     4     6     8    10
```

4. 字符串操作

MATLAB 对字符串的操作与 C 语言中几乎完全相同，见表 2.3。

表 2.3　字符串操作函数表

函　数　名	可实现的功能	函　数　名	可实现的功能
strcat	链接串	strrep	以其他串代替此串
strvcat	垂直链接串	strtok	寻找串中记号
strcmp	比较串	upper	转换串为大写
strncmp	比较串的前 n 个字符	lower	转换串为小写
findstr	在其他串中找此串	blanks	生成空串
strjust	证明字符数组	deblank	移去串内空格
strmatch	查找可能匹配的字符串		

5．执行字符串

执行字符串的功能在 MATLAB 中由函数 eval 来实现。

【例 2.3】用 eval 函数生成四阶的 Hilbert 矩阵。

```
>> n=4;
>> t='1/(i+j-1)';
>> a=zeros(n);
>> for i=1:n
>>   for j=1:n
>>     a(i,j)=eval(t);
>>   end
>> end
>>a
a =
    1.0000    0.5000    0.3333    0.2500
    0.5000    0.3333    0.2500    0.2000
    0.3333    0.2500    0.2000    0.1667
    0.2500    0.2000    0.1667    0.1429
```

再例如，用 eval 函数执行操作命令。

```
>> d='cd';
>> eval(d)
F:\MATLAB\R2011b\bin
```

6．一些字符串操作命令

串检验函数

- ischar　　字符串检验
- iscellstr　字符串的单元阵检验
- isletter　字母检验
- isspace　空格检验

基本数字转换函数

- hex2num　IEEE 十六进制数转换为双精度数
- hex2dec　转换十六进制串为十进制整数
- dec2hex　转换十进制整数为十六进制串
- bin2dec　转换二进制串为十进制整数
- dec2bin　转换十进制整数为二进制串

- base2dec 转换 B 底字符串为十进制整数
- dec2base 转换十进制整数为 B 底串
- strings   strings 函数的帮助

2.1.4 矩阵

从结构上讲，矩阵（数组）是 MATLAB 数据存储的基本单元；但从运算的角度看，矩阵形式的数据还可以有多种运算形式，例如向量运算、矩阵运算及数组运算等。关于矩阵及其各种运算的详细论述将在本章后面的小节中展开。

2.1.5 单元型变量

单元型变量是 MATLAB 语言中较为特殊的一种数据类型。从本质上讲，单元型变量实际上是一种以任意形式的数组为元素的多维数组。

1. 单元型变量的定义

单元型变量的定义可以有两种方式，一种是用赋值语句直接定义，另一种是由 cell 函数预先分配存储空间，然后对单元元素逐个赋值。

在直接赋值过程中，与在矩阵的定义中使用中括号不同，单元型变量的定义需要使用大括号，而元素之间由逗号隔开。

【例如】

```
>> A=[1,2;3,4];
>> B={1:4,A,'abcd'}
B =
    [1×4 double]    [2×2 double]    'abcd'
```

MATLAB 语言会根据显示的需要决定是将单元元素完全显示，还是只显示存储量来代替。

此外，可以对单元的元素直接赋值，即将单元型变量的下标用大括号索引，上例中的单元型变量 B 还可以由以下方式定义。

【例如】

```
>> B{1,1}=1:4;
>> B{1,2}=A;
>> B{1,3}='abcd';
```

单元型变量的另一种赋值方法是先预分配单元型变量的存储空间，然后对变量中的元素进行逐个赋值。实现预分配存储空间的函数为 cell。例如，命令 B = cell(1, 3) 将在工作空间中建立一单元型变量 B，其元素均为空矩阵。然后，可以用上面介绍的方法对各元素赋值。

单元型变量元素的引用应当采用大括号作为下标的标识，而小括号作为下标标识时将只显示该元素的压缩形式。

【例如】

```
>> B{2}
ans =
    1    2
    3    4
>> B(2)
ans =
    [2×2 double]
```

　　另外，单元型变量的元素不是以指针方式保存的。如上例中。改变其元素原变量矩阵 A 的值并不等于改变单元型变量 B 的第二个元素的值。

　　单元型变量与矩阵的另一区别是单元型变量自身可以嵌套，也就是说单元型变量的元素还可以是单元型变量，而一般情况下，矩阵的元素不能是矩阵。

【例如】

```
>> C={1:4,A,B}
C =
    [1×4 double]    [2×2 double]    {1×3 cell}
>> C{3}{3}                          % 嵌套中的单元型变量元素的引用
ans =
abcd
```

2．单元型变量的相关函数

在 MATLAB 语言中，有关单元型变量的函数见表 2.4。

表 2.4　MATLAB 语言的单元型变量的函数

函 数 名	说　　明	函 数 名	说　　明
cell	生成单元型变量	deal	输入输出处理
cellfun	对单元型变量中元素作用的函数	cell2struct	将单元型变量转换为结构型变量
celldisp	显示单元型变量的内容	struct2cell	将结构型变量转换为单元型变量
cellplot	图形显示单元型变量的内容	iscell	判断是否为单元型变量
num2cell	将数值数组转换为单元型变量	reshape	改变单元数组的结构

【例如】

```
>> cellfun('islogical',B)        %判断B中的元素是否为逻辑变量
% 可用于 cellfun 函数的操作还有 isreal, isempty, length, ndims 等
ans =
     0    0    0
>> celldisp(B)                   %完全显示单元型变量B
B{1} =
     1    2    3    4
B{2} =
     1    2
     3    4
B{3} =
abcd
>> cellplot(B)
```

结果显示如图 2.1 所示。

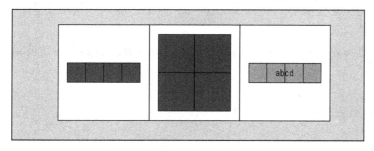

图 2.1　单元型变量 B 的图形显示

```
>> iscell(B)
ans =
    1
```

通过 reshape 函数可以改变单元函数的维数结构，但是不会改变单元函数元素的个数。

【例如】

```
>> size(C)      %查看变量 C 的维数
ans =
    1     3
>> reshape(C,3,1)
ans =
    [1×4 double]
    [2×2 double]
    {1×3 cell  }
>> size(ans)            %查看改变后的变量维数
ans =
    3     1
```

2.1.6 结构型变量

结构型变量是另一种可以将不同类型数据组合在一起的 MATLAB 语言数据类型。结构型变量的作用相当于数据库中的记录，可以存储一系列相关的数据。

1. 结构型变量的定义

在 MATLAB 语言中结构型变量的定义也有两种方法，其一是直接赋值定义，另一种是由函数 struct 定义。

直接赋值时，应当指出结构中的属性名，并以指针操作符 "." 来连接结构型变量名与属性名。对该属性直接赋值，MATLAB 语言会自动生成结构型变量，并使该结构型变量包含所定义的属性。

【例如】

```
>> A.a1='abcd';
>> A.a2=1;
>> A.a3=[1,2,3,4];
>> A
A =
    a1: 'abcd'
    a2: 1
    a3: [1 2 3 4]
```

说明 该结构型变量共有三个属性：a1，a2 和 a3。输入结构型变量名 A 可以直接显示该变量的各个属性以及属性值。

结构型变量也可以构成数组，即结构型数组，具体做法就是对给定变量下标赋值。

【例如】

```
>> B=[1,2;3,4];
>> A(2).a1='efgh';
>> A(2).a2=2;
>> A(2).a3=B;
```

```
>> A
A =
1×2 struct array with fields:
    a1
    a2
    a3
```

从此例可以看出在同一结构型数组里，不同的元素可以赋以不同类型的值，也就是说结构型数组对元素属性不要求完全一致，这与其他的程序设计语言是不同的，也正显示了 MATLAB 语言的灵活性。

此外，当结构型变量元素多于一个时，输入变量名将不能完全显示各元素相应的值，而只能够反映该结构型数组的属性结构，即显示各属性名。

结构型数组赋值时，也可以只对部分元素赋值，这时未赋值的元素将被赋以空矩阵，并可以随时对该数组加以修改或添加。

在 MATLAB 语言中提供了函数 struct 来定义结构型变量，其常用调用格式如下：

➢ 结构型变量名 = struct（元素名 1，元素值 1，元素名 2，元素值 2，…）

使用该函数将会定义结构型变量的各元素，并相应地赋以元素值。

【例如】

```
>> C=struct('c1',1,'c2',B,'c3','abcd')
C =
    c1: 1
    c2: [2×2 double]
    c3: 'abcd'
```

另外，与单元型变量相似，结构型变量也可以嵌套定义。

【例如】

```
>> C.c1=A
C =
    c1: [1×2 struct]
    c2: [2×2 double]
    c3: 'abcd'
>> C.c1(1).a1                        % 嵌套结构型变量的引用
ans =
abcd
```

2．结构型变量的相关函数

MATLAB 语言中有关结构型变量的函数见表 2.5。

表 2.5　MATLAB 语言的结构型变量的函数

函 数 名	说　明	函 数 名	说　明
struct	创建或转换结构型变量	rmfield	删除结构型变量中的属性
fieldnames	得到结构型变量的属性名	isfield	判断是否为结构型变量的属性
getfield	得到结构型变量的属性值	isstruct	判断变量是否为结构型变量
setfield	设定结构型变量的属性值		

【例如】

```
>> fieldnames(C)                     % 调出结构型变量 C 的所有属性名
```

```
ans =
    'c1'
    'c2'
    'c3'
>> iscell(ans)                          % 函数的结果为一单元型变量
ans =
    1
>> D=getfield(C,'c1')                    % 该函数的作用相当于 D=C.c1
D =
1×2 struct array with fields:
    a1
    a2
    a3
>> C=setfield(C,'c1',2)                  % 值得注意的是必须将函数结果赋予该结构型变量
% 否则将不会实现更改属性值的作用
C =
    c1: 2
    c2: [2×2 double]
    c3: 'abcd'
>> C=rmfield(C,'c1')                     % 删除 c1 属性
C =
    c2: [2×2 double]
    c3: 'abcd'
>> isfield(C,'c2')                       % 判断是否为结构型变量的属性
ans =
    1
>> isstruct(C)                           % 判断是否为结构型变量
ans =
    1
```

2.2   向量及其运算

向量运算是矢量运算的基础，向量也是组成矩阵的基本元素之一。本节将对向量的创建及其基本运算做简单介绍。

2.2.1   向量的生成

1. 直接输入向量

生成向量最直接的方法就是在命令窗口中直接输入。格式上的要求是，向量元素需要用"[ ]"括起来，元素之间可以用空格、逗号或分号分隔；需要注意的是，用空格和逗号分隔生成行向量，用分号分隔生成列向量。

2. 利用冒号表达式生成向量

冒号表达式的基本形式为 $x=x_0:step:x_n$，其中 x_0，step，x_n 分别为给定数值，x_0 表示向量的首元素数值，x_n 表示向量尾元素数值限，step 表示从第二个元素开始元素数值大小与前一个元素值大小的差值。

注意

- 这里强调 x_n 为尾元素数值限,而非尾元素值,当 x_n-x_0 恰为 step 值的整数倍时,x_n 才能成为尾值。
- 若 $x_0<x_n$,则需 step>0;若 $x_0>x_n$,则需 step<0;若 $x_0=x_n$,则向量只有一个元素。
- 若 step=1,则可省略此项的输入,直接写成 $x=x_0:x_n$。
- 此时可以不用"[ ]"。

【例如】

```
>> a=1:2:12
a =
     1     3     5     7     9    11
>> a=1:-2:12
a =
   Empty matrix: 1-by-0
>> a=12:-2:1
a =
    12    10     8     6     4     2
>> a=1:2:1
a =
     1
>> a=1:6
a =
     1     2     3     4     5     6
```

3. 线性等分向量的生成

在 MATLAB 中提供了线性等分功能函数 linspace,用来生成线性等分向量,其常用调用格式如下:

- y=linspace(x1,x2) 生成 100 维的行向量,使得 y(1)=x1,y(100)=x2;
- y=linspace(x1,x2,n) 生成 n 维的行向量,使得 y(1)=x1,y(N)=x2。

【例如】

```
a1=linspace(1,100,6)
a1 =
    1.0000   20.8000   40.6000   60.4000   80.2000  100.0000
```

说明 线性等分函数和冒号表达式都可生成等分向量。但前者是设定了向量的维数去生成等间隔向量,而后者是通过设定间隔来生成维数随之确定的等间隔向量。

4. 对数等分向量的生成

在自动控制、数字信号处理中常常需要对数刻度坐标,MATLAB 中还提供了对数等分功能函数,具体格式如下:

- y=logspace(x1,x2) 生成 50 维对数等分向量,使得 $y(1)=10^{x1}$,$y(50)=10^{x2}$;
- y=logspace(x1,x2,n) 生成 n 维对数等分向量,使得 $y(1)=10^{x1}$,$y(N)=10^{x2}$;

【例如】

```
>> a2=logspace(0,5,6)
a2 =
         1        10       100      1000     10000    100000
```

另外，向量还可以从矩阵中提取，还可以把向量看成 1×n 阶（行向量）或 n×1 阶（列向量）的矩阵，以矩阵形式生成。由于在 MATLAB 中矩阵比向量重要得多，此类函数将在下节矩阵中详细介绍，专门对向量运算感兴趣的读者可参考下一节。

2.2.2 向量的基本运算

1. 加（减）与数加（减）

【例如】

```
>> a1-1          %这里的 a1 即上面生成的 a1
ans =
     0   19.8000   39.6000   59.4000   79.2000   99.0000
```

2. 数乘

【例如】

```
>> a1*2
ans =
   2.0000   41.6000   81.2000   120.8000   160.4000   200.0000
```

2.2.3 点积、叉积及混合积的实现

1. 点积计算

在高等数学中，向量的点积是指两个向量在其中某一个向量方向上的投影的乘积，通常可以用来引申定义向量的模。

在 MATLAB 中，向量的点积可由函数 dot 来实现。

dot   向量点积函数

➢ dot(a,b)返回向量 a 和 b 的数量点积。a 和 b 必须同维。当 a 和 b 都为列向量时，dot(a,b) 同于 $a'*b$。

➢ dot(a,b，dim)返回 a 和 b 在维数为 dim 的点积。

【例 2.4】 试计算向量 a=（1，2，3）和向量 b=（3，4，5）的点积。

```
>> a=[1 2 3];
>> b=[3,4,5];
>> dot(a,b)
ans =
     26
```

还可以用另一种方法计算向量的点积。

```
>> sum(a.*b)
ans =
     26
```

2. 叉积

在数学上，向量的叉积表示过两相交向量的交点的垂直于两向量所在平面的向量。在 MATLAB 中，向量的叉积由函数 cross 来实现。

● cross   向量叉积函数

➢ c = cross(a,b)   返回向量 a 和 b 的叉积向量。即 C = a×b。a 和 b 必须为三维向量。

➢ c = cross(a,b)   返回向量 a 和 b 的前 3 位的叉积。

➢ c = cross(a,b,dim)   当 a 和 b 为 n 维数组时，则返回 a 和 b 的 dim 维向量的叉积。a 和 b 必须有相同的维数，且 size(a,dim) 和 size(b,dim) 必须为 3。

【例 2.5】 计算垂直于向量 $a = (1, 2, 3)$ 和 $b = (3, 4, 5)$ 的向量。

```
>> a=[1 2 3];
>> b=[3,4,5];
>> c=cross(a,b)
c =
        -2     4     -2
```

得到同时垂直 a、b 的向量为 ± $(-2, 4, -2)$。

3．混合积

向量的混合积由以上两个函数实现。

【例 2.6】 计算上面向量 a，b，c 的混合积。

```
>> dot(a,cross(b,c))
ans =
      24
```

注意 函数的顺序不可颠倒，否则将出错。

2.3 矩阵及其运算

MATLAB 原意为矩阵实验室，而且 MATLAB 的所有的数值功能都是以（复）矩阵为基本单元进行的，因此，MATLAB 中矩阵的运算功能可谓最全面、最强大。本节将对矩阵及其运算进行详细的阐述。

2.3.1 矩阵的生成

1．直接输入小矩阵

从键盘上直接输入矩阵是最方便、最常用和最好的创建数值矩阵的方法，尤其适合较小的简单矩阵。在用此方法创建矩阵时，应当注意以下几点。

● 输入矩阵时要以"[ ]"为其标识，即矩阵的元素应在"[ ]"内部，此时 MATLAB 才将其识别为矩阵。

● 矩阵的同行元素之间可由空格或","分隔，行与行之间要用";"或回车符分隔。

● 矩阵大小可不预先定义。

● 矩阵元素可为运算表达式。

● 若不想获得中间结果，可以";"结束。

● 无任何元素的空矩阵也合法。

【例 2.7】 创建一简单数值矩阵。

```
>> a=[1 2 3;1,1 1;4,5,6]
a =
    1     2     3
```

```
        1    1    1
        4    5    6
```

【例 2.8】 创建一带有运算表达式的矩阵。

```
>> b=[sin(pi/3),cos(pi/4);log(9),tanh(6)];
```

此时矩阵已经建立并存储在内存中，只是没有显示在屏幕上而已。若用户想查看此矩阵，只需要输入矩阵名。

2．创建 M 文件输入大矩阵

M 文件是一种可以在 MATLAB 环境下运行的文本文件。它分为命令式文件和函数式文件两种。在此处主要用到的是命令式 M 文件，用它的最简单形式来创建大型矩阵。更加详细的内容将在第 5 章中讨论。

当矩阵的规模比较大时，直接输入法就显得笨拙，出现差错也不易修改。为了解决此问题，可以利用 M 文件的特点将所要输入的矩阵按格式先写入一文本文件中，并将此文件以 m 为其扩展名，即为 M 文件。在 MATLAB 命令窗中输入此 M 文件名，则所要输入的大型矩阵就被输入内存中。

【例如】编制一名为 example.m 的 M 文件，内容如下。

```
%example.m
%创建一 M 文件输入矩阵的示例文件
exm=[456 468 873 2 579 55
     21, 687, 54 488 8 13
     65 4656 88 98 021 5
     475 68,4596 654 5 987
     5488 10  9  6  33 77 ]
```

在 MATLAB 命令窗中输入：

```
>> example;
>> size(exm)
ans =
     5    6
```

说明

➤ 在 M 文件中%符号后面的内容只起注释作用，将不被执行。

➤ 示例中的 size 函数为求矩阵的维数函数，结果表明矩阵为 5×6 阶的矩阵。

➤ 在实际应用中，用来输入矩阵的 M 文件通常是用 C 语言或其他高级语言生成的已存在的数据文件。

在通常的使用中，上例中的矩阵还不算是"大型"矩阵，此处只是借此例说明而已。矩阵的输入方式还有很多种，其他的方法将在后面的章节中逐步介绍。

2.3.2 矩阵的基本数学运算

矩阵的基本数学运算包括矩阵的四则运算、与常数的运算、逆运算、行列式运算、幂运算、指数运算、对数运算和开方运算等。下面将一一进行讨论。

1．矩阵的四则运算

在前面介绍过，MATLAB 是以（复）矩阵为基本运算单元的，因此，矩阵的四则运算格式与 2.1 节中讲述的数字的运算是相同的，不过对具体的运算还有一些具体的要求。

● 矩阵的加和减

矩阵的加减法使用"+"、"–"运算符，格式与数字运算完全相同，但要求加减的两矩阵是同阶的。

【例如】

```
>> a=[1 2 3;2 3 4;3 4 5 ];
>> b=[1 1 1;2 2 2;3 3 3];
>> c=a+b
c =
     2     3     4
     4     5     6
     6     7     8
```

● 矩阵的乘法

矩阵的乘法使用运算符"*"，要求相乘的双方要有相邻公共维，即若 A 为 $i×j$ 阶，则 B 必须为 $j×k$ 阶时，A 和 B 才可以相乘。

【例如】

```
>> e=[b,[5 5 5]']
e =
     1     1     1     5
     2     2     2     5
     3     3     3     5
>> f=a*e
f =
    14    14    14    30
    20    20    20    45
    26    26    26    60
```

● 矩阵的除法

矩阵的除法可以有两种形式：左除"\"和右除"/"，在传统的 MATLAB 算法中，右除是要先计算矩阵的逆再做矩阵的乘法，而左除则不需要计算矩阵的逆而直接进行除运算。通常右除要快一点，但左除可以避免被除矩阵的奇异性所带来的麻烦。在 MATLAB 6.x 中两者的区别不太大。

通常用矩阵的除法来求解方程组的解。

对于方程组 $Ax=b$，其中 A 是一个（$n×m$）阶的矩阵，则：

➢ 当 $n=m$ 且非奇异时，此方程称为恰定方程；

➢ 当 $n>m$ 时，此方程称为超定方程；

➢ 当 $n<m$ 时，此方程称为欠定方程。

这 3 种方程都可以用矩阵的除法求解。

【例 2.9】　比较用左除和右除法分别求解恰定方程的解。

为了比较这两种方法的区别，先构造一个系数矩阵条件数很大的高阶恰定方程。

```
>> rand('seed',12);
>> a=rand(100)+1.e8;
>> x=ones(100,1);
>> b=a*x;
```

其条件数为：

```
>> cond(a)
ans =
      5.0482e+011
```

可见其条件数是足够大的，病态很严重。首先用右除法计算此方程。

```
>> tic;x1=b'/a;t1=toc
```

计算时间为：

```
t1 =
    0.0892
```

计算解与精确解之间的误差为：

```
>> er1=norm(x-x1')
er1 =
    139.8328
```

解的相对残差为：

```
>> re1=norm(a*x1'-b)/norm(b)
re1 =
    4.3095e-009
```

用左除法解方程：

```
>> tic;x1=a\b;t1=toc
t1 =
    0.0019
```

切换到长型形式格式：

```
>> tic;x1=a\b;t1=toc
t1 =
    0.0016
```

与真实解之间的误差为：

```
>> er2=norm(x-x1)
er2 =
    1.6695e-004
```

相对残差为：

```
>> re1=norm(a*x1-b)/norm(b)
re1 =
    2.4796e-016
```

从此例可以看出，右除比左除计算的速度要慢，且精度也差很多。但这种情况只是在条件数很大时才表现得如此明显，对于一般的矩阵，两者几乎没有差别。

在 MATLAB 中求解超定方程是采用最小二乘法来求解的，这也是曲线拟合的基本方法。

【例2.10】 用矩阵的除法求解超定方程。看下面的方程。

$$\begin{pmatrix} x^2 & 1 \end{pmatrix} \begin{pmatrix} a \\ b \end{pmatrix} = y$$

若考虑线性方程标准型 $Ax' = \beta$ ，则 $A = (x^2, 1)$ 可以看成为矩阵的系数，$x = (a,b)'$ 是未知数，$\beta = y$ 。

这样建立超定方程如下：

```
>> x=[19 25 31 38 44]';
>> y=[19 32.3 49 73.3 97.8]';
>> a=[x.^2,ones(5,1)]
a =
         361           1
         625           1
         961           1
        1444           1
        1936           1
>> b=y;
>> ab=a\b
ab =
    0.0500
    0.9726
>> x1=19:0.1:44;
>> y1=ab(2)+x1.^2*ab(1);          %或 y1=polyvar(ab,x1);
>> plot(x,y,'o');
>> hold;
>> plot(x1,y1)
```

结果如图 2.2 所示。

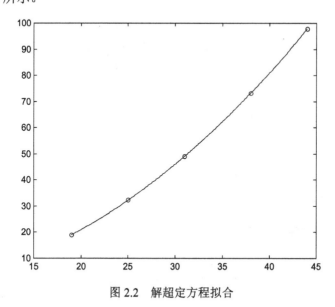

图 2.2 解超定方程拟合

说明

欠定方程的解不是唯一的，在 MATLAB 中用除法解方程时所得的解是所有解中范数最小的一个。

【例 2.11】 对例 2.10 中的矩阵用除法解一个欠定方程。

```
>> a=a'
a =
```

```
        361         625         961        1444        1936
          1           1           1           1           1
>> b=[1;1];
>> x=a\b
x =
    1.2286
         0
         0
         0
   -0.2286
```

读者若有兴趣可以验证此解的范数约为 1.25，任何其他的方程解的范数都比此值大。

2．矩阵与常数间运算

常数与矩阵的运算即是同此矩阵的各元素之间进行运算，如数加是指每个元素都加上此常数，数乘即是每个元素都与此常数相乘。需要注意的是，当进行数除时，常数通常只能做除数。

3．矩阵的逆运算

矩阵的逆运算是矩阵运算中很重要的一种运算。它在线性代数及计算方法中都有很多的论述，而在 MATLAB 中，众多的复杂理论只变成了一个简单的命令 inv。

【例 2.12】 求下面 A 矩阵的逆。

$$A = \begin{pmatrix} 2 & 1 & -3 & -1 \\ 3 & 1 & 0 & 7 \\ -1 & 2 & 4 & -2 \\ 1 & 0 & -1 & 5 \end{pmatrix}$$

解：

```
>> a=[2 1 -3 -1;3 1 0 7;-1 2 4 -2;1 0 -1 5];
>> inv(a)
ans =
   -0.0471    0.5882   -0.2706   -0.9412
    0.3882   -0.3529    0.4824    0.7647
   -0.2235    0.2941   -0.0353   -0.4706
   -0.0353   -0.0588    0.0471    0.2941
```

4．矩阵的行列式运算

矩阵的行列式的值可由 det 函数计算得出。

【例 2.13】 求上例中的 A 矩阵及其逆的行列式之积。

```
>> a1=det(a);
>> a2=det(inv(a));
>> a1*a2
ans =
    1.0000
```

5．矩阵的幂运算

矩阵的幂运算的形式同数字的幂运算的形式相同，即用算符 "^" 来表示。矩阵的幂运算在计算过程中与矩阵的某种分解有关，计算所得值并非是矩阵每个元素的幂值。这一点是值得读者注意的！

6. 矩阵的指数运算

矩阵的指数运算的最常用命令为 expm，其他的命令还有 expmdemo1，expmdemo2 和 expmdemo3。其中，expmdemo1 是由 Pade 近似计算矩阵指数，expmdemo2 是由 Taylor 级数计算矩阵指数，expmdemo3 是由特征值法计算矩阵指数。而 expm 函数使用的方法与 expmdemo1 相同。

【例 2.14】　计算矩阵的指数。

```
>> b=magic(3);
>> expm(b)
ans =
  1.0e+006 *
    1.0898    1.0896    1.0897
    1.0896    1.0897    1.0897
    1.0896    1.0897    1.0897
>> expmdemo1(b)
ans =
  1.0e+006 *
    1.0898    1.0896    1.0897
    1.0896    1.0897    1.0897
    1.0896    1.0897    1.0897
>> expmdemo2(b)
ans =
  1.0e+006 *
    1.0898    1.0896    1.0897
    1.0896    1.0897    1.0897
    1.0896    1.0897    1.0897
>> expmdemo3(b)
ans =
  1.0e+006 *
    1.0898    1.0896    1.0897
    1.0896    1.0897    1.0897
    1.0896    1.0897    1.0897
```

7. 矩阵的对数运算

矩阵的对数运算由函数 logm 实现。

【例 2.15】　对例 2.14 中的矩阵求其对数。

```
>> logm(b)
ans =
 Columns 1 through 2
   1.9620 + 0.0853i    0.3730 + 0.7590i
   0.3730 + 0.1177i    1.9620 + 1.0472i
   0.3730 - 0.2030i    0.3730 - 1.8061i
  Column 3
   0.3730 - 0.8442i
   0.3730 - 1.1649i
   1.9620 + 2.0091i
```

8. 矩阵的开方运算

矩阵的开方运算函数为 sqrtm。

2.3.3 矩阵的基本函数运算

矩阵的基本函数运算是矩阵运算中最实用的部分，它主要包括特征值的计算、奇异值的计算、条件数、各类范数、矩阵的秩与迹的计算和矩阵的空间运算等。

1. 特征值函数

矩阵的特征值可以由两个函数 eig 和 eigs 计算得出。其中函数 eig 可以给出特征值和特征向量的值，而函数 eigs 则是使用迭代法求解特征值和特征向量的函数，具体调用形式请查看 help eigs。这里只用到它的求解特征值的部分。

【例 2.16】 计算如下矩阵的特征值和特征向量。

$$A = \begin{pmatrix} 7 & 3 & -2 \\ 3 & 4 & -1 \\ -2 & -1 & 3 \end{pmatrix}$$

解：

```
>> A=[7 3 -2;3 4 -1;-2 -1 3];
>> [x,y]=eig(A)
x =
    0.5774   -0.0988   -0.8105
   -0.5774    0.6525   -0.4908
    0.5774    0.7513    0.3197
y =
    2.0000        0        0
         0   2.3944        0
         0        0   9.6056
```

说明 其中 x 为特征向量矩阵，y 为特征值矩阵。

2. 奇异值函数

同样，矩阵的奇异值函数也有两种形式 svd 和 svds，它们所使用的方法相同，只是计算值略有差别。

3. 条件数函数

条件数的值是判断矩阵"病态"程度的量度，因此，它在理论分析中有着重要的应用。在 MATLAB 中可由如下 3 个函数实现条件数的计算。

➤ cond   计算矩阵的条件数的值。
➤ condest   计算矩阵的 1 范数条件数的估计值。
➤ rcond   计算矩阵的条件数的倒数值。

【例 2.17】 计算 9 阶 Hilbert 矩阵的各条件数的值。

```
>> h=hilb(9);
>> cond(h)
ans =
```

```
      4.9315e+011
>> rcond(h)
ans =
      9.0938e-013
>> condest(h)
ans =
      1.0997e+012
```

可见虽然各条件数的计算数值并不相同，但结论是一致的，即此矩阵是严重病态的。

4．特征值的条件数

在求解矩阵的特征值时也会遇到"病态"问题，此时就需要引入特征值的条件数，其具体求解算法可参见参考文献[3]。在 MATLAB 中有专门用于求解特征值条件数的函数 condeig。其调用形式为：

➤ condeig(A)或[V, D, s] = condeig(A)　其中，[V, D, s] = condeig(A)等同于[V, D] = eig(A) 和 s = condeig(A)。其中 V 是特征向量组成的矩阵，其列向量是特征向量，D 的对角元素是对应的特征值，s 是对应的特征值条件数。

【例 2.18】　计算下面矩阵的特征值条件数。

```
>> a=[-149 -50 -154;537 180 546;-27 -9 -25]
a =
  -149    -50   -154
   537    180    546
   -27     -9    -25
>> [V,D,s] = condeig(a)
V =
    0.3162   -0.4041   -0.1391
   -0.9487    0.9091    0.9740
   -0.0000    0.1010   -0.1789
D =
    1.0000         0         0
         0    2.0000         0
         0         0    3.0000
s =
  603.6390
  395.2366
  219.2920
```

5．范数函数

矩阵（向量）的范数是矩阵（向量）的一种量度，它可分为 1 范数、2 范数、无穷范数和 F 范数等。其中最常用的是 2 范数，即平方和范数。

范数的计算可由函数 norm 和 normest 实现，其中 norm 的调用格式为 cond(X, P)，P 的取值可以是 1，2，inf 或 fro；而 normest 只能计算矩阵 2 范数的估计值。

6．秩函数

矩阵的秩的求解可由函数 rank 实现。

【例如】

```
e =[
```

```
        1    1    1    5
        2    2    2    5
        3    3    3    5]
>> rank(e)
ans =
     2
```

7. 迹函数

矩阵所有对角线上元素的和称为矩阵的迹，在 MATLAB 中可由 trace 函数计算得出。

【例 2.19】 求前面例中由 M 文件建立的矩阵的迹。

```
>> exm =[
        456         468         873           2         579
         21         687          54         488           8
         65        4656          88          98          21
        475          68        4596         654           5
       5488          10           9           6          33]
>> trace(exm)
ans =
      1918
```

8. 零空间函数

求一矩阵的零空间矩阵的函数为 null，看下面的例子。

```
>> a =[
        1    2    3
        1    2    3
        1    2    3]
>> null(a)
ans =
          0     0.9636
     -0.8321   -0.1482
      0.5547   -0.2224
>> null(a,'r')
ans =
     -2   -3
      1    0
      0    1
```

9. 正交空间函数

函数 orth 用来求矩阵的一组正交基。下面求前面的 exm 矩阵的正交矩阵。

```
>> orth(exm)
ans =
  Columns 1 through 4
   -0.1333   -0.1515    0.0759    0.9056
   -0.0232   -0.1309   -0.0676   -0.3868
   -0.1049   -0.7964   -0.5692   -0.0313
   -0.3242   -0.4934    0.7860   -0.1603
   -0.9304    0.2867   -0.2189   -0.0608
  Column 5
```

```
   0.3653
   0.9100
  -0.1728
  -0.0889
  -0.0245
```

10. 伪逆函数

矩阵的伪逆函数在求解系数矩阵为严重"病态"的问题时可避免"伪解"的产生。矩阵的伪逆由函数 pinv 实现。

【例如】

```
>> a=magic(4)          %生成 4 阶的魔方阵
a =
   16    2    3   13
    5   11   10    8
    9    7    6   12
    4   14   15    1
>> inv(a)          %常规方法求逆
Warning: Matrix is close to singular or badly scaled. Results may be inaccurate.
RCOND = 1.306145e-017.
ans =
 1.0e+014 *
   0.9382    2.8147   -2.8147   -0.9382
   2.8147    8.4442   -8.4442   -2.8147
  -2.8147   -8.4442    8.4442    2.8147
  -0.9382   -2.8147    2.8147    0.9382
>> pinv(a)               %伪逆
ans =
   0.1011   -0.0739   -0.0614    0.0636
  -0.0364    0.0386    0.0261    0.0011
   0.0136   -0.0114   -0.0239    0.0511
  -0.0489    0.0761    0.0886   -0.0864
>> b=a*[1 1 1 1]';
>> inv(a)*b
Warning: Matrix is close to singular or badly scaled. Results may be inaccurate.
RCOND = 1.306145e-017.
ans =
    1
    6
   -2
    0
>> pinv(a)*b
ans =
   1.0000
   1.0000
   1.0000
   1.0000
```

11. 通用函数形式

以上所介绍的针对矩阵的函数形式在实际运算中是远远不够的，对其他常用的运算，如三角函数运算和双曲函数运算等，需要一种能够使用这些通用函数的形式。在 MATLAB 中使用通用函数的格式为 funm(a,'funname')，其中 A 为输入矩阵变量，funname 为调用的函数名。如 funm(b, 'log')，其作用同于 logm(b)，而 funm(b, 'sqrt')同于 sqrtm(B)。因此，需要对常用的函数有全面的了解，见表 2.6 和表 2.7。

表 2.6   基本函数表

函　数　名	功　　能	函　数　名	功　　能
sin	正弦	acoth	反双曲余切函数
sinh	双曲正弦	exp	指数函数
asin	反正弦	log	自然对数函数
asinh	反双曲正弦	log10	常用（以 10 为底）对数函数
cos	余弦	log2	以 2 为底对数函数
cosh	双曲余弦	pow2	以 2 为底的幂函数
acos	反余弦	sqrt	平方根函数
acosh	反双曲余弦	nextpow2	求不小于变量的最小 2 指数
tan	正切函数	abs	模函数
tanh	双曲正切函数	angle	相角函数
atan	反正切函数	conj	复共轭函数
atan2	四象限反正切函数	imag	复矩阵虚部
atanh	反双曲正切函数	real	复矩阵实部
sec	正割函数	unwrap	打开相角函数
sech	双曲正割函数	isreal	实阵判断函数
asec	反正割函数	cplxpair	调整数为共轭对
asech	反双曲正割函数	fix	朝零方向舍入
csc	余割函数	floor	朝负方向舍入
csch	双曲余割函数	ceil	朝正方向舍入
acsc	反余割函数	round	四舍五入函数
acsch	反双曲余割函数	mod	（带符号）求余函数
cot	余切函数	rem	无符号求余函数
coth	双曲余切函数	sign	符号函数
acot	反余切函数		

表 2.7   特殊函数表

函　数　名	功　　能	函　数　名	功　　能
airy	Airy 函数	ellipke	完全椭圆积分
besselj	第一类贝赛尔函数	erf	误差函数
bessely	第二类贝赛尔函数	erfc	补充的误差函数
besselh	第三类贝赛尔函数	erfcx	比例补充的误差函数
besseli	改进的第一类贝赛尔函数	erfinv	反误差函数
besselk	改进的第二类贝赛尔函数	expint	幂积分函数
beta	Beta 函数	gamma	Gamma 函数
betainc	不完全的 Beta 函数	gammainc	不完全 Gamma 函数
betaln	Beta 函数的对数	gammaln	Gamma 函数的对数
ellipj	Jacobi 椭圆函数	legendre	连带勒让德函数
cross	向量叉积		

2.3.4 矩阵分解函数

1. 特征值分解

矩阵的特征值分解也调用函数 eig，为了分解，还要在调用时做一些形式上的变化，如：

➤ [V, D] = eig(X)　此函数得到矩阵 X 的特征值对角矩阵 D 和其列为对应特征值的特征向量矩阵 V，于是矩阵的特征值分解为 X×V = V×D。

➤ [V, D] = eig(X, 'nobalance')　此形式为关闭平衡算法的求解方法。平衡算法对于某些问题可以得到更高的准确度。

➤ [V, D] = eig(a, B)　对矩阵 A 和 B 做广义特征值分解，即 A×V = B×V×D。

【例 2.20】 矩阵的特征值分解演示。

● 单矩阵的特征值分解

```
>> a=[-149 -50 -154;537 180 546;-27 -9 -25];
>> [v, d]=eig(a)
v =
    0.3162   -0.4041   -0.1391
   -0.9487    0.9091    0.9740
   -0.0000    0.1010   -0.1789
d=
    1.0000         0         0
         0    2.0000         0
         0         0    3.0000
```

● 双矩阵的广义特征值分解

```
>> b=[2 10 2;10 5 -8;2 -8 11];
>> [v, d]=eig(a,b)
v =
   -1.0000   -0.3305   -0.0202
    0.4204    1.0000   -1.0000
    0.5536   -0.0046    0.3485
d =
   12.9030         0         0
         0   -0.0045         0
         0         0    0.0706
```

2. 复数特征值对角阵与实数块特征值对角阵的转化

即使是对于实阵，其特征值也可能出现复数。而在实际使用中，常需要把这些共轭复数特征值转化为实数块。为此，MATLAB 提供了两个进行此项转化的函数 cdf2rdf 和 rsf2csf。

➤ [V, D] = cdf2rdf(V, D)　将复数对角型转化成实数块对角型。

➤ [U, T] = rsf2csf(U, T)　将实数块转化成复数对角型。

【例 2.21】 复实特征值对角阵的转化演示。

```
>> a=[1 -3;2 2/3];
>> [v, d]=eig(a)
v =
  0.7746            0.7746
  0.0430 - 0.6310i  0.0430 + 0.6310i
```

```
d =
  0.8333 + 2.4438i        0
  0                  0.8333 - 2.4438i
>> [vs, ds]=cdf2rdf(v, d)
vs =
  0.7746        0
  0.0430   -0.6310
ds =
  0.8333    2.4438
 -2.4438    0.8333
>> vs*ds/vs
ans =
  1.0000   -3.0000
  2.0000    0.6667
```

由此可见此值等于 *a* 矩阵。

3. 奇异值分解

矩阵的奇异值分解可由函数 svd 实现，调用形式如下：

➢ [U, S, V] = svd(X) 或[U, S, V] = svd(X, 0)   生成 U，S 和 V 使得 X = U×S×V'。

【例 2.22】 对矩阵[1 1]进行奇异值分解。

```
>> a=[1;1];
>> [U, S, V] =svd(a)
U =
  0.7071   -0.7071
  0.7071    0.7071
S =
  1.4142
  0
V =
  1
```

可见进行矩阵的奇异值分解时，矩阵的维数没有限制。

4. LU 分解

LU 分解是矩阵分解中比较重要的一种，它在线性方程的直接解法中有重要的应用。在 MATLAB 中，LU 分解即由 lu 函数实现。

【例 2.23】 对如下矩阵进行 LU 分解。

```
>> a=[1 2 3;2 4 1;4 6 7];
>> [l, u]=lu(a)
l =
  0.2500   0.5000   1.0000
  0.5000   1.0000   0
  1.0000   0        0
u =
  4.0000   6.0000   7.0000
  0        1.0000  -2.5000
  0        0        2.5000
```

5. Chol 分解

如果 A 为 n 阶对称正定矩阵，则存在一个非奇异下三角实矩阵 L，使得 $A=LL^T$。当限定 L 的对角元素为正时，这种分解值是唯一的，称为 Chollesky 分解。在 MATLAB 中，这种分解由函数 chol 实现。

【例 2.24】 对如下矩阵进行 Chol 分解。

```
>> a=[4 -1 1;-1 4.25 2.75;1 2.75 3.5];
>> chol(a)
ans =
    2.0000   -0.5000    0.5000
    0         2.0000    1.5000
    0         0         1.0000
```

6. QR 分解

在求解矩阵的特征值时，引入了一种分解方法，即实阵 A 可以写成 $A=QR$，其中 Q 为正交阵，R 为上三角阵。若规定 R 的对角元为正数，则分解为唯一。在 MATLAB 中，QR 分解由 qr 函数实现。

【例 2.25】 对如下矩阵进行 QR 分解。

```
>> a=[1 1 1;2 -1 -1;2 -4 5];
>> [q, r]=qr(a)
q =
   -0.3333   -0.6667   -0.6667
   -0.6667   -0.3333    0.6667
   -0.6667    0.6667   -0.3333
r =
   -3     3    -3
    0    -3     3
    0     0    -3
```

2.3.5　特殊矩阵的生成

1. 空阵

在 MATLAB 中定义 [ ] 为空阵。一个被赋予空阵的变量具有以下性质：

● 在 MATLAB 工作内存中确实存在被赋空阵的变量；
● 空阵中不包括任何元素，它的阶数是 0×0；
● 空阵可以在 MATLAB 的运算中传递；
● 可以用 clear 从内存中清除空阵变量。

特别注意的是，空阵不是"0"，也不是"不存在"。它可以用来使矩阵按要求进行缩维。

【例如】

```
>> a=[1:18];
>> a=reshape(a,3,6)
a =
    1    4    7   10   13   16
    2    5    8   11   14   17
    3    6    9   12   15   18
```

```
>> al=a(:,[1 3 4 6])
al =
    1    7   10   16
    2    8   11   17
    3    9   12   18
>> a(:, [2 5])=[]
a =
    1    7   10   16
    2    8   11   17
    3    9   12   18
```

可见用空阵缩维后的 a 阵与用坐标标识所得的 al 阵相同。

2．几种常用的工具阵

以下几种常用的工具阵，除了单位阵外，其他的似乎并没有任何具体意义，但它们在实际中有十分广泛的应用。例如，定义矩阵的维数和赋迭代的初值等。这几类工具阵主要包括全 0 阵、单位阵、全 1 阵和随机阵。

● 全 0 阵

全 0 阵可由函数 zeros 生成，其主要调用格式为：

> zeros(N)　　　　　　　　　　　　生成 N×N 阶的全 0 阵。
> zeros(M, N) 或 zeros([M, N])　　　生成 M×N 阶的全 0 阵。
> zeros(M, N, P, …)或 zeros([M N P …])　生成 M×N×P×…阶的全 0 阵或数组。
> zeros(size(a))　　　　　　　　　生成与 A 同阶的全 0 阵。

● 单位阵

单位阵可由函数 eye 生成，其主要调用格式为：

> eye(N)　　　　　　　　　　　　生成 N×N 阶的单位阵。
> eye(M, N)　 或 eye([M, N])　　　生成 M×N 阶的单位阵。
> eye(size(a))　　　　　　　　　生成与 A 同阶的单位阵。

● 全 1 阵

全 1 阵可由函数 ones 生成，其主要调用格式为：

> ones(N)　　　　　　　　　　　　生成 N×N 阶的全 1 阵。
> ones(M, N)或 ones([M, N])　　　　生成 M×N 阶的全 1 阵。
> ones(M, N, P, …)或 ones([M N P …])　生成 M×N×P×… 阶的全 1 阵或数组。
> ones(size(a))　　　　　　　　　生成与 A 同阶的全 1 阵。

● 随机阵

> rand(N)　　　　　　　　　　　　产生一个 N×N 阶均匀分布的随机矩阵，元素的值在（0.0，1.0）区间内。
> rand(M, N)和 rand([M, N])　　　　生成 M×N 阶的随机矩阵。
> rand(M, N, P, …)或 rand([M, N, P, …])　生成随机数组或矩阵，阶数为 M×N×P×…
> rand　　　　　　　　　　　　　无变量输入时，只产生一个随机数量。
> rand(size(a))　　　　　　　　　生成与 A 同阶的随机阵。
> S = rand('state')　　　　　　　　为包括当前状态的 35 个元素的向量。
> rand('state', S)　　　　　　　　使状态重置为 S。

- ➤ rand('state', 0)   重置生成器到初始状态。
- ➤ rand('state', J)   对整数 J，重置生成器到第 J 个状态。
- ➤ rand('state', sum(100*clock))   每次重置到不同的状态。
- ➤ randn(N)   生成一(N×N)阶的正态分布（N(0, 1)）的随机阵。
- ➤ randn(M, N)和 randn([M, N])   生成 M×N 阶的正态随机阵。
- ➤ randn(M, N, P, …)或 randn([M, N, P, …])   生成随机数组。
- ➤ randn   无变量时只生成一个正态分布数量。
- ➤ randn(size(a))   生成与 A 同阶的正态随机阵。
- ➤ randn('state', S)   使状态重置为 S。
- ➤ randn('state', 0)   重置生成器到初始状态。
- ➤ randn('state', J)   对整数 J，重置生成器到第 J 个状态。
- ➤ randn('state', sum(100*clock))   每次重置到不同的状态。

3．其他特殊矩阵的生成

在数学上还有一些比较出名的特殊矩阵，它们在一定领域内有着特殊的功用。在 MATLAB 中，提供了一组生成这类矩阵的函数，以便用户调用，见表 2.8。

表 2.8　生成特殊矩阵的函数表

函　数　名	生成的矩阵	函　数　名	生成的矩阵
compan	友矩阵函数	magic	魔方矩阵
gallery	Higham 测试阵	pascal	Pascal 矩阵
hadamard	Hadamard 矩阵	rosser	经典对称特征值测试矩阵
hankel	Hankel 矩阵	toeplitz	Toeplitz 矩阵
hilb	Hilbert 矩阵	vander	范德蒙矩阵
invhilb	反 Hilbert 矩阵	wilkinson	Wilkinson's 特征值测试矩阵

2.3.6　矩阵的一些特殊操作

1．变维

实现矩阵的变维操作有两种方法，"："和函数"reshape"。前者主要是针对两个矩阵之间的运算以实现变维；而后者则是针对一个矩阵的操作。

reshape 函数的调用形式如下：

- ➤ reshape(X,M, N）
- ➤ reshape(X,M, N, P,…) 或 reshape(X,[M N P …])

注意

- ➤ 第 1 种形式中将已知矩阵 X 变维成 M×N 阶的矩阵。因此 X 的元素个数必须为 M×N 个。
- ➤ 第 2 种形式中则将矩阵变维成为 M×N×P×…。

【例 2.26】 变维示例。

```
>> a=[1:12];
>> b=reshape(a,2,6)
b =
    1    3    5    7    9   11
```

```
    2     4     6     8    10    12
>> c=zeros(3,4);
>> c(:)=a(:)
c =
    1     4     7    10
    2     5     8    11
    3     6     9    12
```

说明

➢ 若使用 ":" 符号表达式进行变维操作，则这两个矩阵必须预先定义维数。

➢ 这两个命令对于数组来说同样适用，并且还有更广泛的意义。

2. 矩阵的变向

矩阵的变向操作包括矩阵的旋转、左右翻转和上下翻转，分别由函数 rot90, fliplr 和 flipud 来实现。函数 flipdim 用来对指定维进行翻转。

各函数的调用形式：

➢ rot90(a)　　　　　将 A 逆时针方向旋转 90°

➢ rot90(a,K)　　　　将 A 逆时针方向旋转(90*K)，K 值可为正值或负值

➢ fliplr(X)　　　　　将 X 左右翻转

➢ flipud(X)　　　　　将 X 上下翻转

➢ flipdim(X, dim)　　将 X 的第 dim 维翻转

【例 2.27】 矩阵变向示例。

```
>> c =[
    1     4     7    10
    2     5     8    11
    3     6     9    12]
>> flipdim(c,1)
ans =
    3     6     9    12
    2     5     8    11
    1     4     7    10
>> flipdim(c,2)
ans =
   10     7     4     1
   11     8     5     2
   12     9     6     3
>> flipdim(c,3)
ans =
    1     4     7    10
    2     5     8    11
    3     6     9    12
```

说明　使用的函数 flipdim 的维数 dim 为 1 时，则对行进行翻转；dim 为 2 时，则对列进行翻转。

3. 矩阵的抽取

● 对角元素抽取函数 diag

➢ diag(X, k)　抽取矩阵 X 的第 k 条对角线的元素向量。k 为 0 时即为抽取主对角线，k 为正值时为上方第 k 条对角线，k 为负值时为下方第 k 条对角线。

➢ diag(X)　相当于 diag(X，0)，即抽取主对角线元素向量。

此函数还可以用来建立对角矩阵，其形式如下：

➢ diag(v, k)　使得向量 v 为所得矩阵的第 k 条对角线元素。

➢ diag(v)　使得 v 为矩阵的主对角线元素。

【例 2.28】　矩阵抽取示例。

```
>> a=pascal(4)        %4 阶 pascal 矩阵
a =
    1    1    1    1
    1    2    3    4
    1    3    6   10
    1    4   10   20
>> v=diag(a)
v =
    1
    2
    6
   20
>> v=diag(a,2)
v =
    1
    4
>> v=diag(diag(a))
v =
    1    0    0    0
    0    2    0    0
    0    0    6    0
    0    0    0   20
```

● 上三角矩阵和下三角矩阵的抽取

➢ tril(X)　提取矩阵 X 的主下三角部分。

➢ tril(X, k)　提取矩阵 X 的第 k 条对角线下面的部分（包括第 k 条对角线），其中 k 的含义与 diag 函数中 k 的含义相同。

➢ triu(X)　为提取矩阵 X 的主上三角部分。

➢ triu(X, k)　提取矩阵 X 的第 k 条对角线上面的部分（包括第 k 条对角线）。

【例 2.29】　对上例中的 a 进行三角抽取。

```
>> al=tril(a,-1)
al =
    0    0    0    0
    1    0    0    0
    1    3    0    0
    1    4   10    0
>> al=tril(a,2)
al =
    1    1    1    0
    1    2    3    4
```

1	3	6	10
1	4	10	20

4. 矩阵的扩展

矩阵的扩展有两种方法。

➢ 利用对矩阵标识块的赋值命令——X(M1:m2，n1:n2)=a 生成大矩阵。其中，(M2−m1+1)必须等于 a 的行维数，(n2−n1+1)必须等于 a 的列维数。生成的(M2×n2)维矩阵 X，除赋值子阵和已存在的元素外，其余元素都默认为 0。

➢ 利用小矩阵的组合来生成大矩阵。

【例 2.30】 用 3 种方法建立多项式的伴随矩阵。

```
>> v =[1 2 6 20];
>> a1=compan(v)
a1 =
    -2    -6   -20
     1     0     0
     0     1     0
>> a2=[-v(2:4);eye(2),zeros(2,1)]
a2 =
    -2    -6   -20
     1     0     0
     0     1     0
>> a3=-v(2:4);a3(2:3,1:2)=eye(2)
a3 =
    -2    -6   -20
     1     0     0
     0     1     0
```

注意 利用小矩阵的组合生成大矩阵时，要严格注意矩阵大小的匹配。

2.4 数组及其运算

通过前一节的介绍，相信读者已对矩阵及其运算有了比较全面的了解，但是在实际应用中还会经常用到这样的运算：即同型矩阵之间的运算。这种运算通常叫做数组运算。在有些关于 MATLAB 的出版物中，把数组作为一种单元实体来讲。而实际上在 MATLAB 中，数组作为独立的计算单元实体是不存在的，它的建立、存储完全同于矩阵，只是计算时在符号上做了不同的约定，才使计算大相径庭。因此，MATLAB 中的数组更倾向于一种运算形式，而且是针对矩阵的运算形式。故本节的名称实质上应称为"矩阵的数组运算"更为准确。

因此，用户可以按照上一节所讲的创建矩阵的几种方法创建"数组"。

2.4.1 基本数组运算

为了对比矩阵运算和数组运算的不同，本节完全按照上一节的顺序，读者可以对照来看，这样更能领会到矩阵运算和数组运算的异同。

1. 数组的四则运算

在旧版本的数组四则运算中，加减运算与矩阵运算中的几乎完全相同，同样要求运算双方维数相同，所得结果为对应元素的加减，只不过是数组运算中的运算符多了一个小圆点，即 ".+" 和 ".−"，但在 MATLAB 的新版本中，这两个命令不再存在，从而使矩阵的加减法和数组的加减法完全统一。而在乘除法中由于数组的对应元素间的运算特点，使数组运算中的乘除法与矩阵的乘除法有相当大的区别。数组的乘除法是指两个同维数组间对应元素之间的乘除法，它们的运算符为 ".*" 和 "./" 或 ".\"。

【例如】

```
>> a1=[1 2 3;2 3 4;3 4 5 ];
>> b1=[1 1 1;2 2 2;3 3 3];
>> a1.\b1
ans =
    1.0000    0.5000    0.3333
    1.0000    0.6667    0.5000
    1.0000    0.7500    0.6000
```

2. 数组与常数间运算

数组与常数之间的数加和数减运算在运算符上可以加 "."，也可以不加 "."，但要注意加 "." 时要把常数写在前面。

【例如】

```
>> 3.+b1
ans =
    4    4    4
    5    5    5
    6    6    6
```

数组与常数之间的数乘运算即为数组元素分别与此常数进行相乘，此时加不加 "." 都一样，看下面的例子：

```
>> 3.*a1
ans =
    3     6     9
    6     9    12
    9    12    15
```

在矩阵的运算中，与常数之间的除法是有限制的，常数只能做除数。在数组运算中，由于有了"对应关系"的规定，因此与常数之间进行除法运算时形式上没有任何限制。

【例如】

```
>> b1.\9
ans =
    9.0000    9.0000    9.0000
    4.5000    4.5000    4.5000
    3.0000    3.0000    3.0000
```

3. 数组的幂运算

数组的幂运算运算符为 ".^"，它表示每个数组元素的幂运算，同矩阵的幂运算是不同的，看下面的例子。

【例 2.31】

```
>> a=[2 1 -3 -1;3 1 0 7;-1 2 4 -2;1 0 -1 5];
```

```
>> a^3
ans =
     32    -28    -101     34
     99    -12    -151    239
     -1     49      93      8
     51    -17     -98    139
>> a.^3
ans =
      8      1     -27     -1
     27      1       0    343
     -1      8      64     -8
      1      0      -1    125
```

可见矩阵的幂运算和数组的幂运算所得的结果有很大的差别。

4. 数组的指数运算、对数运算和开方运算

同矩阵运算相比,数组运算中这些运算符都有所简化,它们分别是 exp, log 和 sqrt。用户会发现这时的运算符和数字运算时的运算符作用完全相同。有了"对应元素"的规定,数组的运算实质上就是针对数组内部的每个元素进行的。

2.4.2 数组函数运算

对于数组运算的通用函数运算,只要把所有运算的数组当作数字一样带入函数中,不需要做什么变形。其通用形式为 funname(a),其中 funname 为常用函数名,参见表 2.6。

2.4.3 数组逻辑运算

逻辑运算是数组运算所特有的一种运算形式,它包括基本逻辑关系运算和逻辑函数运算。

1. 基本逻辑关系运算

所谓的基本逻辑关系运算指的是几乎所有的高级语言所普遍适用的逻辑运算。如大小的比较、逻辑与或非等逻辑关系。在 MATLAB 中,它们的实现见表 2.9。

表 2.9　基本逻辑运算表

符号运算符	功　用	函 数 名	符号运算符	功　用	函 数 名
==	等于	eq	>=	大于等于	ge
~=	不等于	ne	&	逻辑与	and
<	小于	lt	|	逻辑或	or
>	大于	gt	~	逻辑非	not
<=	小于等于	le			

说明

➢ 在关系比较中,若比较的双方为同维的数组,则比较的结果也是同维的数组。它的元素值由 0 和 1 组成。当比较双方对应位置上的元素值满足比较关系时,它的对应值为 1,否则为 0。

➢ 当比较双方中一方为常数,另一方为一数组,则结果与数组同维,且其值为已知数组与常数依次比较的结果。

➢ 逻辑与、或、非运算的意义如下:

与 当运算双方的对应元素值都为非 0 时, 结果为 1, 否则为 0;

或 当运算双方的对应元素值有一非 0 时, 结果为 1, 否则为 0;

非 当运算数组上的对应位置上的值为 0 时, 结果为 1, 否则为 0。

➢ 在算术运算、比较运算和逻辑与或非运算中, 它们的优先级关系先后为: 比较运算、算术运算、逻辑与或非运算。

【例 2.32】 数组逻辑运算演示。

```
>> a=[1:3;4:6;7:9];
>> x=5;
>> y=ones(3)*5;
>> xa=x<=a
xa =
     0     0     0
     0     1     1
     1     1     1
>> b=[0 1 0;1 0 1;0 0 1];
>> ab=a&b
ab =
     0     1     0
     1     0     1
     0     0     1
>> n_b=~b
n_b =
     1     0     1
     0     1     0
     1     1     0
```

2. 逻辑关系函数运算

逻辑关系的函数运算中, 大部分函数是 MATLAB 所特有的, 它们给用户带来了很大的方便, 因此, 掌握并运用它们是必要的。主要的逻辑关系函数见表 2.10。

表 2.10 逻辑关系函数表

函 数 名	使 用 说 明	函 数 名	使 用 说 明
any	若向量的任意元素不为 0 则返回真	islogical	判断逻辑数组
all	若向量的所有元素不为 0 则返回真	logical	转换数值为逻辑型
xor	逻辑或非	Find	寻找非 0 元素坐标
isempty	判断空矩阵	isnan	判断不定数
isequal	判断相等数组	isinf	判断无限大元素
isnumeric	判断数值矩阵	isfinite	判断有限大元素

这里所提供的逻辑关系运算函数并非全部。特殊专业的用户可以很方便地查找到相应的特殊函数, 而对大多数的用户来说是用不到的, 这里不再冗述。

【例 2.33】 all 和 any 的使用。

```
>> a=magic(5);
>> a(:,3)=zeros(5,1)
a =
```

```
     17    24     0     8    15
     23     5     0    14    16
      4     6     0    20    22
     10    12     0    21     3
     11    18     0     2     9
>> a1=all(a(:,1)<10)
a1 =
     0
>> a2=all(a>3)
a2 =
     1     1     0     0     0
>> a11=any(a(:,1) >10)
a11 =
     1
>> a11=any(a>10)
a11 =
     1     1     0     1     1
```

【例2.34】 find 函数的用法。

```
>> a=[1:5];
>> a=1./a
a =
    1.0000    0.5000    0.3333    0.2500    0.2000
>> f1=find(a)
f1 =
     1     2     3     4     5
>> f2=find(abs(a)>0.4|abs(a)<0.23)
f2 =
     1     2     5
```

2.5 多项式运算

2.5.1 多项式的表示方法

多项式的表达约定如下。

对于多项式 $P(x) = a_0x^n + a_1x^{n-1} + \cdots + a_{n-1}x + a_n$ 用以下的行向量表示：

$$P = [a_0, a_1, \cdots, a_{n-1}, a_n]$$

这样就把多项式的问题转化为向量问题。

1. 系数向量的直接输入法

由于在 MATLAB 中的多项式是以向量形式存储的，因此，最简单的多项式输入即为直接的向量输入，MATLAB 自动将向量元素按降幂顺序分配给各系数值。向量可以为行向量，也可以是列向量。

【例2.35】 输入多项式 $x^3 - 5x^2 + 6x - 33$ 。

```
>> p=[1 -5 6 -33];
>> poly2sym(p)
```

```
ans =
    x^3-5*x^2+6*x-33
```

说明　其中的 poly2sym 是符号工具箱中的函数，可将多项式向量表示成符号多项式形式。

2．特征多项式输入法

多项式创建的另一个途径是从矩阵求其特征多项式获得，由函数 poly 实现。

【例 2.36】

```
>> a=[1 2 3;2 3 4;3 4 5];
>> p1=poly(a)
p1 =
    1.0000   -9.0000   -6.0000    0.0000
>> poly2sym(p1)
ans =
x^3-9*x^2-6*x-7343508239050119/25353012004564588029934064410752
```

说明

➢ 由特征多项式生成的多项式的首项系数一定是 1。

➢ *n* 阶特征矩阵一般产生 *n* 次多项式。

3．由根创建多项式

由给定的根也可产生其对应的多项式，此功能还由函数 poly 实现。

【例 2.37】　由给定的根向量生成其对应多项式。

```
>> root=[-5 -3+4i -3-4i];
>> p=poly(root)
p =
     1    11    55    125
>> poly2sym(p)
ans =
    x^3+11*x^2+55*x+125
```

说明

➢ 若要生成实系数多项式，则根中的复数必定对应共轭。

➢ 有时生成的多项式向量包含很小的虚部，可用 real 命令将其滤掉。

2.5.2　多项式运算

1．求多项式的值

求多项式的值可以有两种形式，对应着两种算法：一种在输入变量值代入多项式计算时是以数组为单元的，此时的计算函数为 polyval；另一种是以矩阵为计算单元，进行矩阵式运算，以求得多项式的值，此时的函数为 polyvalm。这两种计算在数值上有很大的差别，这主要源于矩阵计算和数组运算的差别。

【例 2.38】　对同一多项式及变量值分别计算矩阵计算值和数组计算值。

```
>> p=[1 11 55 125];
>> b=[1 1;1 1];
>> polyval(p,b)
```

```
ans =
    192   192
    192   192
>> polyvalm(p,b)
ans =
    206    81
     81   206
```

注意 当进行矩阵运算时，变量矩阵须为方阵。

2. 求多项式的根

求多项式的根可以有两种方法，一种是直接调用 MATLAB 的函数 roots，求解多项式的所有根；另一种是通过建立多项式的伴随矩阵再求其特征值的方法得到多项式的所有根。

【例 2.39】 用两种方法求解方程 $2x^4 - 5x^3 + 6x^2 - x + 9 = 0$ 的所有根。

```
>> p=[2 -5 6 -1 9];
>> roots(p)
ans =
   1.6024 + 1.2709i
   1.6024 - 1.2709i
  -0.3524 + 0.9755i
  -0.3524 - 0.9755i
>> compan(p)
ans =
    2.5000   -3.0000    0.5000   -4.5000
    1.0000    0         0         0
    0         1.0000    0         0
    0         0         1.0000    0
>> eig(ans)
ans =
   1.6024 + 1.2709i
   1.6024 - 1.2709i
  -0.3524 + 0.9755i
  -0.3524 - 0.9755i
```

可见两种方法求得的值是相等的。

3. 多项式的乘除法运算

多项式的乘法由函数 conv 来实现，此函数同于向量的卷积；多项式的除法由函数 deconv 来实现，向量的解卷函数相同。

【例 2.40】 计算两多项式的乘除法。

```
>> p =[ 2 -5 6 -1 9];
>> poly2sym(p)
ans =
2*x^4-5*x^3+6*x^2-x+9
>> d = [3  -90  -18];
>> poly2sym(d)
ans =
3*x^2-90*x-18
>> pd=conv(p,d)
```

```
pd =
    6  -195   432  -453    9  -792  -162
>> poly2sym(pd)
ans =
6*x^6-195*x^5+432*x^4-453*x^3+9*x^2-792*x-162
>> p1=deconv(pd,d)
p1 =
    2   -5    6   -1    9
```

可见 p1 和 p 是相等的。

4. 多项式微分

多项式的微分函数 polyder 可以用来进行多项式的微分计算。

【例 2.41】 对上例中的多项式 p 进行微分计算。

```
>> poly2sym(p)
ans =
2*x^4-5*x^3+6*x^2-x+9
>> Dp=polyder(p)
Dp =
    8  -15   12   -1
>> poly2sym(Dp)
ans =
8*x^3-15*x^2+12*x-1
```

5. 多项式拟合

多项式拟合是多项式运算的一个重要组成部分，在工程及科研工作中都得到了广泛的应用。其实现一方面可以由矩阵的除法求解超定方程来进行；另一方面在 MATLAB 中还提供了专用的拟合函数 polyfit。其常用调用格式如下：

➤ polyfit(X, Y, n)　其中 X、Y 为拟合数据，n 为拟合多项式的阶数。

➤ [p, s] = polyfit(X, Y, n)　其中 p 为拟合多项式系数向量，s 为拟合多项式系数向量的结构信息。

【例 2.42】 用 5 阶多项式对$[0, \pi/2]$上的正弦函数进行最小二乘拟合。

```
>> x=0:pi/20:pi/2;
>> y=sin(x);
>> a=polyfit(x, y, 5);
>> x1=0:pi/30:pi*2;
>> y1=sin(x1);
>> y2=a(1)*x1.^5+a(2)*x1.^4+a(3)*x1.^3+a(4)*x1.^2+a(5)*x1+a(6);
>> plot(x1, y1, 'b-', x1, y2, 'r*')
>> legend('原曲线', '拟合曲线')
>> axis([0, 7, -1.2, 4])
```

所得图形如图 2.3 所示。

由于拟合是在$[0, \pi/2]$区间进行的，故所得曲线在此区间内与原曲线拟合得很好。而在区间外，两曲线差别较大。

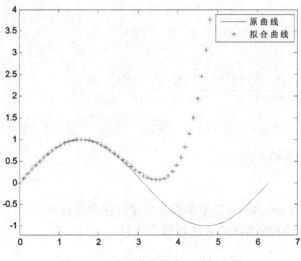

图 2.3　正弦函数的最小二乘拟合图

习　题

1. 计算以下算式的值。
   (a) 2^{11}
   (b) $\sqrt{2}-\sqrt[3]{4}$
   (c) $\ln 10-\log_{10}\pi$
   (d) $e^{-\pi i}$（i 为虚数单位）
   (e) $\tanh(e)$（e 为自然对数底数）

2. 计算以下算式的值，给出 MATLAB 的输出结果。
   (a) 0/0
   (b) (format short)$1-10^{-5}$
   (c) (format long)$1-10^{-5}$
   (d) (format long)$1-10^{-20}$
   (e) (format long)10^{-308}
   (f) (format long)10^{-320}
   (g) (format long)10^{-330}

3. 本金 K 以每年 n 次，每次 $p\%$ 的增值率（n 与 p 的乘积为每年增值额的百分比）增加，当增加到 rK 时所花费的时间为

$$T=\frac{\ln r}{\min(1+0.01p)}\quad\text{（单位：年）}$$

   用 MATLAB 表达式写出该公式并用下列数据计算 $r=2$，$p=0.5$，$n=12$。

4. 已知下列数组中的数字对应相应字符的 ASCII 编码，给出下列数组对应的字符串（提示：采用 char 函数）。
   (a) [77, 65, 84, 76, 65, 66]
   (b) [72, 97, 118, 101, 32, 70, 117, 110, 32, 33]

5. 利用 char 函数可以实现大小写的转换。例如，通过将所有字符的 ASCII 值减 32 可以将小写字母转换成大写字母：

```
>> lower = 'lower';
>> upper = char(lower-32)
upper =
     LOWER
```

（a）将 matlab 转换成 MATLAB；

（b）将 MALTAB 转换成 matlab；

（c）将 matlab 转换成 Matlab（提示：strcat 命令）。

6. 通过对字符的变换可以实现对原有字符串加密的效果，最简单的加密算法为凯撒位移加密法。它根据字母表将每个字母移动常量 k（字母表末尾会回卷到开头）。举例来说，如果 k=2（密钥），单词 "word"（明文）将被加密成 "yqtf"（密文）。参考第 5 题中的方法，给出以下结果。

（a）设密钥 k=1，"matlab" 的密文；

（b）设密钥 k=1，"Have fun with this class" 的密文，如果 k=−1 呢？

7. 输出以下指令，观察运算结果（提示：采用 whos 函数观察变量类型和字节数）。

（a）
```
>> clear;
>> a=1;
>> b=num2str(a);
>> c=a>0;
>> a==b;
>> a==c;
>> b==c;
```

（b）
```
>> clear;
>> fun='abs(x)';
>> x=-2;
>> eval(fun);
>> d_fun=double(fun);
```

8. 参考书中例 2.3，采用 eval 函数生成矩阵 $A = [a_{ij}]_{m \times n}$，$a_{ij} = 2i + j$。

9. 按照以下指令生成单元型变量 c，并用 cellplot 显示 c 的内容：

```
>> c{1,1}='Left Up';
>> c{1,2}='Right Up';
>> c{2,1}=eye(2);
>> c{2,2}=eig(eye(2));
```

10. 先不用 MATLAB 判断下面语句将显示什么结果？size(B)又得出什么结果？

```
>> B1={1:9;'Mark'};
>> B2={10:-1:1;[10,8,7;6,9,3;2,4,0;1,4,6]};
>> B=[B1,B2];
>> B{1,2}(8)
```

11. 生成一个 1×3 的结构型数组 Student，每个结构型变量包含四个属性：name，age，gender，major。Student 的信息如下：

Name	Age	Gender	Major
Amy	Unknown	Female	Neuroscience
Sheldon	35	Male	Physics
Howard	32	Male	Aerospace Engineering

执行以下操作：

（a）显示 Student 中的所有属性；

（b）显示 Sheldon 的 Gender 信息；

（c）将 Amy 的 Age 改为 30；

（d）删除 Student 的 Major 属性。

12. 将第 11 题中的结构型变量 Student（操作之前）转换成单元型变量 C_student，并用 celldisp 命令显示所有内容。

13. 单元型变量 cell 和结构型变量 struct 均可以用来存储复杂类型的数据。下表为三名同学大学物理、微积分和 MATLAB 课的作业、期中、期末考试成绩。

姓名	大学物理			微积分			MATLAB		
	作业	期中	期末	作业	期中	期末	作业	期中	期末
王东	80	75	95	90	95	90	65	75	80
李明	90	95	100	95	95	95	90	100	100
张力	75	70	80	85	80	70	80	90	90

分别采用 cell 和 struct 类型存储以上数据。

14. 运用结构型变量生成一份你自己的课程表。

15. 单元型变量 cell 的一个优点是可以运用 cellfun 命令对变量进行处理，输入以下命令，观察结果体会 cellfun 的用法。

（a）
```
>> cell = {1:5, [1:3:5], []};
>> average = cellfun(@mean,cell)
```

（b）
```
>> months = {'January','February','March','April','May'};
>>abbrev = cellfun(@(x) x(1:3), months, 'UniformOutput',false)
```

16. 采用（10）中的 B 的值，判断下面指令的结果。

```
>> D1=cell2struct(B,{'a1','a2'},1);
>> D2=cell2struct(B,{'a1','a2'},2);
>> [b1,c1]=D1.a1
>> [b2,c2]=D2.a1
```

17. 执行以下指令，观察运算结果。

（a）[1 2; 3 4]+10–2i

（b）[1 2; 3 4].*[0.1 0.2; 0.3 0.4]

（c）[1 2; 3 4].\[20 10; 9 2]

（d）[1 2; 3 4].^2

（e）exp([1 2; 3 4])

（f）log([1 10 100])

（g）prod([1 2; 3 4])

（h）abs([1 2; 3 4]-pi)

18. 执行以下指令，观察运算结果。
    （a）[a,b]=min([10 20;30 40])
    （b）[1 2; 3 4]>=[4 3; 2 1]
    （c）find([10 20; 30 40]>=[40 30; 20 10])
    （d）[a,b]= find([10 20; 30 40]>=[40 30; 20 10])
    （e）all([1 2; 3 4]>1)
    （f）any([1 2; 3 4]>1)

19. 给出以下命令执行的结果。

```
>> arr=[1 2 3 4; 5 6 7 8; 9 10 11 12];
>> mask=mod(arr,2)==0;
>>arr(mask)=-arr(mask)
```

20. 给出以下命令执行的结果。

```
>> arr1=[1 2 3 4; 5 6 7 8; 9 10 11 12];
>> arr2=arr1<=5;
>> arr1(arr2)=0;
>> arr1(~arr2)=arr1(~arr2).^2
```

21. 比较以下算式的运算结果。
    （a）fix(3.5), floor(3.5), ceil(3.5), round(3.5)
    （b）fix(3.4). floor(3.4), ceil(3.4), round(3.5)
    （c）fix(−3.2), floor(−3.2), ceil(−3.2), round(3.5)
    （d）fix(−3.8), floor(−3.8), ceil(−3.8), round(3.5)

22. 按以下要求利用 rand 函数生成随机数。
    （a）(0,1)间的实数
    （b）(0,20)间的实数
    （c）(20,50)间的实数
    （d）[0,10]间的整数
    （e）[0,11]间的整数
    （f）[50,100]间的整数

23. 执行以下操作，比较结果。
    （a）打开 MATLAB，输入 rand 命令得到随机数 A1，关闭 MATLAB 并再次打开，再次输入 rand 命令得到随机数 A2，A1 和 A2 是否相同？
    （b）打开 MATLAB，输入 rand 命令得到随机数 B1，关闭 MATLAB 并再次打开，输入命令 rng('shuffle')，再输入 rand 命令得到随机数 B2，B1 和 B2 是否相同？
    rand 函数实际上是根据算法生成伪随机数，MATLAB 每次打开时，生成随机数的随机种子都会被重置。

24. 分别采用冒号表达式和 linspace 命令生成以下向量。
    （a）[1 3 5 7]
    （b）[−5 −5.5 −6 −6.5 −7]

25. 采用冒号表达式和转置符号生成一个−1 到 1 之间步长为 0.2 的列向量。

26. 采用 logspace 命令和向量运算生成以下向量。

（a）$[1.2\times10, 3\times100, \cdots, n\times10^{n-1}]$（$n=10$）

（b）$[1.2\times0.1, 3\times0.01, \cdots, n\times10^{1-n}]$（$n=10$）

27. 执行以下命令生成向量，观察 A 的结果。

（a）>> A=1:2:6

（b）>> A=6:-2:1

28. 生成包含 20 个整数的随机向量 x，随机数在[−5,5]之间，令向量 $y=\sin(x)$，输出 y。

29. 完成以下操作：

（a）生成矩阵 A

$$A=\begin{bmatrix} 1 & 3 & 5 \\ 2 & 4 & 6 \\ 7 & 8 & 9 \end{bmatrix}$$

（b）将矩阵 A 保存到文件 A.txt 中（提示：用 save 命令，注意保存路径）。

（c）用文本编辑器打开 A.txt 文件，将 A(2,2)改成 5 并保存。

（d）在 MATLAB 中清除 A 并重新导入（提示：load 命令）。

30. 用简单方法生成如下矩阵 A：

$$A=\begin{bmatrix} 1 & 2 & 3 \\ 5 & 3 & 1 \end{bmatrix}$$

输出 fliplr(A), flipud(A), rot90(A)。

31. 生成如下矩阵 C（提示：diag 和 ones 命令）

$$C=\begin{bmatrix} 0 & 1 & 0 & 1 & 0 \\ 1 & 0 & 1 & 0 & 1 \\ 0 & 1 & 0 & 1 & 0 \\ 1 & 0 & 1 & 0 & 1 \\ 0 & 1 & 0 & 1 & 0 \end{bmatrix}$$

32. 完成以下操作：

（a）用 magic 命令生成 10 阶魔方矩阵 z；

（b）求 z 的各列元素之和；

（c）求 z 的对角线元素之和（提示：diag 命令）；

（d）将 z 的第二列除以 $\sqrt{3}$；

（e）将 z 的第三行元素加到第 8 行。

33. 按以下要求利用 rand 函数生成随机矩阵：

（a）(0,1)间的实数

（b）(0,10)间的实数

（c）[0,20]间的整数

34. 生成一个 3×5 的整数随机矩阵 M，随机数在[−5,5]之间，判断每个矩阵元素的正负。

35. 任意生成一个 3×5 的矩阵 M，删除矩阵的最后一行。

36. 设 $a=(1,2,3)$，$b=(2,4,3)$，分别计算 a./b，a.\b，a/b，a\b，分析结果的意义。

37. 给定向量 w, x 和矩阵 y，执行以下命令，观察输出结果，并理解其意义。

$$w = [0 \quad 3 \quad -2 \quad 7]$$
$$x = [3 \quad -1 \quad 5 \quad 7]$$
$$y = \begin{bmatrix} 1 & 3 & 7 \\ 2 & 8 & 4 \\ 6 & -1 & -2 \end{bmatrix}$$

（1）min(y)；（2）min(w,x)；（3）mean(y)；（4）median(w)；（5）sort(2*w + x)；（6）sort(y)。

38. 假设存在一个二维矩阵 M，在不知道矩阵大小的条件下如何得到最后一个矩阵元素的值？

39. 用矩阵除法解下列线性方程组，并判断解的意义。

（a）$\begin{pmatrix} 4 & 1 & -1 \\ 3 & 2 & -6 \\ 1 & -5 & 3 \end{pmatrix} \begin{pmatrix} x_1 \\ x_2 \\ x_3 \end{pmatrix} = \begin{pmatrix} 9 \\ -2 \\ 1 \end{pmatrix}$

（b）$\begin{pmatrix} 4 & 1 \\ 3 & 2 \\ 1 & -5 \end{pmatrix} \begin{pmatrix} x_1 \\ x_2 \end{pmatrix} = \begin{pmatrix} 1 \\ 1 \\ 1 \end{pmatrix}$

（c）$\begin{pmatrix} 2 & 1 & -1 & 1 \\ 1 & 2 & 1 & -1 \\ 1 & 1 & 2 & 1 \end{pmatrix} \begin{pmatrix} x_1 \\ x_2 \\ x_3 \\ x_4 \end{pmatrix} = \begin{pmatrix} 1 \\ 2 \\ 3 \end{pmatrix}$

40. 求第 39 题（c）的通解。

41. （人口流动趋势）对城乡人口流动作年度调查，发现有一个稳定的朝向城镇流动的趋势，每年农村居民的 5% 移居城镇而城镇居民的 1% 迁出，现在总人口的 20% 位于城镇。假如城乡总人口保持不变，并且人口流动的这种趋势继续下去，那么：

（1）一年以后住在城镇人口所占比例是多少？两年以后呢？十年以后呢？

（2）很多年以后呢？

（3）如果现在总人口 70% 位于城镇，很多年以后城镇人口所占比例是多少？

（4）计算转移矩阵的最大特征值及对应的特征向量，与问题（2）、问题（3）有何关系？

42. 求下列矩阵的行列式、逆、特征值和特征向量。

（a）$\begin{pmatrix} 4 & 1 & -1 \\ 3 & 2 & -6 \\ 1 & -5 & 3 \end{pmatrix}$

（b）$\begin{pmatrix} 5 & 7 & 6 & 5 \\ 7 & 10 & 8 & 7 \\ 6 & 8 & 10 & 9 \\ 5 & 7 & 9 & 10 \end{pmatrix}$

（c）n 阶方阵 $\begin{pmatrix} 5 & 6 & & & & \\ 1 & 5 & 6 & & & \\ & 1 & 5 & \ddots & & \\ & & \ddots & \ddots & 6 & \\ & & & 1 & 5 \end{pmatrix}$，$n$ 分别为 5，50 和 500。

43．（1）判断第 42 题各小题是否可以相似对角化，如果是，求出对角矩阵和对应的相似变换矩阵；

（2）判断第 42 题各小题是否为正定矩阵。

44．求下列向量组的秩和它的一个最大线性无关组，并将其余向量用该最大无关组线性表示。

$\boldsymbol{\alpha}_1 = (4, -3, 1, 3)$，$\boldsymbol{\alpha}_2 = (2, -1, 3, 5)$，$\boldsymbol{\alpha}_3 = (1, -1, -1, -1)$，$\boldsymbol{\alpha}_4 = (3, -2, 3, 4)$，$\boldsymbol{\alpha}_5 = (7, -6, -7, 0)$

45．n 阶矩阵通常需要 n^2 的存储空间和正比于 n^3 的计算量，然而实际问题中很多大规模矩阵中包含大量 0 元素，这样的矩阵称为稀疏矩阵。稀疏矩阵在存储空间和计算时间上都有很大优势。采用有限差分方法求解 Laplace 方程时会得到以下系数矩阵：

$$\begin{bmatrix} -2 & 1 & 0 & \cdots & 0 & 0 \\ 1 & -2 & 1 & 0 & \ddots & 0 \\ 0 & 1 & \ddots & \ddots & \ddots & \vdots \\ \vdots & 0 & \ddots & \ddots & 1 & 0 \\ 0 & \ddots & \ddots & 1 & -2 & 1 \\ 0 & 0 & \cdots & 0 & 1 & -2 \end{bmatrix}_{n*n}$$ （三对角矩阵，$n=1000$）

（1）使用 sparse 或者 spadiags 函数生成稀疏系数矩阵 $\boldsymbol{S}$。

（2）使用 full 函数将稀疏矩阵 $\boldsymbol{S}$ 转换成全矩阵 $\boldsymbol{F}$，并使用 whos 函数查看 $\boldsymbol{F}$，$\boldsymbol{S}$ 的大小。

（3）设 $\boldsymbol{b} = \begin{bmatrix} 1 \\ \vdots \\ 1 \end{bmatrix}$，均用左除法（或者右除法）求解 $\boldsymbol{Fx} = \boldsymbol{b}$，$\boldsymbol{Sx} = \boldsymbol{b}$，并比较计算时间。

46．求方程 $x^4 + 2x^3 + 5x^2 + 9 = 0$ 的所有根。

47．用 5 阶多项式对 $[0, \pi/2]$ 的余弦函数进行最小二乘拟合。

第3章 符号运算功能

MATLAB 自产生之日起就在数值计算功能上独占鳌头，广受各专业计算人员的欢迎。但是由于在数学、物理及力学等各种科研和工程应用中还经常遇到符号运算的问题，因此，一部分 MATLAB 用户还不得不同时掌握另一种符号计算语言，如 Maple，Mathematic，MathCAD 等，这就带来了一些不便。为了解决这个问题，Mathworks 公司于 1993 年从加拿大滑铁卢大学购入了 Maple 的使用权，并在此基础上，利用 Maple 的函数库，开发了 MATLAB 语言的又一重要工具箱——符号数学工具箱（Symbolic Math Toolbox）。从此，MATLAB 便集数值计算、符号计算和图形处理三大基本功能于一体，成为在数学计算各语言中功能最强、操作最简单和最受用户喜爱的语言。

MATLAB 的符号计算由符号数学工具箱承担，这个工具箱的核心是 Maple，工具箱下还有很多 MATLAB 的函数，它们负责 MATLAB 与 Maple 之间的信息传递。当你在 MATLAB 中首次执行符号命令时，MATLAB 在后台启动 Maple 核心，然后通过相关 M 文件调用该核心进行符号运算。

这一机制很灵活，一方面可以通过 M 文件间接调用 Maple，此过程你不必了解 MATLAB 符号计算的内在机制，上手迅速，另一方面，也可以越过这些 M 文件提供的命令，直接从 MATLAB 调用 Maple，能够完成更复杂的工作，当然，这需要你同时熟悉 MATLAB 和 Maple 两个软件。

需要注意的是，自从 MATLAB 2008b（7.7 版本）起，符号数学工具箱默认的内核就不再采用 Maple，而是改为了 MuPAD，当然用户也可以选择采用 Maple 计算引擎。但是令人欣慰的是，基本的符号运算的语法并没有改变（这得益于介于 MATLAB 和符号工具箱内核间的 M 文件）。但是如果你需要在 MATLAB 应用 MuPAD 更强大的功能，则需要下载一个完整的 MuPAD。

MATLAB2010a 版本中，不再支持 Maple 引擎。

在 MATLAB 中实现符号计算功能主要有以下三种途径。

➢ 通过调用 MATLAB 自己开发的各种功能函数进行常用的符号运算。这些功能主要包括符号表达式与符号矩阵的基本操作、符号矩阵的运算、符号微积分运算、符号线性方程求解、符号微分方程求解、特殊数学符号函数、符号函数图形等，这些内容将在本章进行详细地介绍。对于众多喜爱和熟悉 MATLAB 的用户来说，这些操作十分简单，很容易学习和掌握。

➢ MATLAB 语言中的符号计算功能已经很强大了，但为了给一些特殊专业的人员提供方便，MATLAB 中还保留着与专用的符号数学工具的接口，以期实现更多功能。

➢ 对那些用惯了计算器的用户来说，MATLAB 同样是最佳的选择，因为 MATLAB 还提供了符号函数计算器（Function Calculator）功能。计算器上提供了不超过两个符号函数的基本运算和微积分运算的功能,而且还有函数可视化图形窗。虽然功能比较简单,但使用方便,操作简易,可视化效果好。在本章也将对它进行必要的介绍。

另外,在本章的最后还将介绍使用 MATLAB 符号计算功能的诸多注意事项。

3.1   符号表达式的生成

在数值计算中,包括输入、输出及中间过程,变量都是数值变量。而在符号运算过程中,变量都以字符形式保存和运算,即使是数字也被当做字符来处理。

符号表达式包括符号函数和符号方程,两者的区别在于前者不包括等号,而后者必须带等号,但它们的创建方式是相同的。最简单易用的创建方法和 MATLAB 中的字符串变量的生成方法相同。

● 创建符号函数

【例如】

```
>> f='log(x)'
f =
    log(x)
```

● 创建符号方程

【例如】

```
>> eqation='a*x^2+b*x+c=0';
```

● 创建符号微分方程

【例如】

```
>> diffeq='Dy-y=x';
```

说明

➤ 注意由这种方法创建的符号表达式对空格是很敏感的。因此,不要在字符间乱加空格符,否则在其他地方调用此表达式的时候会出错。

➤ 由于符号表达式在 MATLAB 中被看成是 1×1 阶的符号矩阵,因此,它也可用 sym 命令来创建。

【例如】

```
>> f=sym('sin(x)')
f =
    sin(x)
>> f=sym('sin(x)^2=0')
f =
    sin(x)^2=0
```

另外一种创建符号函数的方法是用 syms 命令。

【例如】

```
>> syms x
>> f=sin(x)+cos(x)
f =
   sin(x)+cos(x)
```

说明 用此方法来创建的符号函数同其他方法创建的符号函数效果相同，但此方法不能用来创建符号方程。

3.2 符号和数值之间的转换

有时符号运算的目的是得到精确的数值解，这样就需要对得到的解析解进行数值转换。在 MATLAB 中这种转换主要由两个函数实现，即 digits 和 vpa。而这两个函数在实际中经常同变量替换函数 subs 配合使用。

- digits 函数

它的调用格式如下：

➤ digits(D) 函数设置有效数字个数为 D 的近似解精度。

- vpa 函数

它的调用格式如下：

➤ R = vpa(S) 符号表达式 S 在 digits 函数设置精度下的数值解。

➤ vpa(S, D) 符号表达式 S 在 digits(D)精度下的数值解。

- subs 函数

此函数更全面的使用方法及功能将在下一节中介绍。本节为了说明以上两个函数的效果，在此先对此函数的主要格式给予说明。它的常用调用格式如下：

➤ subs(S, OLD, NEW) 将符号表达式中的 OLD 变量替换为 NEW 变量。

【例 3.1】 求方程 $3x^2 - e^x = 0$ 的精确解和各种精度的近似解。

解：

```
>> s=solve('3*x^2-exp(x)=0')
s =
-2*lambertw(0, -3^(1/2)/6)
>> vpa(s)
ans =
0.9100075724887090606573382957593 7
>> vpa(s,6)
ans =
0.910008
```

【例 3.2】 设函数为 $f(x) = x - \cos(x)$。求此函数在 $x = \pi$ 点值的各种精度的数值近似形式。

解：

```
>> x=sym('x');               %定义函数
>> f=x-cos(x)
f =
   x-cos(x)
>> f1=subs(f,'pi',x)         %字符替代
f1 =
    pi+1
>> digits(25)                %各精度显示
>> vpa(f1)
ans =
4.141592653589793238462643
>> double(f1)
```

```
ans =
    4.1416
```

3.3 符号函数的运算

这里"函数的运算"是指针对函数的运算，本节主要介绍复合函数运算和反函数运算。

3.3.1 复合函数运算

若函数 $z = z(y)$ 的自变量 y 又是 x 的函数 $y = y(x)$，则求 z 对 x 的函数的过程称为复合函数运算。在 MATLAB 中，此过程可由功能函数 compose 来实现。

● compose 函数复合函数
  ➤ compose(f, g) 返回当 $f = f(x)$ 和 $g = g(y)$ 时的复合函数 f(g(y))，这里 x 为 findsym 定义的 f 的符号变量，y 为 findsym 定义的 g 的符号变量。
  ➤ compose(f, g, z) 返回的复合函数以 z 为自变量。
  ➤ compose(f, g, x, z) 返回复合函数 f(g(z))，且使得 x 为 f 的独立变量。也就是说如果 f = cos(x/t)，则 compose(f, g, x, z) 返回 cos(g(z)/t)，而 compose(f, g, t, z) 返回 cos(x/g(z))。
  ➤ compose(f, g, x, y, z) 返回复合函数 f(g(z)) 并使得 x 为 f 的独立变量，y 为 g 的独立变量。若 f = cos(x/t) 且 g = sin(y/u)，compose(f, g, x, y, z) 返回 cos(sin(z/u)/t)，而 compose(f, g, x, u, z) 返回 cos(sin(y/z)/t)。

【例 3.3】 复合函数的运算示例。

```
>> syms x y z t u;
>> f = 1/(1 + x^2);
>> g = sin(y);
>> h = x^t;
>> p = exp(-y/u);
>> compose(f,g)
ans =
    1/(sin(y)^2 + 1)
>> compose(f,g,t)
ans =
    1/(sin(t)^2 + 1)
>> compose(h, g, x, z)
ans =
    sin(z)^t
>> compose(h,g,t,z)
ans =
    x^sin(z)
>> compose(h,p,x,y,z)
ans =
    (1/exp(z/u))^t
>> compose(h,p,t,u,z)
ans =
    x^(1/exp(y/z))
```

3.3.2 反函数的运算

反函数运算也是符号函数运算比较重要的一部分，在 MATLAB 中由函数 finverse 实现。

● finverse 反函数运算函数

> ➢ g = finverse(f) 符号函数 f 的反函数。f 为一符号函数表达式，单变量为 x。则函数 g 也为一符号函数，且使得 g(f(x))= x。
>
> ➢ g = finverse(f,v) 返回的符号函数表达式的自变量为 v，这里 v 为一符号，是表达式的向量变量。则 g 的表达式要使得 g(f(v))= v。当 f 包括不止一个变量时最好使用此型。

【例 3.4】 反函数运算示例。

```
>> syms x y;
>> f = x^2+y;
>> finverse(f,y)
ans =
-x^2+y
>> finverse(f)
Warning: Functional inverse is not unique.
> In F:\MATLAB\R2011b\toolbox\symbolic\symbolic\symengine.p>symengine at 54
  In sym.finverse at 41
ans =
(-y+x)^(1/2)
```

说明 此时，由于没有指明自变量，MATLAB 给出警告信息，且以默认变量 x 给出结果。

3.4 符号矩阵的创立

在 MATLAB 中创建符号矩阵的方法和创建数值矩阵的形式很相似，只不过要用到符号定义函数 sym，下面介绍使用此函数创建符号函数的几种形式。

3.4.1 使用 sym 函数直接创建符号矩阵

此方法和直接创建数值矩阵的方法几乎完全相同。矩阵元素可以是任何不带等号的符号表达式，各符号表达式的长度可以不同；矩阵元素之间可用空格或逗号分隔。

【例如】

```
a= sym('[1/s+x,sin(x) cos(x)^2/(b+x);9,exp(x^2+y^2),log(tanh(y))]')
a =
[ x + 1/s,      sin(x), cos(x)^2/(b + x)]
[       9, exp(x^2 + y^2),    log(tanh(y))]
```

3.4.2 用创建子阵的方法创建符号矩阵

此方法是仿照 MATLAB 的字符串矩阵的直接输入法设计的。这种方法不需要调用 sym 命令，但要保证同一列的各元素字符串具有相同的长度。为此，在较短字符串的前后可用空格符补充。

【例如】

```
>> ms=['[1/S, sin(x)]';'[1 , exp(x)]']
```

```
ms =
    [1/S, sin(x)]
    [1 , exp(x)]
>> b=[a;'[exp(-i),3,x^3+y^9]']
b =
    [ x + 1/s,          sin(x), cos(x)^2/(b + x)]
    [      9, exp(x^2 + y^2),      log(tanh(y))]
    [ 1/exp(i),             3,         x^3 + y^9]
```

3.4.3　将数值矩阵转化为符号矩阵

在 MATLAB 中，数值矩阵不能直接参与符号运算，必须先转化为符号矩阵。

注意　不论数值矩阵的元素原先是用分数还是用浮点数表示，转化后的符号矩阵都将以最接近的精确有理数形式给出。

【例如】

```
>> a=[2/3, sqrt(2), 0.222;1.4, 1/0.23, log(3)]
a =
    0.6667    1.4142    0.2220
    1.4000    4.3478    1.0986
>> b=sym(a)
b =
[ 2/3, 2^(1/2),                              111/500]
[ 7/5, 100/23, 2473854946935173/2251799813685248]
```

3.4.4　符号矩阵的索引和修改

MATLAB 的矩阵索引和修改同数值矩阵的索引和修改完全相同，即用矩阵的坐标括号表达式实现。

【例 3.5】　对上例中的矩阵 *b* 的索引和修改。

```
>> b(2,3)                  %矩阵的索引
ans =
    2473854946935173/2251799813685248
>> b(2,3)='99'             %矩阵的修改
b =
[    2/3, sqrt(2) , 111/500]
[    7/5, 100/23,      99    ]
```

3.5　符号矩阵的运算

3.5.1　基本运算

MATLAB 把符号矩阵的基本运算符与数值矩阵的运算符统一起来，大大方便了用户。

1. 符号矩阵的四则运算

● 矩阵的加（+）、减（−）法

【例如】

```
>> a=sym('[1/x,1/(x+1);1/(x+2),1/(x+3)]');
>> b=sym('[x,1;x+2,0]');
>> b-a
ans =
[           x - 1/x, 1 - 1/(x + 1)]
[ x - 1/(x + 2) + 2,    -1/(x + 3)]
```

● 矩阵的乘（*）、除（/、\）法

【例如】

```
>> a\b
ans =
[ -x*(2*x^2 + 7*x + 6),  (x*(x^2 + 3*x + 2))/2]
[ 2*(x + 1)^2*(x + 3), -(x*(x + 1)*(x + 3))/2]
```

● 矩阵的转置（'）

【例如】

```
>> a'
ans =
    [       1/conj(x), 1/(conj(x) + 2)]
    [ 1/(conj(x) + 1), 1/(conj(x) + 3)]
```

2. 符号矩阵的行列式运算

【例如】

```
>> det(a)
ans =
    2/(x*(x + 1)*(x + 2)*(x + 3))
```

3. 符号矩阵的逆

【例如】

```
>> inv(b)
ans =
    [ 0,  1/(x + 2)]
    [ 1, -x/(x + 2)]
```

4. 符号矩阵的秩

【例如】

```
>> rank(a)
ans =
    2
```

5. 符号矩阵的幂运算

【例如】

```
>> a^2
ans =
    [             1/((x + 1)*(x + 2)) + 1/x^2, 1/(x*(x + 1)) + 1/((x + 1)*(x + 3))]
    [ 1/(x*(x + 2)) + 1/((x + 2)*(x + 3)),   1/(x + 3)^2 + 1/((x + 1)*(x + 2))]
```

6. 符号矩阵的指数运算

● 符号矩阵的"数组指数"运算由函数 exp 实现。

【例如】

```
>> exp(b)
ans =
     [    exp(x), exp(1)]
     [ exp(x + 2),      1]
```

● 符号矩阵的"矩阵指数"运算由函数 expm 来实现，此处不再举例。

3.5.2 矩阵分解

有关矩阵分解的函数也做了同样的简化，看来数值运算和符号运算在运算符上的大同化是大势所趋了。

1. 符号矩阵的特征值分解函数 eig

【例如】

```
>> [x, y]=eig(b)
     x =
     [ (x/2 - (x^2 + 4*x + 8)^(1/2)/2)/(x + 2), (x/2 + (x^2 + 4*x + 8)^(1/2)/2)/(x + 2)]
     [                                        1,                                        1]
     y =
     [ x/2 - (x^2 + 4*x + 8)^(1/2)/2,                               0]
     [                             0, x/2 + (x^2 + 4*x + 8)^(1/2)/2]
```

2. 符号矩阵的奇异值分解函数 svd

【例如】

```
>> syms t real        %定义 t 为符号变量
>> A = [0 1; -1 0];
>> E = expm(t*A)
E =
     [        1/(2*exp(t*i)) + exp(t*i)/2, i/(2*exp(t*i)) - (exp(t*i)*i)/2]
     [ - i/(2*exp(t*i)) + (exp(t*i)*i)/2,    1/(2*exp(t*i)) + exp(t*i)/2]
>> sigma = svd(E)
sigma =
     ((1/(2*exp(t*i)) + exp(t*i)/2)^2 + (i/(2*exp(t*i)) - (exp(t*i)*i)/2)^2)^(1/2)
     ((1/(2*exp(t*i)) + exp(t*i)/2)^2 + (i/(2*exp(t*i)) - (exp(t*i)*i)/2)^2)^(1/2)
>> simplify(sigma)
ans =
     1
     1
```

3. 符号矩阵的约当标准型函数 jordan

【例如】

```
>> a=sym('[1 1 2;0 1 3;0 0 2]')
a =
     [ 1, 1, 2]
```

```
    [ 0, 1, 3]
    [ 0, 0, 2]
>> [x, y]=jordan(a)
x =
    [ 5, -5, -5]
    [ 3,  0, -5]
    [ 1,  0,  0]
y =
    [ 2, 0, 0]
    [ 0, 1, 1]
    [ 0, 0, 1]
```

4. 符号矩阵的三角抽取函数 diag，tril，triu

【例如】

```
>> z=sym('[x*y x^a sin(y);t^a log(y) b;y exp(t) x]');
>> triu(z)
ans =
    [ x*y,    x^a, sin(y)]
    [   0, log(y),      b]
    [   0,      0,      x]
>> diag(z)
ans =
      x*y
     log(y)
        x
>> tril(z,-1)
ans =
    [    0,      0,    0]
    [  t^a,      0,    0]
    [    y, exp(t),    0]
```

3.5.3 矩阵的空间运算

1. 符号矩阵的列空间运算函数 colspace

【例如】

```
>> colspace(a)          %  "a" 见上页
ans =
    [ 0, 1, 0]
    [ 0, 0, 1]
    [ 1, 0, 0]
```

2. 符号矩阵的零空间运算函数 null

➢ Z=null(a)   由奇异值分解所得的零空间的正交基。

➢ Z=null(A,'r')   零空间的有理基，A×Z 为零。若 A 是一个整数元素的小矩阵，元素 r
  为小整数的比。

【例如】

```
>> a=[    1    2    3
```

```
          1       2       3
          1       2       3];
>> null(a)
ans=
         0     0.9636
   -0.8321    -0.1482
    0.5547    -0.2224
>> null(a,'r')
ans=
        -2      -3
         1       0
         0       1
```

3.5.4 符号矩阵的简化

符号工具箱中还提供了符号矩阵因式分解、展开、合并、简化及通分等符号操作函数。下面将一一进行介绍。

1. 因式分解

factor　符号因式分解函数，调用格式：
➢ factor(S)　输入变量 S 为一符号矩阵，此函数将因式分解此矩阵的各个元素。如果 S 包含的所有元素为整数，则计算最佳因式分解式。为了分解大于 2^{52} 的整数，可使用 factor(sym('N'))。

【例如】
● 符号表达式的分解

```
>> syms x
>> factor(x^9-1)
ans =
    (x - 1)*(x^2 + x + 1)*(x^6 + x^3 + 1)
```

● 大整数的分解

```
>> factor(sym('12345678901234567890'))
ans =
    2*3^2*5*101*3541*3607*3803*27961
```

2. 符号矩阵的展开

expand　符号矩阵的展开函数，调用格式如下：
➢ expand(S)　对符号矩阵的各元素的符号表达式进行展开。此函数经常用在多项式的表示式中，也常用于三角函数、指数函数和对数函数的展开中。

【例如】

```
>> syms x y
```

● 多项式的展开

```
>> expand((x+1)^3)
ans=
    x^3+3*x^2+3*x+1
```

● 三角函数展开

```
>> expand(sin(x+y))
ans=
    cos(x)*sin(y) + cos(y)*sin(x)
```

3. 同类式合并

collect 合并系数函数。它的调用格式如下:

➢ collect(S,v) 将符号矩阵 S 中的各元素的 v 的同幂项系数合并。

➢ collect(S) 对由 findsym 函数返回的默认变量进行同类项合并。

【例如】

```
>> syms x y;
>> collect(x^2*y + y*x - x^2 - 2*x)
ans=
    (y-1)*x^2+(y-2)*x
```

4. 符号简化

在 MATLAB 中进行符号简化可由函数 simple 和 simplify 实现。

simple 用于寻找符号矩阵或符号表达式的最简型。它的调用格式如下:

➢ simple(S) 对表达式 S 尝试多种不同的算法简化,以显示 S 表达式的长度最短的简化形式。若 S 为一矩阵,则结果是全矩阵的最简型,而非每个元素的最简型。

➢ [R, HOW] = simple(S) 返回的 R 为简化型,HOW 为简化过程中使用的主要方法。

【例 3.6】 通过计算可得表 3.1,可见此函数所用到的方法十分广泛。

表 3.1 符号简化函数示例表

S	R	HOW
cos(x)^2+sin(x)^2	1	combine(trig)
2*cos(x)^2−sin(x)^2	3*cos(x)^2−1	simplify
cos(x)^2−sin(x)^2	cos(2*x)	combine(trig)
cos(x)+(−sin(x)^2)^(1/2)	cos(x)+i*sin(x)	radsimp
cos(x)+i*sin(x)	exp(i*x)	convert(exp)
(x+1)*x*(x−1)	x^3−x	collect(x)
x^3+3*x^2+3*x+1	(x+1)^3	factor
cos(3*acos(x))	4*x^3−3*x	expand

simplify 符号简化函数。它的调用格式如下:

➢ simplify(S) 简化符号矩阵的每一个元素。

【例如】

```
>> syms x
>> simplify(sin(x)^2 + cos(x)^2)
ans=
    1
>> syms c alpha beta
>> simplify(exp(c*log(sqrt(alpha+beta))))
ans =
    (alpha + beta)^(c/2)
```

5. 分式通分

numden　求解符号表达式的分子和分母。其常用调用格式如下：

➤ [N, D] = numden(A)　把 A 的各元素转换为分子和分母都是整系数的最佳多项式型。

【例如】

```
>> [n,d] = numden(x/y + y/x)
n =
    x^2+y^2
d =
    y*x
```

6. 符号表达式的"秦九昭型"重写

horner　"秦九昭型"多项式表达式函数，调用格式：

➤ horner(P)　将符号多项式转换成嵌套形式表达式。

【例如】

```
>> horner(x^3-6*x^2+11*x-6)
ans=
    x*(x*(x - 6) + 11) - 6
```

3.6　符号微积分

微积分是大学教学、科研及工程应用中最重要的基础内容之一。有了 MATLAB 的符号工具箱，用户可以轻松地完成各种微积分计算。

3.6.1　符号极限

极限是微积分学的基础和出发点，因此，在介绍微积分之前先介绍极限的求解方法是必要的。在 MATLAB 中，极限的求解可由 limit 函数来实现。

limit　符号表达式的极限。其调用格式如下：

➤ limit(F, x, a)　计算符号表达式 F 在 x→a 条件下的极限值。

➤ limit(F, a)　计算符号表达式中由 findsym(F)返回的独立变量趋向于 a 的极限值。

➤ limit(F)　计算 a = 0 时的极限。

➤ limit(F, x, a, 'right')或 limit(F, x, a, 'left')　其中 right 或 left 用来指定取极限的方向。

【例如】

```
>> syms x a t h;
>> limit(sin(x)/x)
ans =
    1
>> limit((1+2*t/x)^(3*x),x,inf)
ans =
  exp(6*t)
>> limit(1/x,x,0,'right')
ans=
  inf
```

3.6.2　符号积分

1．积分函数 int

积分函数的调用格式如下：

➤ int(S)　计算符号表达式对 findsym 返回的符号自变量 S 的不定积分。S 为符号矩阵或符号数量。如果 S 为常数，则积分针对 x。

➤ int(S, v)　计算符号表达式 S 对符号自变量 v 的不定积分。v 是一数量符号量。

➤ int(S, a, b)　计算符号表达式 S 对默认符号变量从 a 到 b 的定积分。a 和 b 为双精度或符号数量。

➤ int(S, v, a, b)　计算符号表达式 S 对变量 v 从 a 到 b 的定积分。

【例如】

```
>> syms x x1 alpha u t;
>> A = [cos(x*t), sin(x*t);-sin(x*t), cos(x*t)];
>> int(A,t)
ans =
 [ sin(t*x)/x, -cos(t*x)/x]
 [ cos(t*x)/x,  sin(t*x)/x]
>> int(x1*log(1+x1),0,1)
ans =
    1/4
```

2．符号合计函数 symsum

符号合计函数的调用格式如下：

➤ symsum(S)　计算符号表达式对由 findsym 函数返回的符号变量的不定和。

➤ symsum(S, v)　计算符号表达式 S 对变量 v 的不定和。

➤ symsum(S, a, b) 和 symsum(S, v, a, b)　计算从 a 到 b 的有限和。

【例如】

```
>> syms  k n
>> simple(symsum(k))
ans=
    k^2/2 - k/2
>> simple(symsum(k^2,0,n))
ans=
  n^3/3 + n^2/2 + n/6
>> symsum(k^2,0,10)
ans=
    385
```

3.6.3　符号微分和差分

1．微分和差分函数 diff

diff　微分和差分函数，包括数值差分和符号微分。其常用调用格式如下：

➤ diff(S)　对由 findsym 返回的自变量，求符号表达式 S 的微分。

➤ diff(S, 'v') 或 diff(S, sym('v'))　对自变量 v，求符号表达式 S 的微分。

➢ diff(S, n)   对正整数 n，对符号表达式 S 微分 n 次。

diff(S, 'v', n)和 diff(S, n, 'v')这两种格式都可以被识别。

【例如】

```
>> x = sym('x');
>> t = sym('t');
>> diff(sin(x^2))
ans=
    2*x*cos(x^2)
>> diff(t^6,6)
ans=
    720
```

2. 梯度函数 gradient

gradient   近似梯度函数。调用格式如下：

➢ [FX, FY] = gradient(F)   返回矩阵 F 的数值梯度，FX 相当于 dF/dx，为 x 方向的差分值。FY 相当于 dF/dy，为 y 方向的差分值。各个方向的点间隔设为 1。当 F 为向量时，DF = gradient(F)为一维梯度。

➢ [FX, FY] = gradient(F, H)   当 H 为数量时，用 H 作为各方向的点间隔。

➢ [FX, FY] = gradient(F, HX, HY)   当 F 为二维时，使用 HX 和 HY 指定点间距。HX 和 HY 可为数量和向量，如果 HX 和 HY 是向量，则它们的维数必须和 F 的维数一致。

➢ [FX, FY, FZ] = gradient(F)   返回三维的梯度。

➢ [FX, FY, FZ] = gradient(F, HX, HY, HZ)   使用 HX，HY 和 HZ 指定间距。

【例 3.7】   利用函数 gradient 绘制一个矢量图。

```
>> [x, y] = meshgrid(-2:.2:2,-2:.2:2);
>> z = x .* exp(-x.^2 - y.^2);
>> [px,py] =gradient(z,.2,.2);
>> contour(z)
>> hold on
>> quiver(px,py)
>> hold off
```

得到的图形如图 3.1 所示。

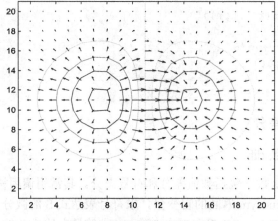

图 3.1   梯度函数绘制矢量图

3．多元函数的导数

在多元函数中，仿照单元函数的极限、可微的概念引入了 Frechet 导数。多元函数的 Frechet 导数在非线性方程的求解和变分原理中有极其重要的应用，在 MATLAB 中，此问题的实现由函数 jacobian 完成。

➢ jacobian(f, v)　计算数量或向量 f 对向量 v 的 Jacobi 矩阵。注意当 f 为数量时，函数返回 f 的梯度。

【例 3.8】　求各函数的 Jacobi 矩阵。

（1）$\begin{cases} x^2 + y^2 = 4 \\ x^2 - y^2 = 1 \end{cases}$

（2）$\begin{cases} 3x_1 - \cos(x_1 x_2) - 0.5 = 0 \\ x_1^2 - 81(x_2 + 0.1)^2 + \sin x_3 + 1.06 = 0 \\ e^{-x_1 x_2} + 20x_3 + (10\pi/3 + 1) = 0 \end{cases}$

解：

（1）

```
>> x=sym(['x']);
>> y=sym(['y']);
>> z=sym(['z']);
>> jacobian([x^2+y^2;x^2-y^2], [x y])
ans =
    [ 2*x, 2*y]
    [ 2*x, -2*y]
```

（2）

```
>> f2='[3*x-cos(x*y)-0.5;x^2-81*(y+0.1)^2+sinz+1.06;exp(-x*y)+20*z+(10*pi/3-1)]';
>> jacobian(f2, [x y z])
ans =
    [ y*sin(x*y) + 3.0,        x*sin(x*y), 0]
    [             2*x, - 162.0*y - 16.2, 0]
    [      -y/exp(x*y),      -x/exp(x*y), 20]
```

另外，在求微函数中还有 del2 函数，用来离散拉普拉斯因子，此函数将在下面的求解方程组中介绍。

3.7　符号代数方程求解

3.7.1　线性方程组的符号解法

在符号数学工具箱中还提供了线性方程的符号求解函数，如 solve。此方法可得到方程组的精确解。所得的解析解可由函数 vpa 转换成浮点近似数值。

【例 3.9】　试对数值方程组 $\begin{cases} 10x - y = 9 \\ -x + 10y - 2z = 7 \\ -2y + 10z = 6 \end{cases}$ 用符号求解函数来求解。

```
>> [x,y,z]=solve('10*x-y=9','-x+10*y-2*z=7','-2*y+10*z=6')
x =
473/475
y =
91/95
z =
376/475
>> vpa([x,y,z])
ans =
[ 0.9957894736842105263157894736842l, 0.95789473684210526315789473684211,
0.79157894736842105263157894736842]
```

3.7.2　非线性方程的符号解法

非线性方程的符号求解由函数 fsolve 实现。其调用格式如下：

➤ X=fsolve('fun', X0)　　fun 为所要求解的函数名，通常以 M 文件的形式给出，返回函数值 F=fun(X)。X0 为求解方程的初始向量或矩阵。

➤ X=fsolve('fun', X0, options)　　options 为选择参数输入向量，如 options(2) 表示求解的精度要求；options(3)表示在解处的函数值精度要求；详细内容可查看 help foptions。

➤ X=fsolve('fun', X0, optionS, 'gradfun')　　gradfun 为输入函数在 X 处的偏导数。

➤ X=fsolve('fun', X0, optionS, 'gradfun', P1, P2，…)　　参数 P1，P2 等为问题定性参数，直接赋给函数 fun 和 gradfun，即 fun(X, P1, P2，…)和 gradfun(X, P1, P2，…)。此时若 options 和 gradfun 使用默认值，则要输入空矩阵。

➤ [X, options]=fsolve('fun', X0, …)　　返回使用的优化方法的参数。例如，options(10) 表示函数估值的次数；默认算法为二次三次混合搜索的 Gauss-Newton 方法，若使用 Levenberg-Marquardt 算法，要设置 options(5)=1。

【例 3.10】　用 fsolve 函数求解下面的非线性方程。

$$\begin{cases} x_1 - 0.7\sin x_1 - 0.2\cos x_2 = 0 \\ x_2 - 0.7\cos x_1 + 0.2\sin x_2 = 0 \end{cases}$$

解：首先编制函数文件 fc.m 如下。

```
fc.m
function y=fc(x)
y(1)=x(1)-0.7*sin(x(1))-0.2*cos(x(2));
y(2)=x(2)-0.7*cos(x(1))+0.2*sin(x(2));
y=[y(1) y(2)];
```

在 MATLAB 命令窗口中输入：

```
>> x0=[0.5 0.5];
>> fsolve('fc',x0)
ans =
   0.5265    0.5079
```

可见计算极其简便。

3.8　符号微分方程求解

常微分方程的符号解由函数 dsolve 来计算，其常用调用格式如下：

➤ dsolve('equ1', 'equ2', …)

以代表微分方程及初始条件的符号方程为输入参数，多个方程或初始条件可在一个输入变量内联立输入，且以逗号分隔。默认的独立变量为 t，也可把 t 变为其他的符号变量。字符 D 代表对独立变量的微分，通常指 d/dt。紧跟一数字的 D 代表高阶微分，如 D2 为 d^2/dt^2。紧跟此微分操作符的任何符号都可作为被微变量，如 D3y 代表对 y(t) 的 3 阶微分。注意，用户所定义的符号变量不能再包括字符 D。初始条件可以由方程的形式给出（如 y(a)=b 或 Dy(a)=b）。这里 y 为被微变量而 a 和 b 为常数。如果初始条件的数目少于被微变量的数目，则结果中要包含不定常数 C1，C2 等。

此函数有三种可能的输出类型：

➤ 一个方程和一个输出，则结果返回一符号向量中非线性方程的联立解；

➤ 多个方程和多个输出，则结果以字母顺序排序且赋给输出量；

➤ 多个方程和单输出，则结果返回解的结构。

【例如】

```
>> dsolve('Dx = -a*x')
ans =
    C4/exp(a*t)
>> y = dsolve('Dy = 1/sqrt(y)', 'y(0) = 1')
 y =
    ((3*t)/2 + 1)^(2/3)
```

3.9　符号函数的二维图

3.9.1　符号函数的简易绘图函数 ezplot

函数的调用格式如下：

➤ ezplot(F)　绘制 f(x) 的函数图，这里 f 为代表数学表达式的包含单个符号变量 x 的字符串或符号表达式。x 轴的近似范围为[-2*pi, 2*pi]。

➤ ezplot(f, xmin, xmax)或 ezplot(f, [xmin, xmax])　使用输入参数来代替默认横坐标范围[-2*pi, 2*pi]。

➤ ezplot(f, [xmin xmax], fig)　指定绘图的图窗号以代替当前图窗。

【例 3.11】　绘出误差函数的图形。

```
ezplot('erf(x)')              %或 ezplot erf(x)
```

这两种输入得到相同的函数图，如图 3.2 所示。

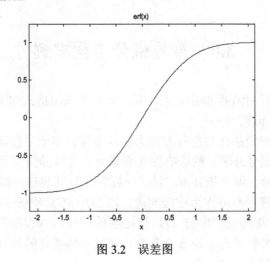

图 3.2　误差图

3.9.2　绘制函数图函数 fplot

函数的调用格式如下：

➢ fplot(fun, lims)　绘制由字符串 fun 指定函数名的函数在 x 轴区间为 lims=[xmin xmax] 的函数图。若 lims=[xmin xmax ymin ymax]，则 y 轴也被输入限制。fun 必须为一个 M 文件的函数名或对变量 x 的可执行字符串，此字符串被送入函数 eval 后执行。函数 fun(x)必须要返回一针对向量 x 的每一元素的结果行向量。

➢ fplot(fun, limS, tol)　其中 tol<1 用来指定相对误差精度，默认值为 tol=0.002。

➢ fplot(fun, limS, n)　其中 n≥1，指定以最少 n+1 个点来绘制函数图，默认 n=1。最大步长被约束为不小于(1/n)×(xmax−xmin)。

➢ fplot(fun, limS, 'LineSpec')　以指定线型绘制图形。

➢ [x, y] = fplot(fun, limS, ⋯)　只返回用来绘图的点的向量值，而不绘出图形。用户可自己用 plot(x, y)来输出图形。

【例如】

```
>> x = 0:.05:1;
>> fplot('[tan(x),sin(x),cos(x)]',2*pi* [-1 1 -1 1])
```

得到的图形如图 3.3 所示。

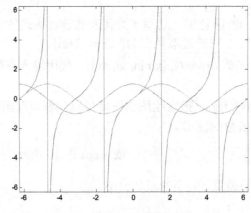

图 3.3　fplot 函数的绘图

3.10　图示化函数计算器

对于一些习惯于使用计算器或只是想做一些简单的符号运算及图形处理的用户来说，下面的内容可能会令人兴奋，这就是 MATLAB 提供的图示化符号函数计算器，它虽然功能简单，但操作方便，可视性强，深受广大用户的喜爱。

在 MATLAB 的命令窗口中输入 funtool，即可进入图示化函数计算器的用户界面，如图 3.4 所示。

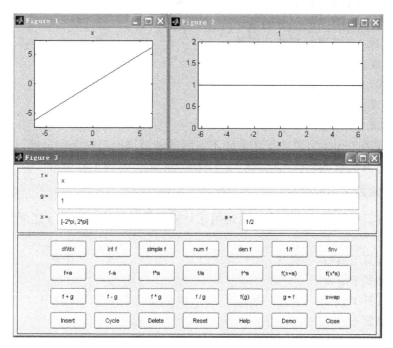

图 3.4　图示化函数计算器

此图示化函数计算器是由三个窗口组成的，即两个图形窗口（Figure 1 和 Figuer 2）和一个函数运算控制窗口（Figure 3）。在任何时候两个图形窗口中只有一个处于激活状态。函数运算控制窗口上的任何操作都只对激活的函数图形窗口起作用。也就是说，激活窗口的函数图形可随运算控制窗口的操作而进行相应的变化。

下面介绍控制窗口中的各控制单元。

3.10.1　输入框的控制操作

如图 3.4 所示，在控制窗口中有 4 个输入框，用户可对所要操作的函数进行输入，这 4 个输入框分别为 f，g，x，a。其中：

➢ f 为图形窗口 1 的控制函数，它的默认值为 x；

➢ g 为图形窗口 2 的控制函数，它的默认值为 1；

➢ x 为 f 函数自变量的取值范围，它的默认值为[-2*pi, 2*pi]；

➢ a 为输入常数，用以进行各种运算，它的默认值为 1/2。

对于这些可输入变量，若打开此计算器之前 MATLAB 的工作空间中已存在了同名的变量值，则它直接调用此变量，否则在打开时，MATLAB 将自动赋给其默认值。用户也可随时对其进行修改输入。而此时图形窗口中的图形也随之进行相应的变化。

3.10.2 命令按钮的操作

1．函数自身的运算

在函数控制窗口的第一排命令按钮是用于函数自身的运算操作。它们的各个具体操作含意如下：

df/dx   计算函数 f 对 x 的导函数。

int f   计算函数 f 的积分函数。

simple f   对 f 函数进行最简化运算。

num f   取 f(x)表达式的分子，并赋给 f。

den f   取 f(x)表达式的分母，并赋给 f。

1/f   求 f(x)函数的倒数函数。

finv   求 f(x)函数的反函数。

在计算 int f 或 finv 时，若由于函数的不可积或非单调而引起无特定解，则函数栏中将返回 NaN，说明计算失败。

2．函数与常数之间的运算

函数控制窗口中的第二排命令按钮是用来计算函数 f 和输入常数 a 之间的各种运算的。具体如下：

f+a   计算 f(x)+a

f−a   计算 f(x)−a

f*a   计算 f(x)*a

f/a   计算 f(x)/a

f^a   计算$(f(x))^a$

f(x+a)   计算 f(x+a)

f(x*a)   计算 f(ax)

3．两函数间的运算

函数控制窗口中的第三排命令按钮是计算函数 f 和 g 之间的各种运算的操作键。具体如下：

f+g   计算两函数之和，并赋给 f。

f−g   计算两函数之差，并赋给 f。

f*g   求两函数之积，并赋给 f。

f/g   求两函数之比，并赋给 f。

f(g)   求复合函数 f(g(x))。

g=f   f 函数值赋给 g。

swap   使得 f 函数表达式与 g 函数表达式交换。

4．几个系统操作按钮

函数控制窗口中的第四排命令按钮是用来进行函数计算器的各种操作的控制键。具体说明如下：

Insert　　把当前图窗 1 中的函数插入计算器内含的典型函数表中。

Cycle　　在图窗 1 中依次演示计算器内含的典型函数表中的函数图形。

Delete　　从内含的典型函数演示表中删除当前的图窗 1 中的函数。

Reset　　符号函数计算器的功能重置。

Help　　符号函数计算器的在线帮助。

Demo　　符号函数计算器功能演示。

Close　　关闭符号函数计算器。

习　　题

1. 生成以下函数和方程的符号表达式。

 （a）$f(x) = \exp(x^2)$

 （b）$a(x-1)^2 + b(x-1) + c = 0$

 （c）$\sin(x) + x = 0$

2. 用 MATLAB 符号计算验证三角等式 $\sin\varphi\cos\theta - \cos\varphi\sin\theta = \sin(\varphi-\theta)$。

3. 将多项式 $f(x) = ((x^2-3)x - 5x+1)x - 7x^3 + 2$ 展开，并转换成嵌套形式表达式。

4. 将 $\sqrt{2}$ 分别保留 3 位，5 位，9 位有效数字输出。

5. 设定 digits(32)，按以下命令计算 a 和 b，比较结果并说明哪个更准确。

 （a）a=vpa(sqrt(2)), b=vpa('sqrt(2)')

 （b）a=vpa(sqrt(2)+1),b=vpa('sqrt(2)+1')

6. 已知 $f(y) = \mathrm{e}^{-y}$，$y(x) = x^{-2}$，求 $f'(y(x))$。

7. 已知 $f(x) = \ln\dfrac{2+x}{2-x}$，求 $f(t^2)$ 的表达式以及 t=1 时 f 的值。

8. 函数 $f(x) = x^3 + x$ 是否存在反函数？如果存在请给出。

9. 对函数 $f(x) = x^4 - 5x^3 + 5x^2 + 5x - 6$ 作因式分解。

10. 将数值矩阵 $A = \begin{pmatrix} 1 & 2 \\ 2 & 3 \end{pmatrix}$ 转换为符号矩阵 A_sym。

11. 求矩阵 $A = \begin{pmatrix} 1 & 2 \\ 2 & a \end{pmatrix}$ 的逆和特征值。

12. 已知矩阵 $A = \begin{bmatrix} 2 & 0 & 0 & 0 \\ 1 & 2 & 0 & 0 \\ 0 & 1 & 3 & 0 \\ 0 & 0 & 1 & 3 \end{bmatrix}$，求 A 的特征多项式的展开表达式。

13. 已知矩阵 $A = \begin{bmatrix} a & b & c & d \\ a^2 & b^2 & c^2 & d^2 \\ a^3 & b^3 & c^3 & d^3 \\ a^4 & b^4 & c^4 & d^4 \end{bmatrix}$，求 A 的对角矩阵，上三角矩阵，下三角矩阵。

14. 给出符号矩阵 $A = \begin{bmatrix} a & 2 \\ 1 & a \\ 3 & 4 \end{bmatrix}$ 列空间的一组基。

15. 对以下数字做质因数分解：
    （a）32784
    （b）2678312456987

16. 对以下多项式或多项式数组做因式分解：
    （a）$x^3 + 2x^2 + 2x + 1$
    （b）$x^6 - 1$
    （c）$[a^2 - b^2, a^3 + b^3]$

17. 求符号矩阵 A 的特征值和特征向量：

$$A = \begin{bmatrix} 1 & a & b \\ a & 1 & a \\ b & a & 1 \end{bmatrix}$$

18. 计算极限 $\lim\limits_{x \to \infty}(3^x + 9^x)^{\frac{1}{x}}$ ，$\lim\limits_{\substack{x \to 0 \\ y \to 0}} \dfrac{xy}{\sqrt{xy+1}-1}$ 。

19. 计算 $\sum\limits_{k=1}^{n} k^2$ 。

20. 计算 $\sum\limits_{k=1}^{\infty} \dfrac{1}{k^2}$ 。

21. 计算 $\sum\limits_{n=0}^{\infty} \dfrac{1}{(2n+1)(2x+1)^{2n+1}}$

22. 求 $\dfrac{\partial^3}{\partial x^2 \partial y} \sin(x^2 yz)\Big|_{x=1, y=1, z=3}$

23. 求函数在 $x=0$ 的 Taylor 幂级数展开式（$n=8$）。
$$\ln(x + \sqrt{1+x^2})$$

24. 求函数 $f(x,y) = (x^2 - 2x)e^{-x^2-y^2-xy}$ 在 $x=0$，$y=a$ 的二阶 Taylor 展开。

25. 求函数 $f(x) = 2x^2 + \cos(3x)$ 在 $x=0$ 处的三阶和五阶 Taylor 展开表达式，并在 $x=[-1,1]$ 间作图比较展开函数与原函数。

26. 计算积分 $I(x) = \int_{-x}^{x} (x-y)^3 \sin(x+2y)\mathrm{d}y$ 。

27. 计算以下不定积分，并用 diff 验证：
$$\int \frac{e^{2y}}{e^y+2}\mathrm{d}y, \quad \int \frac{x^2}{\sqrt{a^2-x^2}}\mathrm{d}x, \quad \int \frac{\mathrm{d}x}{x(\sqrt{\ln x+a}+\sqrt{\ln x+b})}(a \neq b)$$

28. 利用符号运算功能计算以下定积分：

（a）$\int_0^1 \dfrac{1}{\sqrt{2\pi}} e^{-\frac{x^2}{2}} dx$

（b）$\int_0^1 x^{-x} dx$

（c）$\int_0^{2\pi} d\theta \int_0^1 \sqrt{1 + r^2 \sin(\theta)} dr$

（d）$\iint\limits_{D} (1 + x + y^2) dy dx$，$D$ 为 $x^2 + y^2 \leqslant 2x$

29. 分别采用数值求解和符号求解函数方法求解以下线性方程组。

$$\begin{cases} 2x_1 + 2x_2 + x_3 = 2 \\ x_2 + 2x_3 = 1 \\ x_1 + x_2 + 3x_3 = 3 \end{cases}$$

30. 求方程 $x\ln(\sqrt{x^2 - 1} + x) - \sqrt{x^2 - 1} - 0.5x = 0$ 的正根。

31. 试用符号表达式求解以下方程

（a）$3x^5 - 4x^3 + 2x - 1 = 0$

（b）$(2x + 3)^3 - 4 = 0$

（c）$\begin{cases} 9x^2 + 36y^2 + 4z^2 = 36 \\ x^2 - 2y^2 - 20z = 0 \\ 16x - x^3 - 2y^2 - 16z^2 = 0 \end{cases}$

32. 试用符号表达式求解方程 $\cos(2x) + \sin(x) - 1 = 0$，并作图验证结果。

33. 求以下常微分方程的通解：

（a）$y' + 6y = e^x$

（b）$xy' - 8y = x^3 \cos x$

34. 求解一阶常微分方程 $y' = x + y$，初始条件为 $y(0) = 1$，作 $y(x)$ 的图像，$0 < x < 3$。

35. 求解二阶常微分方程 $2x''(t) - 5x'(t) - 3x(t) = 45e^{2t}$，初始条件为 $x(0) = 2$，$x'(0) = 1$。作 $x(t)$ 的图像，$0 < t < 2$。

36. 求解常微分方程组 $\begin{cases} x'(t) = y(t) \\ y'(t) = -x(t) \end{cases}$。

37. 试用简捷作图指令作出以下函数图像：

（a）曲线 $y = x^2 \sin(x^2 - x - 2)$，$-2 \leqslant x \leqslant 2$

（b）椭圆 $x^2/4 + y^2/9 = 1$

（c）曲面 $z = x^4 + 3x^2 + y^2 - 2x - 2y - 2x^2 y + 6$，$|x| < 3$，$-3 < y < 13$

（d）半球面 $x = 2\sin\phi\cos\theta$，$y = 2\sin\phi\sin\theta$，$z = 2\cos\phi$，$0 \leqslant \theta \leqslant 360°$，$0 \leqslant \phi \leqslant 90°$

（e）三条曲线合成图 $y_1 = \sin x$，$y_2 = \sin x \sin(10x)$，$y_3 = -\sin x$，$0 < x < \pi$

38. （a）分别用数值和符号两种方法，编程计算 $100!$，结果有何不同？哪种方法计算快？

（b）用符号方法，编程计算 $900!$，结果为多大数量级？能用数值方法计算吗？

39. 已知直角坐标系下函数 $f(x, y) = x^2 + 2y^2 + xy$，将 f 转化成极坐标 (r, θ) 下的函数。

40. 已知二维平面上三点：A（2,3），B（7,2），C（5,8）。求 D 点坐标，D 在 BC 上，且 AD 垂直 BC。

41. 如下是电路内 a, b, c 三点处的电流守恒方程组，V_a, V_b, V_c 分别表示三点的电压。求 V_a, V_b, V_c 随时间 t 变化的表达式。

$$\begin{cases} 2(V_a - V_b) + 5(V_a - V_c) - e^{-t} & = & 0 \\ 2(V_b - V_a) + 2V_b + 3(V_b - V_c) & = & 0 \\ V_c & = & 2\sin(t) \end{cases}$$

42. 求函数 $f(x) = 3x^3 - 4x^4 - 5$ 在 $[-1, 2]$ 间的：

（a）所有极值和对应的 x；

（b）最大值，最小值和对应的 x。

43. 已知平面上两条曲线 C1：$f(x) = 2 - x^2$，C2：$g(x) = x$。

（a）做出 C1，C2 的图像；

（b）求 C1 与 C2 的交点；

（c）求 C1 与 C2 所围成的图形面积。

44. 已知区域 Z 由三条曲线 C1：$y = 2x^2$, C2: $y = 0$, C3: $x = 2$ 围成。

（a）作出区域 Z 的示意图；

（b）将 Z 沿 x 轴旋转一周得到旋转体 V1，求 V1 的体积。

（c）将 Z 沿 y 轴旋转一周得到旋转体 V2，求 V2 的体积。

45. 已知函数 $f(x_1, x_2, x_3) = \begin{bmatrix} x_1^2 & x_1 x_2 & x_1 x_3 \\ x_1 x_2 & x_2^2 & x_2 x_3 \\ x_1 x_3 & x_2 x_3 & x_3^2 \end{bmatrix}$，求 f 在 $[1,1,1]$ 处的全微分。

46. 连续周期函数 $f(x)$ 在 $[a, b]$ 上（周期 $T = 2L = b - a$）的 Fourier 级数展开式为

$$f(x) = \frac{a_0}{2} + \sum_{n=1}^{\infty} \left(a_n \cos\frac{n\pi x}{L} + b_n \sin\frac{n\pi x}{L} \right)$$

其中 Fourier 系数

$$a_n = \frac{1}{L}\int_{-L}^{L} f(x)\cos\frac{n\pi x}{L}\,\mathrm{d}x, \quad n = 0, 1, 2, \cdots$$

$$n_n = \frac{1}{L}\int_{-L}^{L} f(x)\sin\frac{n\pi x}{L}\,\mathrm{d}x, \quad n = 1, 2, \cdots$$

试编程求 Fourier 系数，并利用该程序求函数 $y = x(x-\pi)(x-2\pi)$ 的 Fourier 级数展开式前 7 项。

47. 一个重 5400kg 的摩托车在以速度 $v = 30$m/s 行驶时突然熄火，设滑行方程为

$$5400v\frac{\mathrm{d}v}{\mathrm{d}x} = -8.276v^2 - 2000$$

x 为滑行距离，计算要滑行多长距离后，速度可降至 15m/s。

48. （操作题）MATLAB 自 2008b 起，符号数学工具箱的内核改为了 MuPAD，而 MATLAB 中也提供 MuPAD 的接口，用户可以在命令窗口中输入 mupad 或者直接在工具菜单中选择 APPS 中的 MuPAD Notebook。打开 MuPAD，参考 Help 菜单的内容，尝试 MuPAD 中一些简单的符号运算功能。

49. （操作题）打开图示化函数计算器，改变 f(x)，x 和 a 的值，尝试使用 Demo 功能观察结果。

第4章 图形处理功能

图形可视化技术一直是数学计算人员所喜爱和追求的一项技术,因为不管是数值计算还是符号计算,无论计算多么完美、结果多么准确,人们还是很难直接从大量的数据堆或符号堆中感受它们的具体含义。人们更喜欢直接用眼睛看到直观的图形。因此,对任何数学计算人员来说,可视化技术都是必须掌握的。当然这不是说一定要去研究"苦涩"的可视化理论。因为 MATLAB 早已为用户提供了完整的可视化工具。

从最原始版本的 MATLAB 开始,图形功能就已经成为其基本的功能之一。随着 MATLAB 版本的逐步升级,MATLAB 的图形工具箱从简单的点、线、面处理发展到了集二维图形、三维图形甚至四维表现图和对图形进行着色、消隐、光照处理、渲染及多视角处理等多项功能于一身的强大功能包。

本章将对 MATLAB 的图形功能进行全面的介绍。

4.1 二 维 图 形

二维图形的绘制是 MATLAB 语言图形处理的基础,也是在绝大多数数值计算中广泛应用的图形方式之一(例如根据计算结果绘制曲线等)。

在进行数值计算的过程中,用户可以方便地通过各种 MATLAB 函数将计算结果图形化,以实现对结果数据的深层次理解。

4.1.1 基本绘图命令

绘制二维图形最常用的函数就是 plot 函数,对于不同形式的输入,该函数可以实现不同的功能。其常用的调用格式如下:

- plot(Y) 若 Y 为向量,则绘制的图形以向量索引为横坐标值、以向量元素值为纵坐标值。若 Y 为矩阵,则绘制 Y 的列向量对其坐标索引的图形。若 Y 为一复向量(矩阵),则 plot(Y)相当于 plot(real(Y), imag(Y))。而在其他形式的函数调用中,元素的虚部将被忽略。
- plot(X, Y) 一般来说是绘制向量 Y 对向量 X 的图形。如果 X 为一矩阵,则 MATLAB 绘出矩阵行向量或列向量对向量 Y 的图形,条件向量的元素个数能够和矩阵的某个维数相等。若矩阵是个方阵,则默认情况下将绘制矩阵的列向量图形。
- plot(X, Y, s) 想绘制不同的线型、标识、颜色等图形时,可调用此形式。其中 s 为一字符,可以代表不同线型、点标、颜色。可用的字符及意义见表 4.1。

1. 当 plot 函数仅有一个输入变量时

其常用的调用格式如下:

● plot(Y) 此时，如果 Y 为实向量，则以 Y 的索引坐标作为横坐标，以 Y 本身各元素作为纵坐标，来绘制图形。

【例如】

```
>> y=rand(100,1);              % y 为随机产生的 1×100 的向量
>> plot(y)
```

绘图的结果如图 4.1 所示。

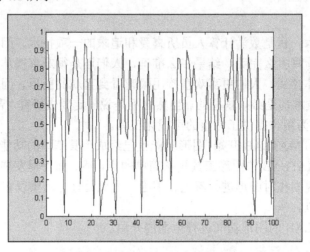

图 4.1 函数 plot(Y)绘制图形示意图（Y 为实向量）

如果 Y 为复数向量，则将以该向量实部作为横坐标，虚部作为纵坐标，来绘制二维图形。这里应当注意的是，当输入变量不止一个时，函数将忽略输入变量的虚部，而直接绘制各变量实部的图形。

【例如】

```
>> x=rand(100,1);              % 输入实部值
>> z=x+y.*i;                   % 定义复向量 z，向量 y 用上一例的结果
>> plot(z)
```

绘制的二维图形如图 4.2 所示。

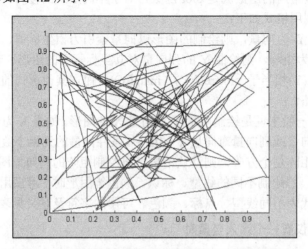

图 4.2 函数 plot(Y)绘制图形示意图（Y 为复向量）

2. 当 plot 函数有两个输入变量时

其常用的调用格式如下：

● plot(X, Y)　此时以第一个变量作为横坐标，以第二个坐标作为纵坐标。该方式也是实际应用过程中最为常用的。

【例如】

```
>> x=0:0.01*pi:pi;
>> y=sin(x).*cos(x);
>> plot(x, y)
```

绘制的二维图形如图 4.3 所示。

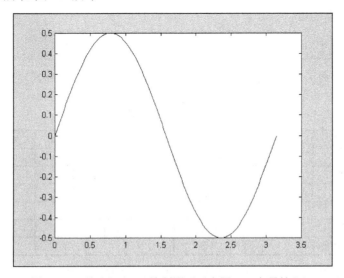

图 4.3　函数 plot(X, Y) 绘制图形示意图（双变量输入）

在使用该方式调用函数 plot 时，应当注意到当两个输入量同为向量时，向量 X、Y 必须维数相同，而且必须同是行向量或同是列向量。

当变量 X 和 Y 是同阶的矩阵时，将按矩阵的行或列进行操作。特别地，变量 Y 可以包含多个符合要求的向量，这时将在同一幅图中绘出所有图线。

【例如】

```
>> x=0:0.01*pi:pi
>> y=[sin(x'),cos(x')]
>> plot([x',x'],y)
```

绘制的二维图形如图 4.4 所示。

若在同一幅图中出现多条曲线，MATLAB 会自动地把不同曲线绘制成不同的颜色，以进行简单的区别。

3. 当 plot 函数有三个输入变量时

其常用的调用格式为：

● plot(X, Y, s)　此时第 3 个输入变量为图形显示属性的设置选项。MATLAB 语言中提供的对曲线的线型、颜色以及标识的控制符见表 4.1。

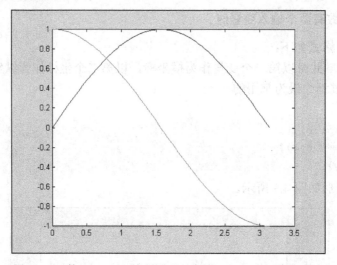

图 4.4　函数 plot(X, Y)绘制图形示意图（X, Y 为矩阵形式）

表 4.1　MATLAB 语言中的图形设置选项

选 项	说 明	选 项	说 明	选 项	说 明	选 项	说 明
-	实线	c	蓝绿色	•	点	d	菱形
:	点线	r	红色	o	圆	v	下三角
-.	点画线	g	绿色	x	x符号	^	上三角
--	虚线	b	蓝色	+	+号	<	左三角
y	黄色	w	白色	*	星号	>	右三角
m	紫红色	k	黑色	s	方形	p	正五边形

　　应用上述符号的不同组合可以为图形设置不同的线型、颜色及标识。在调用时，选项应置于单引号内以表明为图形设置属性，当多于一个选项时，各选项直接相连，不需要任何的分隔符。

　　【例 4.1】　绘制如图 4.5 所示带有显示属性设置的二维图形。

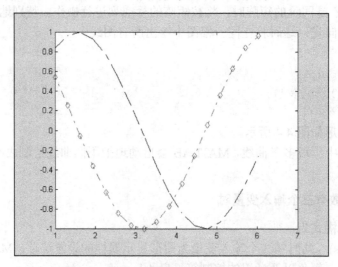

图 4.5　函数 plot(X, Y, s)绘制图形示意图

```
>> x=1:0.1*pi:2*pi
>> y=sin(x)
>> z=cos(x)
>> plot(x, y,'--k',x,z,'-.rd')
```

由上例不难看到 plot 函数也允许多组参量的输入，MATLAB 会依据不同的设置在同一幅图中绘出不同的曲线。

4.1.2 特殊的二维图形函数

MATLAB 语言提供了一系列特殊的二维图形函数，其中包括特殊坐标系的二维图形函数以及特殊二维图形函数。

1. 特殊坐标系的二维图形函数

这里所谓的特殊坐标系是区别于均匀直角单 y 轴坐标系而言的，具体来说就是对数坐标系、极坐标系以及双 y 轴坐标系等。

MATLAB 语言提供了绘制不同形式的对数坐标曲线的功能，具体实现该功能的函数为 semilogx，semilogy 和 loglog，这三个函数的变量输入与 plot 函数完全类似，只是前两个函数分别以 x 坐标和 y 坐标为对数坐标，而 loglog 函数则是双对数坐标。

【例 4.2】 绘制如图 4.6 所示的 x 坐标为对数坐标的二维图形。

```
>> x=1:0.1*pi:2*pi
>> y=sin(x)
>> semilogx(x, y,'-*')
```

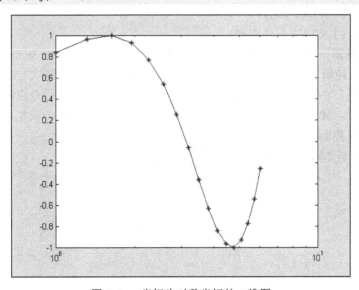

图 4.6 x 坐标为对数坐标的二维图

对于极坐标系，MATLAB 语言也提供了相应的函数加以处理，即函数 polar，该函数的调用形式如下：

- polar(theta, rho)或 polar(theta, rho, s) 其中，输入变量 theta 为弧度表示的角度向量，rho 是相应的幅向量，s 为图形属性设置选项。

【例 4.3】 绘制如图 4.7 所示的极坐标下的二维图形。

```
>> x=0:0.01*pi:4*pi
>> y=sin(x/2)+x
>> polar(x, y,'-')
```

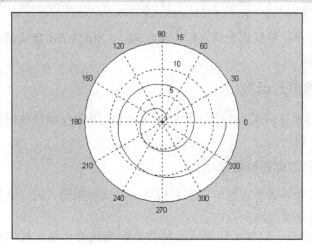

图 4.7　极坐标下的二维图

在进行数值比较过程中经常会遇到双纵坐标（即双 y 轴坐标系）显示的要求，为了解决该问题，MATLAB 语言提供了双纵坐标绘制二维图的函数 plotyy。

该函数的调用方式主要有以下三种：

- plotyy(X1,Y1,X2,Y2)
- plotyy(X1,Y1,X2,Y2,fun)
- plotyy(X1,Y1,X2,Y2,fun1,fun2)

其中，第 2 种调用方式是以 fun 方式绘制图形，fun 可以为 plot，semilogx，semilogy 或 loglog 等；而第 3 种调用格式则是以 fun1 绘制(X1,Y1)，以 fun2 绘制(X2,Y2)。

应当注意的是，在双坐标绘制图形的调用过程中，不能够像前面介绍的 plot 函数那样对曲线属性进行设置，如果要对图中曲线的线型、颜色以及数据点的标识加以控制，应使用后面介绍的句柄图形控制来完成。

【例 4.4】　绘制如图 4.8 所示的双纵坐标二维图。

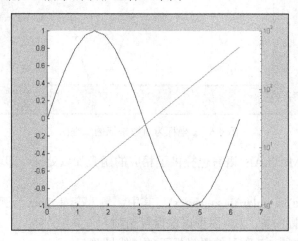

图 4.8　双纵坐标二维图

```
>> x=0:0.1*pi:2*pi
>> y=sin(x)
>> z=exp(x)
>> plotyy(x, y, x, z, 'plot', 'semilogy')
```

2. 二维特殊函数图

前面所介绍的图形均为简单的线性图形，这里将介绍 MATLAB 语言所提供的各种特殊的二维图形的绘制方法。二维特殊图形函数见表 4.2。

表 4.2　MATLAB 语言中的二维特殊图形函数

函　数　名	说　　　明	函　数　名	说　　　明
area	填充绘图	fplot	函数图绘制
bar	条形图	hist	直方图
barh	水平条形图	pareto	Pareto 图
comet	彗星图	pie	柄状图
errorbar	误差带图	plotmatrix	分散矩阵绘制
ezplot	简单绘制函数图	ribbon	三维图的二维条状显示
ezpolar	简单绘制极坐标图	scatter	散射图
feather	矢量图	stem	离散序列柄状图
fill	多边形填充	stairs	阶梯图

以上各函数均有其自身不同的用法，本书只以示例介绍其中几种函数的简单用法，详细资料用户可以通过帮助获得。

【例 4.5】　绘制如图 4.9 所示的条形图和如图 4.10 所示的矢量图。

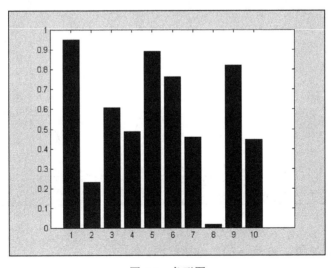

图 4.9　条形图

```
>> x=1:10
>> y=rand(10,1)
>> bar(x, y)            %如图 4.9 所示
>> x=0:0.1*pi:2*pi
>> y=x.*sin(x)
>> feather(x, y)       %如图 4.10 所示
```

【例 4.6】 函数图形绘制，如图 4.11 所示。

```
>> lim=[0,2*pi,-1,1]
>> fplot('[sin(x),cos(x)]',lim)        %如图 4.11 所示
```

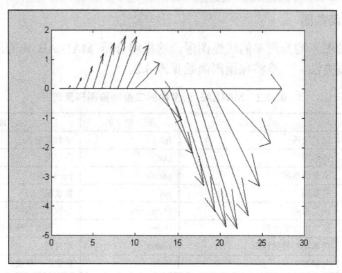

图 4.10　矢量图示意图

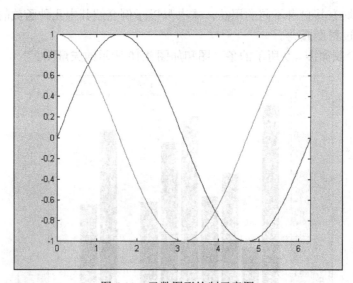

图 4.11　函数图形绘制示意图

【例 4.7】 绘制如图 4.12 所示的二维饼状图。

```
>> x=[2,4,6,8]
>> pie(x,{'math','english','chinese','music'})        %如图 4.12 所示
```

contour 函数也是一个极为重要的二维图形函数，该函数用以绘制等高线图。其常用的调用格式如下：

- contour(Z, N/V)
- contour(X, Y, Z, N/V)

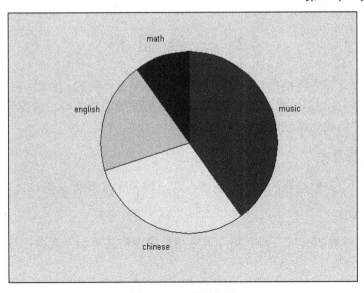

图 4.12　二维饼状图

其中，输入变量 Z 必须为一数值矩阵，是该函数必须输入的变量；变量 N/V 为可选输入变量，参数 N 为所绘图形等高线的条数，即按指定数目绘制等高线；亦可选择输入参数 V（这里 V 为一数值向量），等高线条数将为向量 V 的长度，并且等高线的值为对应向量的元素值。如果没有选择，系统将自动为矩阵 Z 绘制等高线图，其等高线条数为预设值。

【例 4.8】　绘制如图 4.13 所示的等高线图。

```
>> A=rosser                        % rosser 矩阵
>> v=[-1000,-500,-100,0,100,500,1000]     % 设置等高线的分布
>> contour(A,v)
```

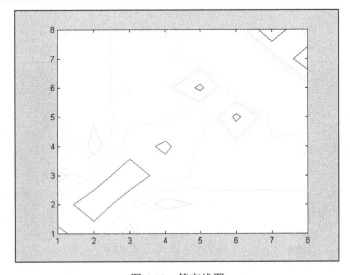

图 4.13　等高线图

此外，还有函数 contourf 用以绘制填充的等高线图，其常用的调用格式与函数 contour 完全一致，这里不再赘述。等高线图在数值计算中的应用相当广泛，在后面相关的章节中还会详细介绍。

4.2 三维图形

在日常的工程计算中将结果表示为三维图形也是屡见不鲜的，为此，MATLAB 语言提供了相应的三维图形的绘制功能。MATLAB 语言中三维图形的绘制与二维图形的绘制在许多方面都很类似，其中曲线的属性设置则完全相同。

4.2.1 基本绘图命令

三维图形绘制中经常用到的基本绘图命令有函数 plot3、网图函数以及着色图等。

1. plot3 函数

函数 plot3 是函数 plot 的三维扩展。其常用的调用格式有如下几种，与 plot 相比，只是增加了一个维数而已。

- plot3(X, Y, z)　其中 X, Y 和 z 为 3 个相同维数的向量。函数绘出这些向量所表示的点的曲线。
- plot3(X, Y, Z)　其中 X, Y 和 Z 为 3 个相同阶数的矩阵。函数绘出 3 矩阵的列向量的曲线。

若要定义不同线型，可使用以下形式：

- plot3(X, Y, Z, s)　其中 s 为定义线型的字符串，形式同 plot 函数。
- plot3(X1,y1, z1, s1, x2, y2, z2, s2, x3, y3, z3, s3, …)　这是组合绘图调用形式。与 plot 相同。

【例 4.9】　绘制如图 4.14 所示的三维螺旋线。

```
>> x=0:pi/50:10*pi
>> y=sin(x)
>> z=cos(x)
>> plot3(x, y, z)
```

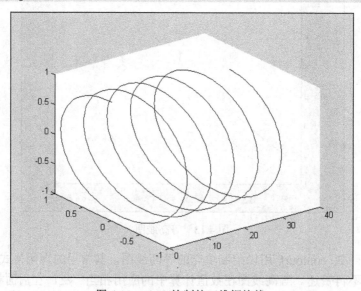

图 4.14　plot3 绘制的三维螺旋线

说明　与 plot 相似，plot3 也可以用矩阵作为输入参数。这时，要求 3 个输入矩阵必须是同阶数的。

【例 4.10】　绘制参数为矩阵的三维图形，如图 4.15 所示。

```
>> [x,y]=meshgrid(-2:0.1:2,-2:0.1:2)
>> z=x.*exp(-x.^2-y.^2)
>> plot3(x, y, z)
```

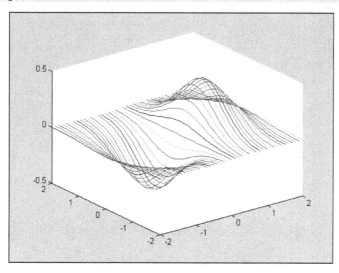

图 4.15　plot3 绘制的三维图形（输入参数为矩阵）

2．网图函数

上例中应用到了函数 meshgrid，该函数为网图函数的一种，MATLAB 语言中提供了一系列的网图函数，见表 4.3。

MATLAB 语言对于网格的处理方法是，将 xy 平面按指定方式分隔成平面网格，然后根据程序中给定的方式计算第三维变量的值，即 z 轴的值，与对应的 xy 平面的坐标构成三维点元素，根据由此得到的（X, z）和（Y, z）计算各平面的曲线，彼此相连就构成了网格图。

表 4.3　MATLAB 语言中的网图函数

函 数 名	说　明
mesh	三维网格图
meshc	将网格与等高线结合
meshz	屏蔽的网格图
meshgrid	生成网格点

函数 meshgrid 是网图函数中最简单的一个，其作用是将给定的区域按一定的方式划分成平面网格，该平面网格可以用来绘制三维曲面，具体调用方式如下：

● [x, y]=meshgrid(x, y)　这里 x 和 y 为给定的向量，一方面可以用来定义网格划分区域；另一方面也可用来定义网格划分方法。矩阵 X 和 Y 则是网格划分后的数据矩阵。

函数 mesh 用来绘制三维的网图。具体调用格式如下。

● mesh(X, Y, Z, C)　绘制四个矩阵变量的彩色网格面图形。观测点可由函数 view 定义，坐标轴可由 axis 函数定义，颜色由 C 设置，也可由函数 colormap 实现。

● mesh(X, Y, Z)　使用 C = Z，即网图高度正比于图高。

mesh(X, Y, Z) 和 mesh(X, Y, Z, C) 此处使用两个向量代替两个矩阵，同时要求 length(x) =

n，length(Y) = m 且[m, n] = size(Z)。在这种情况下，网格线的顶点为(X(j), y(i), Z(i, j))的三倍。

注意　x 对应于 Z 的列，而 y 对应于 Z 的行。mesh(Z)和 mesh(Z, C)使用 x=1:n 及 y=1:m。在此情况下，高度 Z 为单值函数。

【例 4.11】　使用 mesh 函数绘制三维面图，如图 4.16 所示。

```
>> x=-8:0.5:8; y=x'
>> a=ones(size(y))*x
>> b=y*ones(size(x) )
>> c=sqrt(a.^2+b.^2)+eps
>> z=sin(c)./c
>> mesh(z)
```

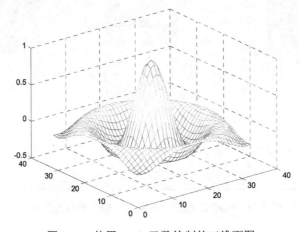

图 4.16　使用 mesh 函数绘制的三维面图

mesh 函数的第三个输入参数将设置生成图中的颜色，MATLAB 允许用户增加一个输入变量专门设置面图色彩。当 mesh 函数仅有一个输入变量时，将以输入矩阵的下标生成平面网格系，并由此生成三维面图。

【例 4.12】　使用 mesh 函数绘制的 Hilbert 矩阵三维面图，如图 4.17 所示。

```
>> Z=hilb(10);
>> mesh(Z)
```

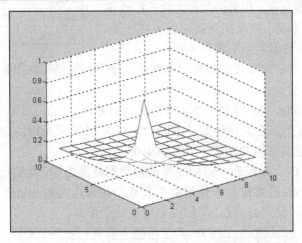

图 4.17　使用 mesh 函数绘制的 Hilbert 矩阵三维面图

函数 meshc 与函数 mesh 调用的方式相同，只是该函数在 mesh 的作用之上又增加了 contour 函数的功能，即绘制相应的等高线。下面来看一个 meshc 函数的示例。

【例 4.13】 meshc 函数绘制的三维面图，如图 4.18 所示。

```
>> [X,Y]=meshgrid([-4:0.5:4])
>> Z=sqrt(X.^2+Y.^2)
>> meshc(Z)
```

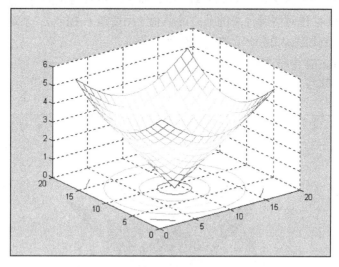

图 4.18 meshc 函数绘制的三维面图

函数 meshz 与 mesh 调用的方式也相同，不同的是该函数在 mesh 函数的作用之上增加了屏蔽作用，即增加了边界面屏蔽。

【例 4.14】 使用 meshz 函数绘制的三维面图如图 4.19 所示。

```
>> [X, Y]=meshgrid([-4:0.5:4])
>> Z=sqrt(X.^2+Y.^2)
>> meshz(Z)
```

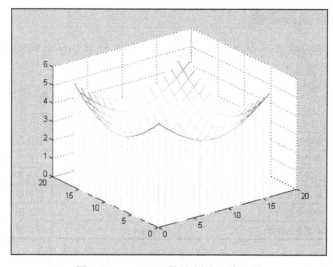

图 4.19 meshz 函数绘制的三维面图

3．着色函数

绘制着色图的函数 surf 也是 MATLAB 语言中较为常用的三维图形函数，其常用的调用格式如下：

● surf(X, Y, Z, C)

输入参数的设置与函数 mesh 相同，不同的是 mesh 函数绘制的图形是网格图，而 surf 函数绘制的图形是着色的三维表面。MATLAB 语言对表面进行着色的方法是，在得到相应的网格后，对每一网格依据该网格所代表的节点的色值（由变量 C 控制），来定义这一网格的颜色。

【例 4.15】 绘制如图 4.20 所示的三维着色面图。

```
>> [X, Y]=meshgrid([-4:0.5:4])
>> Z=sqrt(X.^2+Y.^2)
>> surf(Z)
```

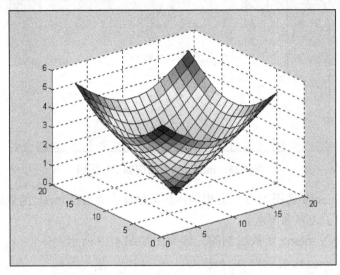

图 4.20 surf 绘制的三维着色面图

4.2.2 特殊的三维图形函数

MATLAB 语言还提供了不少特殊的三维图形函数，能够绘制各种类型的三维图。常见的特殊三维图形函数见表 4.4。

表 4.4 MATLAB 语言中常见的特殊三维图形函数

函 数 名	说　　明	函 数 名	说　　明
bar3	三维条形图	surfc	着色图与等高线图结合
comet3	三维彗星轨迹图	trisurf	三角形表面图
ezgraph3	函数控制绘制三维图	trimesh	三角形网格图
pie3	三维饼状图	waterfall	瀑布图
scatter3	三维散射图	cylinder	柱面图
stem3	三维离散数据图	sphere	球面图

这里仅对几个较为常用的函数进行示例说明，不进行详细的解释。

【例 4.16】 绘制如图 4.21 所示的三维饼状图。

```
>> x=[2,4,6,8]
>> pie3(x,[0,0,1,0])        %如图 4.21 所示
```

【例 4.17】 绘制如图 4.22 所示的着色图与等高线图。

```
>> [X, Y]=meshgrid([-4:0.5:4])
>> Z=sqrt(X.^2+Y.^2)
>> surfc(X, Y, Z)        %如图 4.22 所示
```

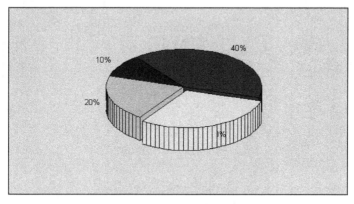

图 4.21 三维饼状图

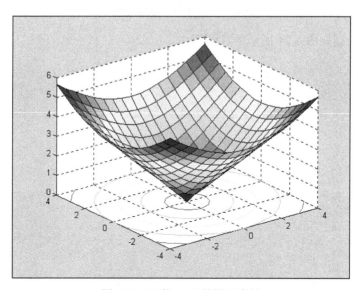

图 4.22 函数 surfc 绘图示意图

与二维图形部分的等高线函数 contour 相类似，三维图形绘制函数中也有相应的等高线函数 contour3，其常用的调用格式与函数 contour 相同。下面介绍三维等高线函数的示例。

【例 4.18】 绘制如图 4.23 所示的三维等高线图形。

```
>> [X, Y]=meshgrid([-4:0.5:4])
>> contour3(peaks(X, Y), 25)
```

这里详细介绍一下两个三维旋转体的绘制函数 cylinder 和 sphere。

柱面图由函数 cylinder 绘制。其调用形式如下：

● [X, Y, Z]=cylinder(R, N) 此函数以母线向量 R 生成单位柱面。母线向量 R 是在单位

高度里等分刻度上定义的半径向量。N 为旋转圆周上的分格线的条数。用 surf(X, Y, Z) 来显示此柱面。

● [X, Y, Z]=sylinder(R)或[X, Y, Z]=cylinder   此形式为默认 N = 20 且 R = [1 1]。

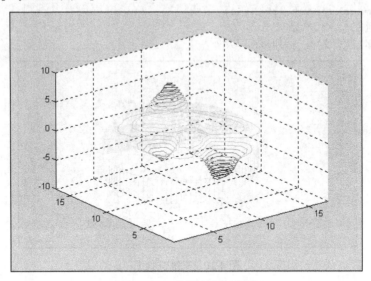

图 4.23   三维等高线示意图

【例 4.19】 绘制如图 4.24 所示的柱面图。

```
>> x=0:pi/20:pi*3
>> r=5+cos(x)
>> [a,b,c]=cylinder(r,30)
>> mesh(a,b,c)
```

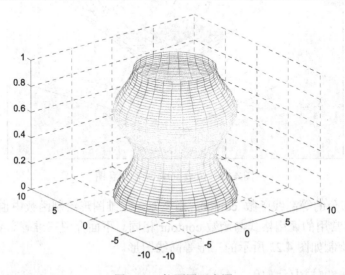

图 4.24   柱面图示意图

球面图由函数 sphere 来绘制。其常用的调用格式如下：

● [X, Y, Z]=sphere(N)   此函数生成三个(n+1)×(n+1)阶的矩阵，利用函数 surf(X, Y, Z)可产生单位球面。

● [X, Y, Z] = sphere　此形式使用了默认值 N = 20。

● sphere(N)　只绘制球面图而不返回任何值。

【例 4.20】　绘制如图 4.25 所示地球表面的气温分布示意图。

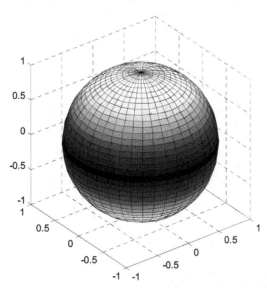

图 4.25　球面图示意图

```
>> [a, b, c]=sphere(40)
>> t=abs(c)
>> surf(a, b, c, t)
>> axis('equal')          %此两句为了将坐标轴的刻度控制为相同
>> axis('square')
>> colormap('hot')
```

4.3　四维表现图

对于三维图形,通常可以利用 z = z (X, Y) 的确定或不确定的函数关系来绘制可视化图形,此时自变量是二维的。而在高等物理、力学等的研究中经常会遇到形如 v = v(X, Y, z) 的函数。此时自变量为三维的,而图形应当是四维的。但是由于我们所处空间和思维的局限性,在计算机的屏幕上只能表现出三个空间变量。为了表现四维图像,引入了三维实体的四维切片色图,它由函数 slice 来实现,其常用的调用格式如下:

● slice(X, Y, Z, V, Sx, SY, Sz)　绘制向量 Sx, SY, Sz 中的点沿 X, Y, z 方向的切片图。数组 X, Y, Z 用来定义 V 的坐标。在每一点的颜色必须由对容量 V 的插值来决定。V 必须为 M×N×P 阶的矩阵。

● slice(X, Y, Z, V, XI, YI, ZI)　绘制沿 XI, YI, ZI 数组定义的曲面的通过容量 V 的切片图。

● slice(V, Sx, SY, Sz)或 slice(V, XI, YI, ZI)　假设 X=1:N, Y=1:M, Z=1:P。

● slice(⋯, 'method')　由 method 指定使用的插值方法。其值可以为 linear, cubic 或 nearest。默认为 linear。

● H = slice(⋯)　返回处理 surface 对象的向量。

【例 4.21】 可视化函数 $f = xe^{-x^2-y^2-z^2}$，自变量的范围分别为$-2 < x < 2$，$-2 < y < 2$，$-2 < z < 2$。所得图形如图 4.26 所示。

```
>> [x, y,z] = meshgrid(-2:.2:2, -2:.25:2, -2:.16:2)
>> v = x .* exp(-x.^2 - y.^2 - z.^2)
>> slice(x, y, z, v, [-1.2 .8 2], 2, [-2 -.2])
>> colorbar('horiz')
>> view([-30,45])
```

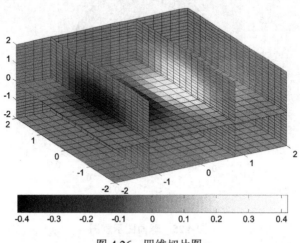

图 4.26 四维切片图

说明

● 图形下面的色轴标注了颜色同数值之间的对应关系。

● 对于一般用户，也许难以领会其中奥妙，而对于专门从事这方面研究的人来说，此图是相当令人振奋的。

4.4　图形处理的基本技术

除了提供功能强大的二维、三维绘图功能外，MATLAB 语言还有极为强大的图形处理能力。本节将介绍一些图形处理基本技术，包括图形控制、图形标注、图形保持以及子图的绘制等。

4.4.1　图形的控制

MATLAB 语言中提供了较常用的图形控制函数，更加精细的控制可以由后面介绍的句柄图形来完成。这些函数包括坐标轴控制函数 axis、坐标轴缩放函数 zoom、平面图形的坐标网图函数 grid 以及坐标轴封闭函数 box 等。

1. 坐标轴的控制函数 axis

函数 axis 用来控制坐标轴的刻度范围及显示形式。axis 函数有多种调用形式，不同的调用形式可以实现不同的坐标轴控制功能。其中最简单的调用形式如下。

● axis(V)

其中 V 为一数组，用以存储坐标轴的范围，对于二维图形，V 的表达形式为：

V=[XMIN, XMAX, YMIN, YMAX]

而对于三维图形，其表达形式为：

V=[XMIN, XMAX, YMIN, YMAX, ZMIN, ZMAX]

● axis '控制字符串'

使用这种调用形式，用户可以通过选择不同的控制字符串，以完成对坐标轴的操作，具体的控制字符串的表达形式见表 4.5。

表 4.5　axis 的控制字符串及说明

控制字符串	说　明
auto	自动模式，使得图形的坐标范围满足图中一切图元素
axis	将当前坐标设置固定，使用 hold 命令后，图形仍以此作为坐标界限
manual	以当前的坐标限定图形的绘制
tight	将坐标限控制在指定的数据范围内
fill	设置坐标限及坐标的 plotboxaspectratio 属性以使坐标满足要求
ij	将坐标设置成矩阵形式，即原点处于左上角
xy	将坐标设置成系统默认状态，即简单的直角坐标系形式
equal	严格控制各坐标轴的分度使其相等
image	与 equal 相类似
square	使绘图区为正方形
normal	解除对坐标轴的任何限制
vis3d	在图形旋转或拉伸过程中保持坐标轴间分度的比率
off	关闭坐标轴显示
on	显示坐标轴

2. 坐标轴缩放函数 zoom

zoom 函数可以实现对二维图形的缩放，该函数在处理图形局部较为密集的问题中有很大作用。该函数的调用格式如下。

● zoom '控制字符串'

不同的控制字符串能够完成各种不同的缩放命令，具体见表 4.6。

表 4.6　zoom 的控制字符串及说明

控制字符串	说　明	控制字符串	说　明
空	在 zoom on 与 zoom off 间切换	out	恢复所进行的一切缩放
（factor）	以 factor 作为缩放因子进行坐标缩放	xon	只允许对 x 坐标轴进行缩放
on	允许对图形进行缩放	yon	只允许对 y 坐标轴进行缩放
off	禁止对图形进行缩放	reset	清除缩放点

当 zoom 处于 on 状态时，可以通过鼠标进行图形缩放，此时单击鼠标左键将以指定点为基础将图形放大一倍；而单击鼠标右键则将图形缩小 1/2；如果双击鼠标左键则将会恢复缩放前的状态，即取消一切缩放操作。

应当注意的是，对图形的缩放不会影响图形的原始尺寸，也不会影响图形的横纵坐标比例，即不会改变图形的基本结构。

3. 平面的坐标网图函数 grid

与三维图形的情形相类似，MATLAB 语言也提供了平面的网图函数，不过该函数此时并不是用于绘制图形，而仅是绘制坐标网格，用来提高图形显示效果。grid 函数的具体调用格式如下：

● grid on/off   grid on 在图形中绘制坐标网格。grid off   取消坐标网格。

单独的函数 grid 将实现 grid on 与 grid off 两种状态之间的转换。

【例 4.22】 grid on 的作用如图 4.27 所示。

```
>> x=0:0.1*pi:2*pi
>> y=sin(x)
>> plot(x, y)
>> grid on
```

4. 坐标轴封闭函数 box

平面图形的绘制有时希望图形四周都能显示坐标，增强图形的显示效果，此时就要用到坐标轴封闭函数 box。

box 函数的操作较为简单，其常用的调用格式如下：

● box on/off   box on 在图形四周都显示坐标轴。box off 仅显示常规的横坐标、纵坐标。
box 命令在 box on 与 box off 之间切换。

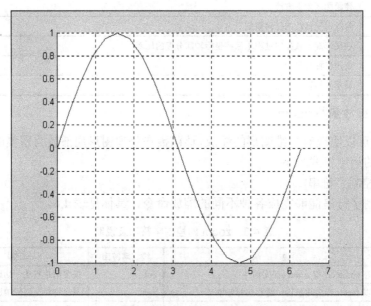

图 4.27   grid on 显示结果

【例 4.23】 如图 4.28 所示，显示常规 xy 坐标轴封闭框（注意与图 4.27 比较）。

```
box on
x=0:0.1*pi:2*pi
y=sin(x)
plot(x, y)
grid on
```

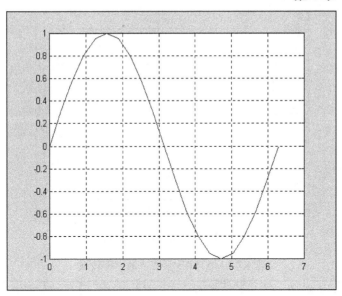

图 4.28　box 函数作用示意图

4.4.2　图形的标注

从前面介绍的绘图函数示例可以看出，在调用绘图函数时，系统会自动为图形进行简单的标注。同时，MATLAB 语言提供了丰富的图形标注函数供用户自由标注所绘制的图形。

1. 坐标轴标注

MATLAB 提供了许多用于坐标轴标注的函数，主要函数有 title，xlabel，ylabel 等。其中，函数 title 是为图形添加标题，而 xlabel，ylabel 是为 X、Y 坐标轴添加标注。

上述三个函数的调用格式是大同小异的，这里仅以函数 xlabel 为例介绍它们的调用格式。

● xlabel('标注', '属性 1', 属性值 1, '属性 2', 属性值 2, …)

这里的属性是标注文本的属性，包括字体大小、字体名、字体粗细等。

三个函数调用结果的区别仅在于标注所处的位置不同，title 给出的标注将置于图形的顶部，而 xlabel 和 ylabel 则分置于相应的坐标轴的边上。

【例 4.24】　坐标标注函数应用示意图，如图 4.29 所示。

```
>> x=1:0.1*pi:2*pi
>> y=sin(x)
>> plot(x, y)
>> xlabel('x (0-2\pi)', 'FontWeight', 'bold')
>> ylabel('y=sin(x)', 'FontWeight', 'bold')
>> title('正弦函数', 'FontSize', 12, 'FontWeight', 'bold', 'FontName', '隶书')
```

在标注过程中经常会遇到特殊符号的输入问题，如图 4.29 中 π 的输入，为了解决这个问题，MATLAB 语言提供了相应的字符转换，如在上例中 \pi 就可转换为 π。MATLAB 语言中提供的字符转换见表 4.7。

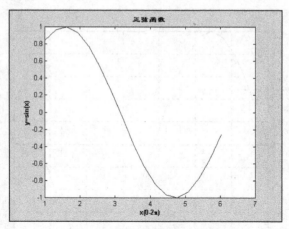

图 4.29 坐标标注函数示意图

表 4.7 MATLAB 语言中的字符转换

控制字符串	转换字符串	控制字符串	转换字符串	控制字符串	转换字符串
\alpha	α	\cap	∩	\Omega	Ω
\beta	β	\supseteq	⊇	\forall	∀
\gamma	γ	\subseteq	⊆	\exists	∃
\delta	δ	\int	∫	\ni	∋
\epsilon	ε	\lceil	⌈	\cong	≅
\zeta	ζ	\nabla	∇	\equiv	≡
\eta	η	\ldots	…	\sim	~
\theta	θ	\neg	¬	\rangle	〉
\vartheta	ϑ	\wedge	∧	\geq	≥
\iota	ι	\times	×	\propto	∝
\kappa	κ	\surd	√	\div	÷
\lambda	λ	\varpi	ϖ	\aleph	ℵ
\mu	μ	\leftrightarrow	⟷	\Re	ℜ
\nu	ν	\rightarrow	→	\otimes	⊗
\xi	ξ	\downarrow	↓	\oslash	∅
\pi	π	\upsilon	υ	\cup	∪
\rho	ρ	\phi	φ	\supset	⊃
\sigma	σ	\chi	χ	\subseteq	⊂
\varsigma	ς	\psi	ψ	\in	∈
\tau	τ	\omega	ω	\rfloor	⌋
\approx	≈	\Gamma	Γ	\cdot	•
\neq	≠	\Delta	Δ	\perp	⊥
\langle	<	\Theta	Θ	\prime	′
\leq	≤	\Lambda	Λ	\vee	∨
\pm	±	\Xi	Ξ	\0	∅
\partial	∂	\Pi	Π	\mid	|
\infty	∞	\Sigma	Σ	\copyright	©
\Im	ℑ	\Upsilon	ϒ	\leftarrow	←
\wp	℘	\Phi	Φ	\uparrow	↑
\oplus	⊕	\Psi	Ψ		

用户也可以对文本标注进行显示控制，具体方式如下。

- \bf：黑体。
- \it：斜体。
- \sl：透视（罕用）。
- \rm：标准形式。
- \fontname{fontname}：给定标注文本字体名。
- \fontsize{fontsize}：给定标注文本的字体大小。

若需要显示诸如"\"、"{"、"^"等符号，则只使用"\"来引导调用即可，即"\\"，"\{"，"\^"等。

此外，在数学计算表达式中经常遇到分数或指数，MATLAB 标注也包含了对这两种运算的表达，所用的调用符分别为"–"和"^"等，而相应的指数或分母则被置于大括号（{}）内。

【例 4.25】　如图 4.30 所示给图形定义标题。

```
>> x=-10:0.1:10
>> y=exp(-x.^2/2)
>> plot(x, y,'-')
>> title('\bf y=e^{-x^{2}/2}')
```

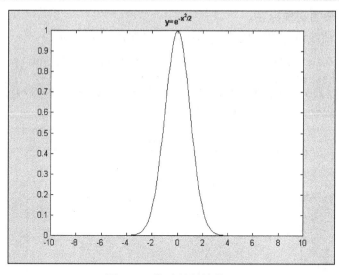

图 4.30　特殊符号的输入

2. 文本标注

MATLAB 语言对图形进行文本注释所提供的函数为 text。该函数的调用格式如下：

- text (X,　Y,　'标注文本及控制字符串')

其中(X, Y)给定标注文本在图中添加的位置，而在标注文本中也可以添加控制字符串以提供对标注文本的控制。

【例 4.26】　对曲线添加文本，结果如图 4.31 所示。

```
>> text(3*pi/4, sin(3*pi/4), '\leftarrow sin(3\pi/4)=-0.707')
```

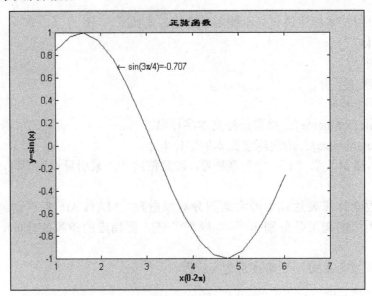

图 4.31　图形中添加文本示意图

在标注中还可以实时地调用返回值为字符串的函数，如 char，num2str 等。利用这些函数可以完成较为复杂的文本标注。

【例 4.27】　对曲线进行复杂的文本标注，结果如图 4.32 所示。

```
>> text(3*pi/4, sin(3*pi/4),['\leftarrow sin(3\pi/4)=', num2str(sin(3*pi/4))],
       'FontSize', 12)
>>text(5*pi/4,sin(5*pi/4),['sin(5\pi/4)=',num2str(sin(5*pi/4)),'\rightarrow'],
       'HorizontalAlignment', 'right', 'FontSize',12)
```

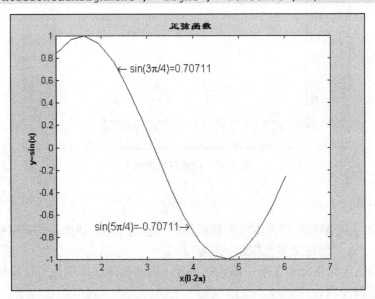

图 4.32　图形中添加文本示意图（在表示中使用函数）

这里还应注意到的是属性 HorizontalAlignment，它用来控制文本标识输入起点是在标识本身的左侧还是右侧。

3. 交互式文本标注

MATLAB 语言提供了交互式的文本输入函数 gtext。使用该函数，用户可以通过鼠标来选择文本输入的点，单击后，系统将把指定的文本输入所选的位置上。

【例 4.28】 鼠标交互式文本标注的演示，如图 4.33 和图 4.34 所示。

```
>> x=1:0.1*pi:2*pi
>> y=sin(x)
>> plot(x, y)
>> gtext('y=sin(x)','FontSize',12)
```

执行该函数时，图形中将会出现"十"字形交叉线供用户选择添加标注的点，如图 4.33 所示。选择添加标注的位置后，即可在该位置上增加标注，如图 4.34 所示。

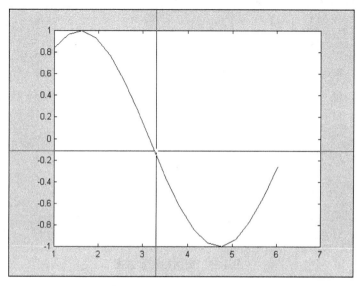

图 4.33 执行 gtext 时等待确认的"十"字形

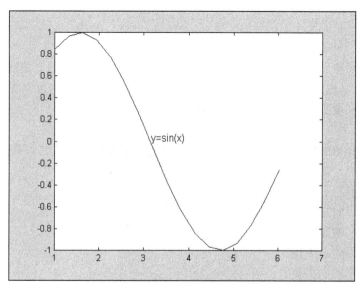

图 4.34 gtext 函数的调用结果

4. 图例标注

在数值计算结果的绘图中，经常会出现在同一张图形中绘制多条曲线的情况，为了能更好地区分各条曲线，MATLAB 语言提供了图例标注函数 legend。

legend 函数能够为图形中所有的曲线进行自动标注，以其输入变量作为标注文本，具体的调用格式如下：

● legend('标注 1', '标注 2', …)

这里的标注 1，标注 2 等分别对应绘图过程中按绘制先后顺序所生成的曲线。

【例 4.29】 如图 4.35 所示，对多条曲线加图例标注。

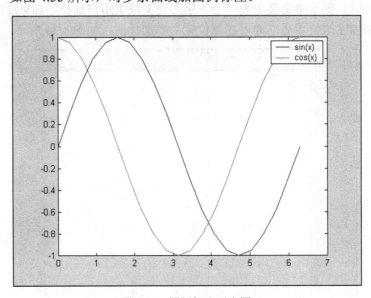

图 4.35　图例标注示意图

```
>> x=0:0.1*pi:2*pi
>> y=sin(x)
>> z=cos(x)
>> plot(x, y, x, z)
>> legend('sin(x)','cos(x)')
```

在给出图例标注后，将会生成一图例框，如图 4.35 所示，给出图中曲线的说明（如 sin(x) 等），而且鼠标可以拖动图例框改变其在图中的显示位置，当然，也可以在 legend 函数调用中进行简单的定位设置，此时 legend 函数的调用格式如下。

● legend(' 标注', …, ' 定位代号')

标注与前面介绍的相同。另外，MATLAB 还给出了 6 个定位代号，具体说明如下。

　0：自动定位，使得图标与图形重复最少。

　1：置于图形的右上角（默认值）。

　2：置于图形的左上角。

　3：置于图形的左下角。

　4：置于图形的右下角。

　−1：置于图形的右外侧。

4.4.3　图形的保持与子图

1．图形的保持

在绘图过程中，经常会遇到在已存在的一张图中添加曲线的操作，这就要求保持已存在的图形，MATLAB 语言中实现该功能的函数是 hold。

- hold on　将启动图形保持功能，此后所有绘制的图形都将添加到当前的图形窗口中，如果新曲线所对应的坐标限与原图不一致，系统将自动调整。
- hold off　则关闭图形保持功能，此时新绘制的图形将覆盖原图。

不加任何参数的 hold 函数将实现图形保持与解除图形保持之间的切换。

【例 4.30】　在同一张图中绘制几个三角函数图示例，结果如图 4.36 所示。

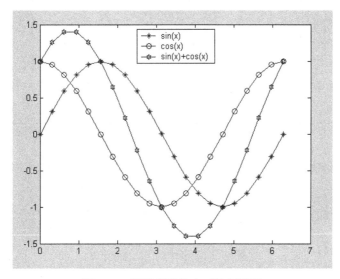

图 4.36　图形保持状态下绘制图形

```
>> x=0:0.1*pi:2*pi
>> y=sin(x)
>> z=cos(x)
>> plot(x, y,'-*')
>> hold on                          % 启动图形保持
>> plot(x, z, '-o')
>> plot(x, y+z,'-h')
>> legend('sin(x)', 'cos(x)', 'sin(x)+cos(x)', 0)
>> hold off                         % 关闭图形保持
```

注意　如果不对曲线属性进行任何设置，在图形保持状态下所绘制的所有曲线均有相同的属性，其中最为明显的表现是每条曲线都有相同的颜色，这是与同时绘制多条曲线不同的。

2．子图

在绘图过程中，经常需要将几个图形在同一图形窗口中表示出来，而不是简单叠加，这就要用到函数 subplot。其常用的调用格式如下：

- subplot(m, n, p)

subplot 函数将把一个图形窗口分割成 m×n 个子绘图区域，用户可以通过参数 p 调用各子绘图区域进行操作，子绘图区域的编号为按行从左至右编号（这是与矩阵编号不同的）。

【例 4.31】 在 4 个子图中绘制不同的三角函数图。结果如图 4.37 所示。

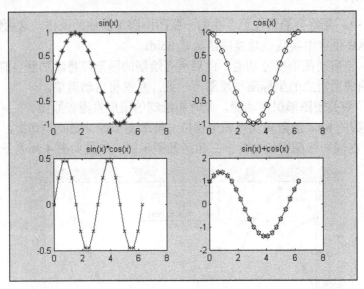

图 4.37　子图的示例

```
>> x=0:0.1*pi:2*pi
>> subplot(2, 2, 1)                    % 第 1 个绘图子域
>> plot(x,sin(x),'-*')
>> title('sin(x)')
>> subplot(2, 2, 2)                    % 第 2 个绘图子域
>> plot(x, cos(x), '-o')
>> title('cos(x)')
>> subplot(2, 2, 3)                    % 第 3 个绘图子域
>> plot(x, sin(x).*cos(x), '-x')
>> title('sin(x)*cos(x)')
>> subplot(2, 2, 4)                    % 第 4 个绘图子域
>> plot(x, sin(x)+cos(x), '-h')
>> title('sin(x)+cos(x)')
```

可以看到在子图绘制过程中，axis，box，hold，title，xlabel，ylabel，grid 等都是针对子图的操作，对一个子图进行图形设置不会影响到其他子图。

4.5　图形处理的高级技术

对图形的处理不能仅限于上述种种简单操作，本节将详细讨论 MATLAB 语言中的高级图形处理技术。

4.5.1　颜色映像

图形的一个重要因素就是图形的颜色，对于数值计算，颜色在图形显示中所起的作用不仅仅是美观，主要在于它能够提供给用户另外一附加维数——第四维。

MATLAB 采用颜色映像来处理图形颜色，即 RGB 色系。该方法在 MATLAB 语言内的实现是借助于矩阵来完成的，该矩阵为三列矩阵，每一列代表 R（红色）、G（绿色）和 B（蓝色）中的一个颜色，三者综合构成对应的颜色。一些常用的颜色映像元素见表 4.8。

表 4.8　常用的颜色映像元素

R（红色）	G（绿色）	B（蓝色）	映　　像
0	0	0	黑色
1	1	1	白色
1	0	0	红色
0	1	0	绿色
0	0	1	蓝色
1	1	0	黄色
1	0	1	洋红色
0	1	1	青色
2/3	0	1	天蓝
1	1/2	0	橘黄
0.5	0	0	深红
0.5	0.5	0.5	灰色

按一定的规律将各种颜色的映像元素综合成一映像矩阵即构成了 MATLAB 语言的颜色映像。几种常用的 MATLAB 语言内置的颜色映像见表 4.9。

以上颜色映像在默认状态下均为 64×3 的颜色矩阵，每个颜色映像均描述了 64 种颜色的 RGB 属性。当然，MATLAB 也允许用户设置颜色映像矩阵的行数，即对上述函数提供一个参数以设定相应颜色映像的色彩数目。

对于绝大多数的线图函数，如 plot，plot3，contour 等，一般不需要颜色映像来控制其色彩显示，而对于面图函数，如 mesh，surf 等，则需要调用颜色映像，MATLAB 语言提供的调用颜色映像的函数为 colormap。其常用的调用格式如下：

● colormap(colormap)

其中，输入变量 colormap 为一三列矩阵，行数不限，该矩阵可以是表 4.9 中的颜色映像，也可为用户自定义的颜色映像矩阵。

表 4.9　MATLAB 语言中常用的颜色映像

颜 色 映 像	相应的颜色系	颜 色 映 像	相应的颜色系
autumn	红黄色系	hsv	色调饱和色系（以红色开始并结束）
bone	带一点蓝色的灰度	jet	色调饱和色系（以蓝色开始并结束）
colorcube	增强的颜色系	lines	线性色系
cool	青和洋红的色系	pink	柔和色系
copper	线型铜色系	prism	棱镜色系
flag	交替的红、白、蓝、黑色系	spring	洋红、黄色系
gray	线性灰色系	summer	绿、黄色系
hot	黑、红、黄、白色系	winter	蓝、绿色系
vga	Windows16 位色系		

【例如】

```
>> colormap(pink(8))
```

此命令是定义当前窗口的颜色映像为柔和色系，其颜色定义有 8 种。用户可以通过查看颜色映像矩阵而得到具体的颜色值。

【例如】

```
>> pink(8)
ans =
    0.3333         0         0
    0.5634    0.3086    0.3086
    0.7237    0.4364    0.4364
    0.7868    0.6299    0.5345
    0.8452    0.7766    0.6172
    0.8997    0.8997    0.6901
    0.9512    0.9512    0.8591
    1.0000    1.0000    1.0000
```

完成对颜色映像的定义后，用户就可以调用所定义的颜色映像为图形服务，具体而言有 pcolor，rgbplot 及 colorbar 等函数。

函数 pcolor 为伪色函数，顾名思义，伪色并不是真正的颜色，而是通过颜色的不同来反应相应数据数值的大小。其常用的调用格式如下：

- pcolor(C)　其作用相当于以当前颜色映像为矩阵 C 进行"着色"，即根据矩阵元素的大小在当前颜色映像中进行插值着色。

函数 pcolor 的使用一般与函数 shading 相结合，shading 的作用在于以不同方式为图形元素着色，其常用的调用格式如下：

- shading '控制字符串'

这里控制字符串主要有三种形式，分别是 faceted，interp 和 flat。其中 faceted 为其默认形式，以平面作为着色单位；interp 以插值形式为图形的像点着色；flat 以平滑形式定义着色方式。

对于函数 pcolor，其着色方式默认为 faceted 方式，可以通过调用 shading 加以修改。

【例 4.32】　绘制矩阵 rosser 的伪色图，如图 4.38 所示。

```
>> colormap(hot(80))
>> pcolor(rosser)
>> shading interp
```

函数 rgbplot 是一种直接显示颜色映像的函数，其常用的调用格式如下：

- rgbplot(colormap)

即该函数的输入变量本身就是一个颜色映像，或颜色映像相似的数值矩阵，其作用是将矩阵的三列值分别以红、绿、蓝绘出。

【例如】

```
>> rgbplot(hot(80))
```

此命令将绘出颜色映像 hot(80）的 RGB 三色图，如图 4.39 所示。

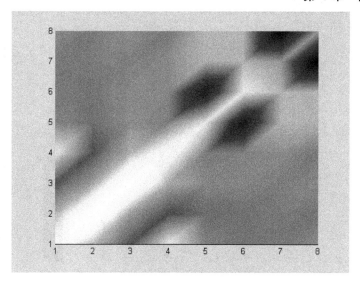

图 4.38　矩阵 rosser 的伪色图（颜色映像为 hot(80)）

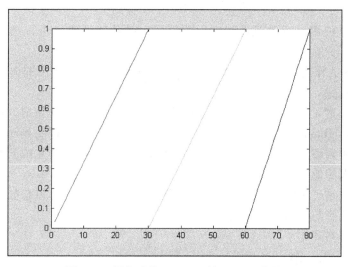

图 4.39　颜色映像 hot(80) 的 RGB 三色图

　　通过对颜色映像的 RGB 三色图的分析可以得到该颜色映像的色彩变化规律，能够更好地了解该颜色映像的图形效果。

　　第三个用来显示颜色映像，同时也是最为常用的函数是 colorbar 函数。该函数将在当前的图形窗口中显示颜色标尺，用来反映当前使用的颜色映像，并且以此反映图形中数据的相对大小。其调用方式如下：

- colorbar('vert')　　　　　　　　% 垂直显示颜色标尺
- colorbar('horiz')　　　　　　　　% 水平显示颜色标尺

【例 4.33】　对色图添加颜色标尺，如图 4.40 所示。

```
>> [X, Y, Z]=peaks
>> mesh(X, Y, Z)
>> colormap(hot(80))
>> colorbar
```

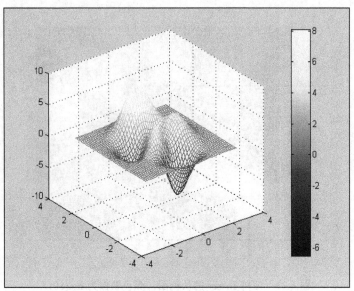

图 4.40   颜色工具条的示意图

用户除了可以使用已有的颜色映像，还可以对颜色映像本身进行操作，具体的函数有 brighten 和 caxis 等。

函数 brighten 的作用是对颜色映像的色彩强弱进行调整，其常用的调用格式如下：

● brighten(beta)

当 beta 大于零时，将增加当前的色彩强度；相反，当 beta 小于零时，将削弱当前的色彩强度。若调用过 brighten(beta)后再调用一次 brighten(-beta)，可以很明显地看到原图的色彩强弱变化。也可以将调整过的颜色映像赋以新的变量名，这样不仅会生成新的颜色映像，而且被调整的颜色映像的值也不会改变。

函数 caxis 也是一个经常用到的颜色处理函数，使用该函数可以自如地控制图形中颜色显示的范围以及色彩与数值的对应关系。

该函数的调用格式如下：

● caxis([cmin, cmax])

● [cmin, cmax]=caxis

当使用第 1 种调用方式时，系统将在[cmin, cmax]范围内与颜色映像的色值相对应，并依此为图形着色。如果数据点的值小于 cmin 或大于 cmax 时，将按等于 cmin 或 cmax 的数据点的颜色进行着色；如果数据点的全集是[cmin, cmax]的一个子集，则将按其对应的颜色进行着色，也即此时只利用了颜色映像的一部分。

当选用第 2 种调用格式时，将返回图形中与颜色映像的两个色彩极值对应的数值。

【例如】 对例 4.33 中的图形进行操作。

```
>> caxis([-2, 2])
```

此时数据限超过 caxis 的设定限，结果如图 4.41 所示。

```
>> caxis([-10, 10])
```

此时数据限小于 caxis 的设定限，结果如图 4.42 所示。

由于颜色映像本质上是一个数值矩阵，只不过是一个限定了阿拉伯数字的矩阵，所以，几乎所有对矩阵的操作都可以应用到颜色映像上，对其进行操作，得到新的颜色映像。当然有些操作是没有任何意义的。

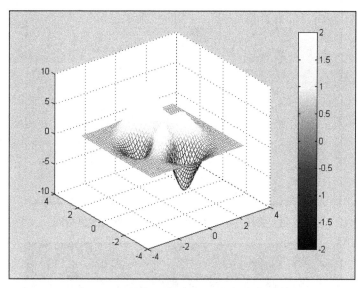

图 4.41　颜色映像范围设定大于图形数据范围

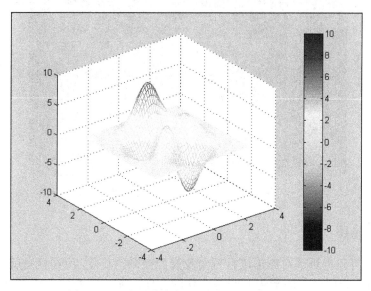

图 4.42　颜色映像范围设定小于图形数据范围

除了上述介绍的颜色处理函数外，MATLAB 语言中对背景颜色进行操作的函数还有 colordef 等，下面以实例说明该函数的简单用法。

【例 4.34】　图形背景色彩控制演示。

```
>> colordef none     % 将图形背景与图形窗口背景设为相同，如图 4.43 所示
>> [X, Y, Z]=peaks
>> mesh(X, Y, Z)
>> colordef black    % 将图形背景颜色设为黑色，当选项为 white 时设置为白色，如图 4.44 所示
>> mesh(X, Y, Z)
```

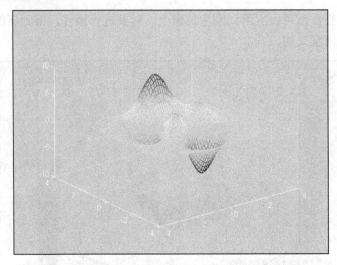

图 4.43 将图形背景颜色设为与图形窗口颜色相同

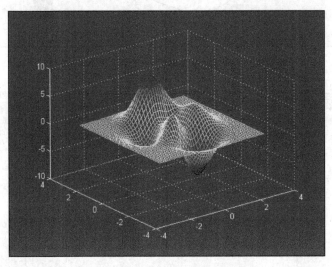

图 4.44 将图形窗口颜色设为黑色

4.5.2 视角与光照

MATLAB 语言还提供了对图形进行视角及光源控制的功能。所谓视角就是图形展现给用户的角度，而所谓光照就是图形色彩强弱变化的方向。通过这两种方法可以丰富 MATLAB 对图形的处理。

1. 视角控制

MATLAB 语言提供的视角函数主要有 view，viewmtx 以及 rotate3D 等。

最基本的设置视角的函数为 view 函数，其常用的调用格式如下：

- view(az, el)
- view(2)
- view(3)
- [az, el]=view

（1）第 1 种调用格式给出了 view 函数的最基本用法，其中输入变量 az 为方位角，具体讲就是在 xy 平面内从 y 轴负方向开始以逆时针为正方向进行旋转的角度；而 el 为仰角，具体讲就是从 xy 平面向 z 轴旋转的角度，朝向 z 轴的旋转为正方向。两者的单位均是度，而不是在其他函数中常用的弧度。

（2）第 2 种调用格式则给出了二维图形中视角的默认值(0, 90)。

（3）第 3 种调用格式给出了三维图形中视角的默认值(-37.5, 30)。

（4）最后一种调用格式则返回当前图形的视角。

【例 4.35】　从 z 轴正方向俯视绘图演示，如图 4.45 所示。

```
>> [X, Y, Z]=peaks
>> colormap(hsv(100))
>> mesh(X, Y, Z)
>> view(0,90)
```

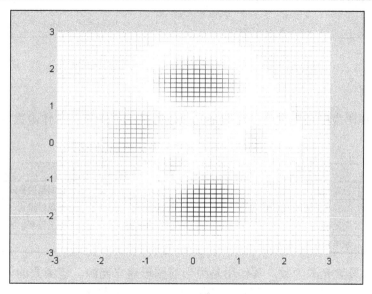

图 4.45　俯视视角

函数 viewmtx 给出指定视角的正交转换矩阵。

【例如】

```
>> A=viewmtx(0,90)
A =
   1.0000        0        0        0
        0   1.0000   0.0000        0
        0  -0.0000   1.0000        0
        0        0        0   1.0000
```

函数 rotate3d 是较为常用的三维视角变化函数，该函数的使用将触发图形窗口的 rotate3d 选项，这时，用户可以方便地用鼠标来控制视角的变化，而且，视角的变化值也将实时地显示在图中。

【例如】　如图 4.46 所示，三维视角变化函数设置视角为(-33, 42)。

```
>> rotate3d
```

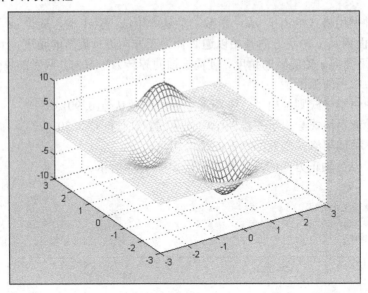

图 4.46　三维视角变化函数（−33，42）

2．光照控制

在 MATLAB 语言中还提供许多对图形光照进行控制的操作，具体函数见表 4.10。

表 4.10　MATLAB 语言中的图形光源操作函数

函 数 名	说　明	函 数 名	说　明
light	设置光源	specular	镜面反射模式
surfl	存在光源的三维面图	diffuse	漫反射模式
lighting	光源模式	lightangle	球坐标系中的光源
material	图形表面对光照反映模式		

函数 light 为设置光源函数，其作用是为当前图形建立光源。该函数的调用格式如下：

● light(属性 1，属性值 1，属性 2，属性值 2，…，属性 n，属性值 n)

当无输入参数时，将以默认值为光源进行设置。

【例 4.36】　图 4.47 为三维高斯分布图，光源设置在(1, 1, 1)。

```
>> [X, Y, Z]=peaks
>> mesh(X, Y, Z)
>> light('position', [1, 1, 1])
```

MATLAB 语言提供的光源模式函数为 lighting。该函数的调用格式如下：

● lighting '光源模式'

光源模式为 flat，gouraud，phong 以及 none 等。其中 flat 模式为平面模式，图形的光照单元设为图形网格，这时能够大量节省系统资源，但图形效果较差，这是默认的模式；gouraud 为点模式，光照单元为图形的像素点；phong 不仅以像素作为光照的基本单元，而且还计算分配了各点的反射比；当设置为 none 时，将关闭图形光源功能。

【例如】　对图 4.47 设置光源模式。

```
>> lighting phong                    % 将光源模式设置为 phong，如图 4.48 所示
```

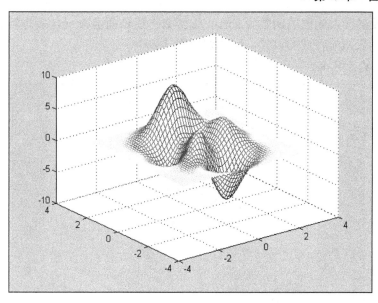

图 4.47　光源设置在（1，1，1）时的三维高斯分布图

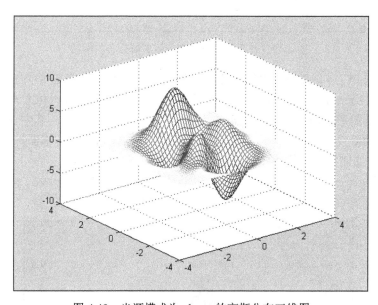

图 4.48　光源模式为 phong 的高斯分布三维图

以上均是针对光源进行的设置，MATLAB 语言还提供了图形表面的控制函数 material，该函数的调用格式如下：

● material '表面控制模式'

这里的表面控制模式有 shinY,dull，metal 等，其中 shiny 模式是指图形表面显示较为光亮的色彩模式，dull 则是指表面显示较为阴暗的色彩模式，而 metal 则是指表面呈现金属光泽的模式。

【例如】　将图形表面设置为 metal 型，如图 4.49 所示。

```
>> material metal
```

另一个重要的涉及光照的函数为 surfl，该函数与三维面函数 surf 极为相似，只是增加了对光源以及图形表面光特性的设置，具体调用格式如下：

- surfl(X, Y, Z, S, K)

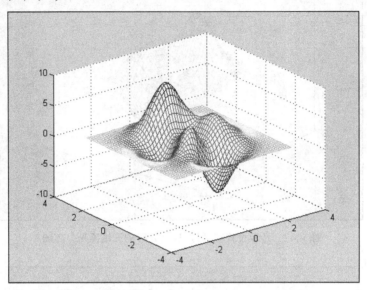

图 4.49　表面呈现金属光泽的高斯分布三维图

输入变量中，X，Y，Z 为绘制图形必需的数据矩阵，而输入变量 S 为光源控制变量，其具体形式为[Sx，SY，Sz]或[az，el]，前一种方式给出光源位置，后一种方式给出视角；输入变量 K 用以控制图形表面形式，具体形式为[Ka，Kd，Ks，spread]，其中 Ka 表示背景光系数，Kd 反映表面漫反射特性，Ks 反映表面镜面反射特性，spread 是镜面扩展因子。

【例 4.37】　绘制如图 4.50 所示的三维光照图形。

```
>> [X, Y, Z]=peaks
>> surfl(X, Y, Z, [1,1,1],[0.55,0.8,0.1,10])
```

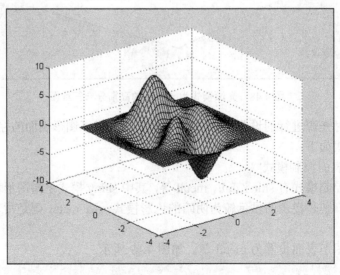

图 4.50　三维光照图形

4.5.3　图像处理

MATLAB 语言提供了对图像的处理功能，用户可以利用提供的函数对外部图形进行操作，或将 MATLAB 图形转换成其他的图形类型。

在 MATLAB 环境下调用外部图形的函数为 imread，通过这个函数可以把由其他绘图软件编辑的图形转换成 MATLAB 可识别的类型，具体的调用形式如下：

● A=imread(filename, fmt)

输入参数中，filename 为图形文件名，fmt 为图形类型。如果图形为灰度图像，则返回值 A 为两列矩阵；如果图形为真色，则返回值 A 为三列矩阵。

应当注意的是，这里所能调用的图形文件应当在当前 MATLAB 的搜索路径上，否则将无法识别。

MATLAB 语言中可以识别的图形类型大致包括 jpeg/jpg，tif/tiff，bmp，png，hdf，pcx 和 xwd 等。

【例如】　读出图形数据矩阵的阶数。

```
>> A=imread('picture1','jpg')
>> size(A)
ans =
      1384         896            3
```

可以看出该图对应的数据是个三维数组，其中每一维对应基色（红、绿、蓝）中的一种，而 1384 和 896 则对应于图形的像素点的分布。

MATLAB 提供的写入图像文件的函数为 imwrite。该函数将图像矩阵写入外部文件，具体的调用格式如下：

● imwrite(A, filename, fmt)

各输入参数的意义及使用方法与 imread 函数中的输入参数相似，这里不再赘述。

【例如】

```
>> imwrite(A,'picture2','bmp')
```

此外，MATLAB 语言中还提供了显示图像信息的函数 imfinfo。其常用的调用格式如下：

● imfinfo(filename, fmt)

调用该函数将返回一结构型数组，该数组将反映图形深层次的信息，对于不同的图形格式将显示不同的图形信息，但是，以下 9 种图形信息是任何格式都有的：Filename，FileModDat，FileSize，Format，FormatVersion，Width，Height，BitDepth 和 ColorType。

【例如】

```
>> pictureinfo=imfinfo('picture1','jpg')
pictureinfo =
        Filename: 'picture1.jpg'
     FileModDate: '08-Jan-2011 18:48:00'
        FileSize: 919474
          Format: 'jpg'
   FormatVersion: "
           Width: 896
          Height: 1384
```

```
         BitDepth: 24
       ColorType: 'truecolor'
 FormatSignature: ''
```

在 MATLAB 环境下显示外部图形的函数为 image。该函数的调用格式如下：

● image(C)

其中输入参数 C 为 MATLAB 读取的图形数据矩阵。

【例 4.38】 在图形窗口中显示外部图像文件，如图 4.51 所示。

```
image(A);
```

图 4.51　外部图像的显示

在 MATLAB 语言中，一幅图像的存储将对应一个图像数据矩阵或者还有一个相关的颜色矩阵。

MATLAB 语言提供了三种不同的图像形式，这三种不同的形式对应着对数据矩阵的三种不同的解释，具体见表 4.11。

表 4.11　MATLAB 语言中的图像形式

图像形式	对图像存储的解释
索引图像	存储时需要一个图像数据矩阵及一个颜色映像矩阵，图像数据矩阵元素的下标对应于图像像素点的下标，元素值指定该像素点的颜色在颜色映像中的位置（颜色映像矩阵中对应的行数）
灰度图像	存储时只需要一个图像数据矩阵，而图像数据矩阵元素的下标对应于图像像素点的下标，元素值对应当前颜色映像（通常为 graY）的插值因子
真彩图像	存储时只需要一个三维的图像数据数组，每一面中元素下标对应于图像像素点的下标，而元素值对应一个基色（红、绿、蓝），三个面组合构成其真色

在 MATLAB 中，图形存储的数据可以是双精度型，也可以是另外两种新的数据类型——8 位型和 16 位型。使用 8 位型和 16 位型存储图形所占的内存仅为使用双精度型存储时的 1/8 或 1/4，因此数据量大的图像处理问题，使用 8 位型和 16 位型数据形式来存储图形可以节省大量的系统资源。

为了节省存储资源，MATLAB 语言提供了以 8 位无符号整数或 16 位无符号整数来存储图形的方式，分别称为 8 位图或 16 位图。在处理过程中，MATLAB 无须将 8 位型或 16 位型转换成双精度型就可直接进行操作。当然，在数据矩阵的解释上，还是有区别的。对三种不同类型图像的数据矩阵的解释见表 4.12。

表 4.12　3 种数据类型对图像数据矩阵的解释

图像类型	双 精 度 型	8 位型或 16 位型
索引图像	图像数据矩阵为 $m \times n$ 阶的整数矩阵，元素值的范围为（1，p），而颜色映像矩阵为 $p \times 3$ 阶的浮点矩阵，元素值范围为（0，1）	图像数据矩阵为 $m \times n$ 阶的整数矩阵，元素值的范围为（1，$p-1$），而颜色映像矩阵为 $p \times 3$ 阶的浮点矩阵，元素值范围为（0，1）
灰度图像	图像数据矩阵为 $m \times n$ 阶的浮点矩阵，元素值的范围为（0，1），是颜色映像的浮点数线性插分	图像数据矩阵为 $m \times n$ 阶的整数矩阵，元素值的范围为（0，255）或（0，65535），是颜色映像的整数线性插分
真彩图像	图像数据矩阵为 $m \times n \times 3$ 阶的三维浮点数组，元素的范围为（0，1）	图像数据矩阵为 $m \times n \times 3$ 阶的三维整数数组，其中元素的范围为（0，255）或（0，65535）

4.5.4　图形的输出

MATLAB 语言中图形的输出也非常有特点，共有 3 种不同的方式输出当前的图形。首先，可以通过命令菜单或工具栏中的打印选项来输出，其次，也可以使用 MATLAB 语言提供的内置打印引擎或系统的打印服务来实现，最后，还可以其他的图形格式存储在另外的图形处理软件中打印。

菜单打印的实现非常简单，本节将着重介绍命令打印功能。MATLAB 语言中实现命令打印的函数为 print。其常用的调用格式如下：

- print '控制字符串'

其中控制字符串可以为空，也可以为字符串-s，-device –options，-device -options filename 等。

如果控制字符串为空，系统将按照图形的 PaperPosition[mode]属性的值和 printopt.m 文件中的定义将当前图形加载到默认的打印机上，这也是 print 函数常用的调用格式。

print -s 的使用方法与不加控制字符串相同，只是所打印的对象应为 Simulink 的模型。

使用 print -device -options 调用格式将对打印设备及属性进行简单控制。

当使用 print -device -options filename 调用格式时，系统将把图形直接输出到相应的文件而不是打印机。

以上介绍的"-device"和"-options"属性可以通过使用帮助得到。

4.6　图　形　窗　口

以上各节介绍了 MATLAB 对图形的基本操作，本节将详细讨论 MATLAB 图形显示的载体——图形窗口的使用方法。

4.6.1　图形窗口的菜单操作

MATLAB 图形窗口（Figure）主要用于显示用户所绘制的图形。通常只要执行了任意一种绘图命令，图形窗就会自动产生。绘图都在这一个图形窗中进行。如果再建一个图形窗，则可键入 figure 命令，MATLAB 会新建一个图形窗，并自动给它排出序号。

MATLAB 的图形窗口如图 4.52 所示。它是 MATLAB 绘图功能的基础，使用极其方便。其菜单和工具栏更是增添了交互处理的功能。

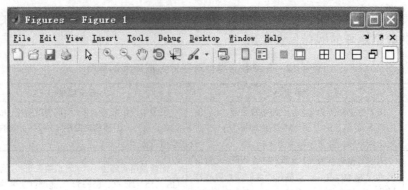

图 4.52　图形窗口

图形窗口的 Desktop（桌面）菜单、Window（窗口）菜单和 Help（帮助）菜单，与其他系统的大致一样，也比较简单，可以对照学习，在此不再叙述。下面只对差别较大的菜单项进行介绍。

1．File 菜单

其主要功能命令与桌面平台的 File 菜单相近，只是增加了图形输出 Generate M-file 命令、Export Setup、Print Preview 和 Print 命令。

- Generate M-file 命令可以生成当前图形的 M 文件。
- Export Setup 命令可以打开 Export Setup（图形输出设置）对话框。
- Print Preview 命令可以打开打印预览对话框。

2．View 菜单

其中的 Figure Toolbar 命令用于控制是否显示图形窗口中的工具栏，而 Camera Toolbar 命令用于控制是否显示图形窗口中的照相操作工具栏。

3．Insert 菜单

通过该菜单，可以在图形窗口中添加不同的对象，主要有 X Label、Y Label、Z Label、Title、Legend（图例）、Colorbar（颜色条）、Line、Arrow、Text Arrow、Double Arrow、TextBox、Rectangle、Ellipse、Axes 和 Light（光源）等。

4．Tools 菜单

包括简单的图形操作和照相操作，在此只介绍图形操作。

- Basic Fitting 命令可以打开图形基本数据拟合对话框。在该对话框中，用户可以根据需要选择拟合的数据源（Select data）、拟合方式（Check to display fits on figure）、拟合函数的显示（Show equations）、数值的有效位数（Significant digits）以及是否显示残差（Plot residuals）和是否显示最大残差模（Show norm of residuals）等。
- Data Statistics 命令可以打开图形数据统计分析对话框。对话框中可以选择数据的最小值（min）、最大值（max）、平均值（mean）、中值（median）以及均方差（std）等。

4.6.2　图形窗口的工具栏

下面只对此工具栏中特殊的按钮控件进行介绍，见表 4.13。

表 4.13　工具栏各按钮控件的图例及功能

图例	按钮控件的功能	图例	按钮控件的功能
	新建一个图形文件		对图形进行三维手动旋转
	打开一个图形文件		数据指针
	以.fig 的格式保存图形文件		将所选的数据点刷成所选的颜色
	打印图形文件		插入颜色工具栏
	使图形窗口处于被编辑状态		插入图例
	放大图形		隐藏绘图工具
	缩小图形		显示绘图工具
	拖动图形		

4.7　句　柄　图　形

MATLAB 语言提供了句柄图形的操作。句柄图形是 MATLAB 对图形底层的总称，对句柄图形的操作将直接施加到构成图形的基本元素，包括点、线等。有了句柄图形，MATLAB 的图形处理功能更加丰富，掌握句柄图形将使原本繁杂的图形控制变得简单，并且可以加深对图形本身的认识。

4.7.1　句柄图形的层次结构

句柄图形并不是其他类型的图形，而是将一个图形对象分解成若干层次，每一父层次又包含若干子对象，而每一对象又可以看成有若干句柄与之对应。

MATLAB 语言中句柄图形对象共有 11 种，见表 4.14。

表 4.14　MATLAB 语言中的句柄图形对象

句柄图形对象	说　明	句柄图形对象	说　明
根对象（root）	计算机屏幕	线对象（line）	二维图形中最基本的图形对象
图形对象（figure）	图形窗口	贴片对象（patch）	按指定方式填充的多边形
用户界面控制对象（uicontrol）	可编程的用户界面控件	面对象（surface）	图形表面
坐标系对象（axes）	坐标轴	文本对象（text）	图形中的文本
用户界面菜单对象（uimenu）	图形窗口的可编程菜单	光源对象（light）	光源
图像对象（image）	MATLAB 语言中的图像		

主对象下可以创建多个图形窗口，而图形窗口又可以包含一组或多组的坐标系对象，每一坐标系对象也可以有多个图形对象、线对象、面对象等。这里应当注意的是，图形对象（注意不是图形窗口对象）以及线对象、面对象等都是坐标轴对象的子对象。当创建某一对象时，如果父对象不存在，则系统会创建其父对象。

【例如】

```
>> plot(rand(2,2))
```

此时，系统将以默认模式建立一个新的图形窗口以及一组新的坐标系，然后，在该坐标系内绘制图形。

已经介绍了图形的所有对象，而句柄本身就是标识各图形对象的数字。在创建图形对象时，系统将自动为其建立一个唯一的句柄作为系统内部标识，几乎所有的绘图函数都可以返回图形对象的句柄。

【例如】

```
>> h_figure=figure
h_figure =
     1                          % 一个新的图形窗口的句柄
>> h_line=line([1,2],[3,4])
h_line =
   174.0187                     % 线对象的句柄
```

4.7.2 句柄的访问

实现对图形对象句柄的访问是实现句柄图形操作的前提，表 4.15 列出了 MATLAB 语言中实现句柄访问的函数。

表 4.15 MATLAB 语言中句柄访问函数

函 数 名	说　明	函 数 名	说　明
gca	获得当前坐标轴对象的句柄	gcf	获得当前图形对象的句柄
gcbf	获得当前正在执行调用的图形对象的句柄	gco	获得当前对象的句柄
gcbo	获得当前正在执行调用的对象的句柄		

【例如】

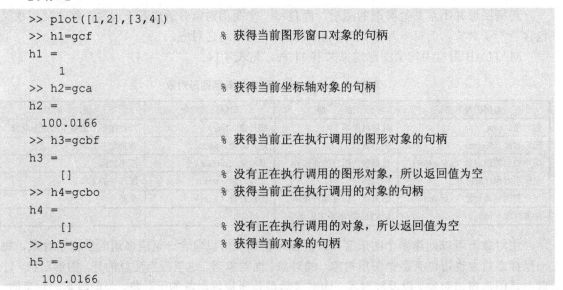

```
>> plot([1,2],[3,4])
>> h1=gcf                      % 获得当前图形窗口对象的句柄
h1 =
     1
>> h2=gca                      % 获得当前坐标轴对象的句柄
h2 =
  100.0166
>> h3=gcbf                     % 获得当前正在执行调用的图形对象的句柄
h3 =
    []                         % 没有正在执行调用的图形对象，所以返回值为空
>> h4=gcbo                     % 获得当前正在执行调用的对象的句柄
h4 =
    []                         % 没有正在执行调用的对象，所以返回值为空
>> h5=gco                      % 获得当前对象的句柄
h5 =
  100.0166
```

函数 gco 的对象是指当前图形中最后一次被单击的图形对象，不包括用户界面菜单对象。

通过上述函数可以方便地实现对图形对象的操作，这一点在后面将要介绍的 GUI 设计中极为重要。

4.7.3 句柄的操作

MATLAB 语言提供的句柄操作函数见表 4.16。

表 4.16　MATLAB 语言中的句柄操作函数

函　数　名	说　　　明	函　数　名	说　　　明
copyobj	复制图形对象及相应子对象	delete	删除图形对象
findobj	依属性值查找图形对象	reset	重置对象的属性
get	获得对象的属性	set	设置对象的属性

下面详细介绍各函数的使用方法。

● 函数 copyobj

函数 copyobj 将把一个对象从当前父对象复制到另一个父对象中，复制前后的对象除句柄及属性 Parent 不同之外，其他所有属性完全相同。而且，如果图形对象包含复制对象，则子对象也被复制到目标父对象中，该函数的调用格式如下：

➢ C=copyobj(H, P)

此时，输入参数 H，P 为同维数的向量，H 中的元素为复制图形对象，P 中的元素是相应的目的图形对象，复制完成后，新的图形对象的句柄将被存储于向量 C，需要注意的是，H，P 所表征的图形对象应当满足父对象的要求。

【例 4.39】　对象复制示例。

```
>> h1_1=figure
h1_1 =
    1
>> h1_2=axes
h1_2 =
   99.0021
>> h1_3=plot([1,2],[3,4])
% 绘制线段{(1,3),(2,4)}，如图 4.53 所示
h1_3 =
  100.0167
>> h2_1=figure
h2_1 =
    2
>> h2_2=axes
h2_2 =
  197.0004
>> h2_3=plot([3,4],[1,2])
% 绘制线段{(3，1)，(4，2)}，如图 4.54 所示
h2_3 =
  198.0004
>> c=copyobj(h2_3, h1_2)
% 将线段 2 复制到线段 1 上，如图 4.55 所示
c =
  199.0010
```

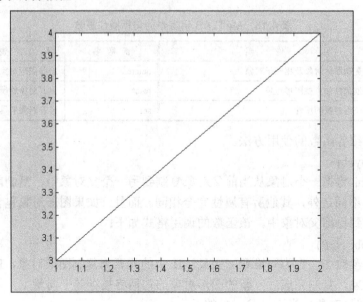

图 4.53 线段 1

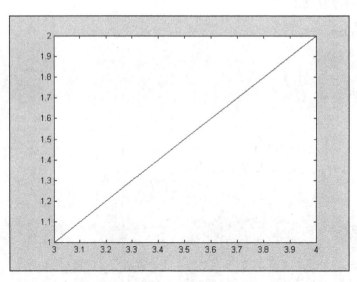

图 4.54 线段 2

该函数还可以将多个图形对象复制到同一个父对象下，也可以将一个图形对象复制到多个父对象下，调用格式如下：

➢ C=copyobj(H, p)或 C=copyobj(h, P)

● findobj 函数

与 copyobj 相应的函数为 findobj，即查找满足属性要求的图形对象，其常用的调用格式如下：

➢ h=findobj('属性名 1'，属性值 1，'属性名 2'，属性值 2，…)

以该方式调用 findobj 时，将在根目录下搜寻属性值等于输入变量的图形对象，并将这些图形对象的句柄返回到 h。

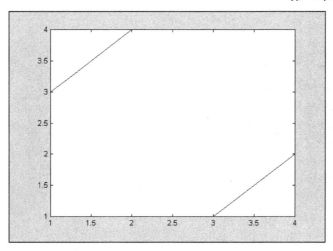

图 4.55　copyobj 的调用结果

MATLAB 也允许给定范围的查询，这时该函数的调用格式如下：

- h=findobj('对象句柄',　'属性名 1'，属性值 1，'属性名 2'，属性值 2，…)
- h=findobj('对象句柄', 'flat',　'属性名 1'，属性值 1，'属性名 2'，属性值 2，…)

前一种调用格式将在指定句柄所代表的图形对象或该对象的子对象中查找满足要求的图形对象；而后一种则仅在指定范围内查找，不包括限定范围的子对象。

也可以不带参数而只给定查询范围，此时，将返回所有在指定范围内的图形对象的句柄。

【例如】

```
>> plot([1,2],[3,4])
>> findobj
ans =
        0                        % 返回根对象的句柄
      1.0000                     % 返回当前窗口的句柄
    100.0173                     % 返回当前坐标系的句柄
      3.0085                     % 返回当前对象的句柄
>> gcf
ans =
     1
>> gco
ans =
    3.0085
>> gca
ans =
  100.0173
```

- get 函数

使用 get 函数可以得到对象的属性及属性值，具体的调用格式如下：

➢ V=get(H, '属性名')

此时返回指定句柄对应的图形对象包含的指定属性的属性值，如果 H 为 m×1 的数组，则返回值是 m×1 的单元数组，每一分量将对应指定对象的属性值；如果属性名是以 1×n 的字符型单元数组输入的，则结果为 m×n 的单元数组。

【例如】

```
>> get(1)
    Alphamap = [ (1 by 64) double array]
    BackingStore = on
    CloseRequestFcn = closereq
    Color = [0.8 0.8 0.8]
    Colormap = [ (64 by 3) double array]
    CurrentAxes = [100.017]
    CurrentCharacter =
    ...
    Parent = [0]
    Selected = off
    SelectionHighlight = on
    Tag =
    Type = figure
    UIContextMenu = []
    UserData = []
    Visible = on
```

● set 函数

MATLAB 语言提供了对属性的设置函数 set，该函数的调用格式如下：

➤ set(H, '属性名', '属性值')

也可以使用下面的调用格式：

➤ set(H,a)

其中 a 为结构型变量，字段名为图形对象的属性名，字段值为映像的属性值。通过单元型变量为图形对象属性复制的方式为：

➤ set(H, pn, pv)

其中 pn, pv 为单元型变量，pn 为 $1 \times n$ 的字符型单元变量，各分量为图形对象的属性名；pv 可以是 $m \times n$ 的单元型变量，这里 m 为句柄数组 H 的长度，即 m=length(H)。

这样，用户可以同时对多个图形对象的多个属性进行设置。

【例 4.40】 set 函数使用示例。

```
>> get(gco,'XData')
ans =
    1    2
>> set(gco,'XData',[2,1])
% 对图 4.53 修改，将线段横坐标改为[2,1]，如图 4.56 所示
>> plot([1,2],[3,4])
>> set(gco,'ZData',[1,2])
% 对图 4.53 修改，将原来的二维线段转换为三维线段，如图 4.57 所示
```

由此例可以看出，通过对图像属性的设置可以实时地调整图形，实现对图形的深层次控制，这也是 MATLAB 语言在图形处理方面强大功能的一种体现。

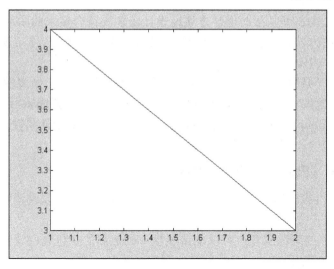

图 4.56 set 函数修改结果（坐标的改动）

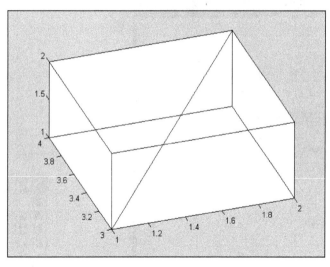

图 4.57 set 函数修改结果（维数的改动）

4.8 图形用户界面操作 GUI

MATLAB 语言提供了用户界面的设计功能，用户可以自行设计别具风格的人机交互界面，以显示各种计算信息、图形、声音等，并且提示输入各种计算过程中所需的参数，通过建立友好的用户界面而使计算进行得更为方便快捷。

图形用户界面 GUI（Graph User Interface）是由图形对象构建的用户界面，在该界面内，用户可以根据界面提示完成整个工程，却不必去了解工程内部是如何工作的。

MATLAB 对 GUI 的加强使之在图形处理功能上趋于完美。

4.8.1 GUI 设计工具简介

MATLAB 语言系统本身就有许多 GUI 实例，其中最典型的就是 GUI 向导设计器

（GUIDE），通过 GUIDE 可以帮助用户方便地设计出各种符合要求的图形用户界面。

调用 GUIDE 的方法有两种，在桌面平台【File】菜单的【New】子菜单中选择【GUI】选项，或在命令窗口中输入 guide 命令。

在设计图形用户界面的过程中还需要用到其他的一些工具，如属性设置器（Properties Inspector）、控件布置编辑器（Alignment Objects）、网格标尺设置编辑器（Grid and Rulers）、菜单编辑器（Menu Editor）、对象浏览器（Object Browser）以及 GUI 属性设置编辑器（GUIDE Application Options）等。下面分别介绍这些设计工具。

1. 属性设计器（Properties Inspector）

MATLAB 的属性设计器如图 4.58 所示。在该属性设计器中可以设置所选图形对象或 GUI 控件各属性的值。

若希望设置对象的颜色属性，可以单击属性 Color 后的颜色属性设置图标，打开颜色属性编辑器，如图 4.59 所示。

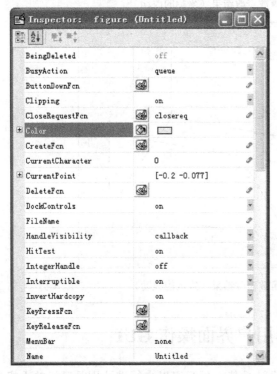

图 4.58　属性设计器

图 4.59　颜色属性编辑器

2. 控件布置编辑器（Alignment Objects）

在编辑 GUI 过程中，可以在 GUI 面板上添加不同的 GUI 控件，而通过控件布置编辑器（如图 4.60 所示）可以方便地设置面板上 GUI 控件的布局。

在控件布置编辑器中可以设置 GUI 控件水平以及垂直布局，包括对齐方式以及控件间距等。控件布置编辑器中各控件选项作用如下。

● 垂直方向布局

OFF　关闭垂直对齐设置。

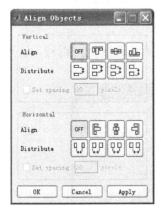 垂直上对齐。

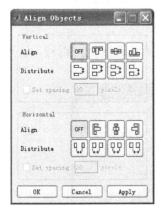 垂直中对齐。

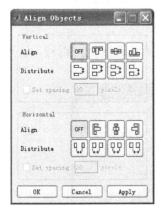 垂直下对齐。

 控件底–顶间距。

 控件顶–顶间距。

 控件中–中间距。

 控件底–底间距。

在间距设置过程中，选中相应的设置控件，然后可以设定间距值，单位为像素。

● 水平方向布局

 关闭水平对齐设置。

 水平左对齐。

 水平中对齐。

 水平右对齐。

 控件右–左间距。

 控件左–左间距。

 控件中–中间距。

 控件右–右间距。

同垂直间距设置相同，选中相应的设置控件，然后可以设定间距值，单位为像素。

3．网格标尺设置编辑器（Grid and Rulers）

为了方便用户的界面设置，可以在 GUI 面板中添加网格以及标尺，这时可以使用网格标尺设置编辑器，如图 4.61 所示。

图 4.60　控件布置编辑器

图 4.61　网格标尺设置编辑器

通过该编辑器可以设置是否显示标尺（Show rulers）、向导线（Show guides）和网格线（Show grid），其中网格线的间距可以在 Grid Size 选项中设定，单位为像素，可设定的范围为10~200，而选项网格捕捉（Snap to grid）可以设定点的捕捉方式。

4．菜单编辑器（Menu Editor）

MATLAB 菜单编辑器中包括编辑菜单页面以及编辑鼠标右键工具包页面。

菜单编辑器有 4 个主要的选项按钮，分别介绍如下。

生成新的菜单项。

生成新的子菜单项。

生成新的鼠标右键工具包。

删除菜单项、子菜单项或鼠标右键工具包。

GUI 菜单编辑页面如图 4.62 所示，可以设置所选菜单项的属性，包括菜单名（Label）、标签（Tag），还可以定义是否在该菜单项上显示一条分隔线，以区分不同类型的菜单操作（Separator above this item），也可以设置是否在菜单项被选中时给出标示（Item is checked）等，同时还可以在 Callback 文本框中给出菜单项对应的反应事件。

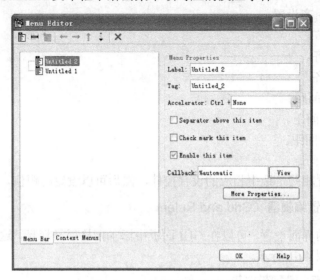

图 4.62　GUI 菜单编辑页面

鼠标右键的工具包编辑页面如图 4.63 所示，同 GUI 菜单编辑页面相同，也可以定义各选项的属性。

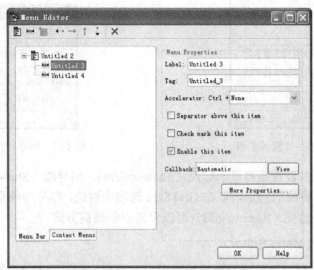

图 4.63　鼠标右键的工具包编辑页面

5．对象浏览器（Object Browser）

MATLAB 对象浏览器如图 4.64 所示，在该浏览器中可以方便地显示出所有的图形对象，通过单击该对象则可以打开相应的属性编辑器。

图 4.64　对象浏览器（Object Browser）

6．GUI 属性设置编辑器（GUI Options）

GUI 属性设置编辑器如图 4.65 所示，通过该编辑器可以设置 GUI 应用属性。

首先通过缩放形式（Resize behavior）可以设定 GUI 界面缩放形式，包括固定界面（Non-resizable）、比例缩放（Proportional）以及其他形式（Other）；而命令行适用性（Command-line accessibility)可以设置 GUI 对命令窗口句柄操作的响应方式，这里包括屏蔽（Off，即完全不响应）或响应（On，即可以接受句柄操作）以及其他形式等。此外，还可以定义 GUI 的保存方式，是单独的图形方式（.fig）还是图形格式和 M 文件格式共同存储（.fig 和.m）的方式，并且可以对双形式存储做进一步设置。

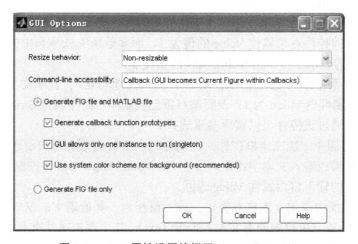

图 4.65　GUI 属性设置编辑器（GUI Options）

7．GUI 向导编辑器（GUIDE）

GUI 向导编辑器（GUIDE，如图 4.66 所示）是上述 GUI 设计工具应用的平台，使用这些工具可以完成用户希望得到的 GUI。

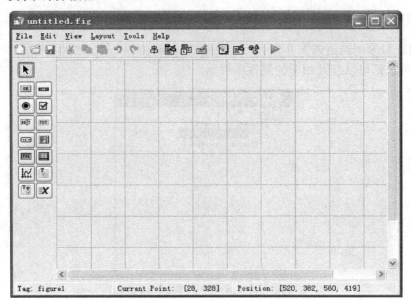

图 4.66　GUI 向导设计器（GUIDE）

在 GUI 向导编辑器中包含多种 GUI 控件，分别介绍如下。

　　　选择模式。

　　　在图形界面中添加按钮控件。该控件将在指定位置添加按钮，按钮的标示字符由属性 String 控制，而返回值则由属性 Value 控制。

　　　在图形界面中添加开关控件。该控件将对鼠标的按下与释放做出反应，并由 Value 属性返回，同时可以由 Max 属性和 Min 属性控制 Value 值对事件的响应。默认的情况下，Max 属性值（对应按钮被按下的事件发生时 Value 的值）为 1，而 Min 属性值（对应按钮被释放的事件发生时 Value 的值）为 0。

　　　在图形窗口中添加单选按钮。该控件与复选控件相反，一组单选控件只允许一个被选中，此时被选中的控件对象属性 Value 的值为 1，而其他所有未被选中的单选控件的 Value 值为 0，单选按钮的表示字符串由 String 属性的值控制。

　　　在图形界面中添加复选框控件。该控件提供复选功能，将显示文本字符串及选择框，当选中时，相应的属性值 Value 为 1，表明该对象已被选中，而在属性 String 中可以定义复选框的文本字符串，通过该控件可以实现多重选择。

　　　在图形界面中添加文本框控件。该属性相当于其他语言窗口设计中的文本框属性，允许用户动态地编辑或输入文本字符串，属性 HorizontalAlignment 将控制文本在文本框中的显示位置，而用户的输入将由属性 Value 返回。

　　　在图形界面中添加文本信息控件。该对象相当于其他语言的窗口设计中的"标签"控件，在 MATLAB 语言中也叫静态文本（Static Text），其主要的属性有 BackgroundColor（背景颜色属性）、FontName（字体类型）、FontSize（字体大小）、String（显示文本）等，在图形界面中，可以通过该控件提供说明性文本。

　　　在图形界面中添加滚动条控件。该控件将在图形界面中显示 Windows 界面中常见的滚动条，该控件最重要的属性为 SliderSkip，该属性的属性值为一个仅有两个元素的数组，第一个元素表示单击滚动条两侧箭头按钮时，滑块向箭头方向的移动距离，默认值为滚动条的 1%；第二个元素表示单击滚动条时，滑块向单击点移动的距离，默认值为滚动条的 10%。

　　□　在图形窗口中添加图文框控件。该控件为图形界面提供一个可填充的区域，用户可以将一组控件放入图文框中，构成控件数组进行操作，图文框后面的背景不可见，所以在添加控件过程中，欲置于图文框内的所有控件应当后于图文框设置，以防被覆盖后，在用的时候看不见。

　　▤　在图形界面中添加列表框控件。该控件列出选项列表，并通过列表选择一个或多个选项，选项数目由属性 Max，Min 控制，选项的返回值将由属性 Value 带出，Vlaue 值为 1 时，表示第一个选项，为 2 时表示第二个选项，依此类推。

　　▭　在图形界面中添加弹出菜单控件。该控件将提供互斥的一组选项列表供用户选择，在弹出菜单的右侧有一向下的箭头，单击后显示所有的对象列表，属性 String 用于接受对象名，属性 Value 将返回选中的对象在对象列表中的下标。

　　▨　在图形界面中添加坐标轴控件。只有在图形界面中添加坐标轴对象之后，才能够接受有关的图形信息，该控件对象的属性设置与坐标轴对象的属性完全相同，这里不再赘述。

　　GUI 向导编辑器也提供了菜单和工具栏操作，但较为简单，这里不详细介绍。

4.8.2　GUI 向导设计

　　4.8.1 节中简单地介绍了 MATLAB 语言中的 GUI 向导设计器，以及在 GUI 向导设计中常用到的几个 GUI 设计工具，本节着重介绍在 MATLAB 语言中如何通过向导完成 GUI 设计。

　　一个完整的 GUI 设计包括两个步骤，首先是图形界面的结构设计，初步构建整个图形界面的布局，并对其中的控件、菜单进行必要的设置，菜单事件的响应函数也可以在这一步中设计；完成结构设计之后，是最为重要的功能设计，为菜单、控件或通用事件编辑响应，具体实现图形界面的各种功能。

　　GUI 设计是相当复杂的，本节只给出一个简单的示例说明设计过程和方法。在图形界面中设置两个菜单来完成二维绘图和三维绘图功能，两者均由三个子菜单构成，来具体实现各种绘图要求，同时图形将绘制在指定的位置上，并且建有鼠标右键工具包，提供退出操作，在该图形界面中还要设计一个弹出菜单，供用户完成图形的颜色和影响控制，提供了两个按钮以完成网格显示与隐藏的操作，最后还有一个按钮用来退出图形窗口。

　　首先，打开菜单编辑器为图形窗口设计工作菜单，计划设置两个一级菜单，分别执行二维绘图和三维绘图功能，二维绘图中包含三个二级菜单，分别执行"绘制直线段"、"绘制饼形图"以及"绘制矢量图"等命令，而三维绘图菜单中也包含三个二级菜单，分别执行"绘制三维网格图"、"绘制 MATLAB 图标"以及"绘制三维等高线图"等命令。

　　具体的图形界面菜单设计过程如下。

　　步骤一　单击【New Menu】按钮，建立新的一级菜单，在各文本框中按如下方式填写：

```
Label:'2D_D&raw'                    % 字符前加&可以设置快捷方式
Tag:'2D_Draw'
Callback:
```

　　步骤二　单击【New Menu Item】按钮，建立新的子菜单（二级菜单），然后填写：

```
Label:'&Plot'
Tag:'Plot_Line'
```

```
Callback: tt('menu_2D_Draw_Plot_Callback',gcbo,[],guidata((gcbo))' % 函数形
式响应事件
```

步骤三　选择【2D_D&raw】选项，单击【New Menu Item】按钮，建立另外的新子菜单（二级菜单），然后填写：

```
Label:'P&ie'
Tag:'Pie'
Callback:'pie([1,2,3,4])'    % 命令形式响应事件
```

步骤四　再次选择【2D_D&raw】选项，单击【New Menu Item】按钮，建立第三个新的子菜单（二级菜单），然后填写：

```
Label:'&Feather'
Tag:'Feather'
Callback:tt('menu_2D_Draw_Feather_Callback',gcbo,[],guidata（gcbo）)
```

步骤五　单击【New Menu】按钮，建立另外一个新的菜单（一级菜单），然后在文本框中按如下方式填写：

```
Label:'3D_Dr&aw'
Tag:'3D_Draw'
Callback:''
```

步骤六　选择新建的【3D_Dr&aw】选项，单击【New Menu Item】按钮，建立该菜单新的子菜单（二级菜单），然后填写：

```
Label:'&Mesh'
Tag:'Mesh'
Callback: tt('menu_3D_Draw_Mesh_Callback',gcbo,[],guidata（gcbo）)
```

步骤七　选择【3D_D&raw】选项，单击【New Menu Item】按钮，建立该菜单另一个新的子菜单（二级菜单），然后填写：

```
Label:'M&embrane'
Tag:'MATLAB '
Callback:tt('menu_3D_Draw_Membrane_Callback',gcbo,[],guidata（gcbo）)
```

步骤八　再次选择【3D_D&raw】选项，单击【New Menu Item】按钮，建立该菜单第三个新子菜单（二级菜单），然后填写：

```
Label:'&Contour3'
Tag:'Contour3'
Callback:tt('menu_3D_Draw_Contour3_Callback',gcbo,[],guidata（gcbo）)
```

按设计思路完成两级菜单设置后，关闭菜单编辑器。

接下来编辑鼠标右键工具包，单击【New Content Menu】创建新的工具包，然后填写：

```
Tag: 'Exit'
Callback:'quit'
```

继续上面的示例并借此讨论 GUI 向导设计器在图形界面中设置控件的方法。

回到 GUI 面板，单击坐标轴控件，然后在图形界面中再次单击某一恰当的位置，这时将

在该位置上为图形界面添加一坐标轴控件，以控制图形在图形界面中的显示位置；然后，再用同样的方式在所编辑的图形界面中添加 1 个静态文本、1 个弹出菜单及 3 个按钮。

布置完所设计图形界面的基本控件后，接下来应对各控件设置相关属性，以完善界面功能，最快捷的启动控件属性编辑器的方法是双击该控件。

设置坐标轴控件的属性时，一般将属性 Xgrid，Ygrid 以及 Zgrid 设置为 Off。

将弹出菜单的 Max 属性设置为 8，表明将为该图形界面提供 8 种颜色映像的服务。

最后，分别将按钮控件的 String 设置为 Grid On，Grid Off 以及 Exit 等。

通过 Shift 键可以复选多个控键，然后再双击即可打开多控件属性设置器，在这里设置按钮的大小以及按钮标签的字体和大小。

接下来通过对齐编辑器为各控件进行界面布置，具体操作此处不做详细介绍。

完成了控件的布局之后，也就完成了整个图形界面的结构设计，而接下来的则是更为重要的功能设计，也即菜单、控件的事件反应。实际上，在前面的设计过程中，已经完成了菜单事件反应的设计，比较而言，控件反应事件的设计更为复杂一些。

首先，设置 GUI 面板的初始响应函数，可以在 GUI 面板中单击鼠标右键打开工具包，选择其中的初始响应函数（Edit CreatFcn），定义如下事件：

```
my_colormap={'hot(80)', 'pink', 'cool', 'winter', 'gray', 'copper', 'prim', 'hsv'}
set(h_string, 'String', my_colormap)
```

对弹出菜单的各选项进行设置，单击右键打开弹出菜单的工具包，选择其中的响应事件选项（Edit Callback），定义弹出菜单的响应事件：

```
Value=get(gcbo, 'Value')
String=get(gcbo, 'String')
colormap(String{Value})
```

接下来对 Grid On 按钮进行反应事件设计：

```
if get(gcbo, 'Value')
h_axes=findobj('Tag', 'Axes1')
set(h_axes, 'XGrid','on' 'YGrid' 'on' 'ZGrid' 'on')
end
```

相应的 Grid Off 按钮的反应事件为：

```
if get(gcbo,'Value')
h_axes=findobj('Tag','Axes1')
set(h_axes,'XGrid','off','YGrid','off','ZGrid','off')
end
```

而 Exit 按钮的反应事件为：

```
close(gcbf)
quit
```

至此，就完成了一个简单的图形用户界面的设计，此时的界面如图 4.67 所示，选择保存图形界面时，MATLAB 将把该图形界面保存于文件 tt.fig 和 tt.m 中，可以根据应用设置选择保存方式，其中，图形文件将保存 GUI 面板以及相应控件、菜单设计，M 文件则保存程序代码。另外，值得注意的是，该 GUI 示例需要用到对句柄操作的响应，这也需要在应用设置中选择。

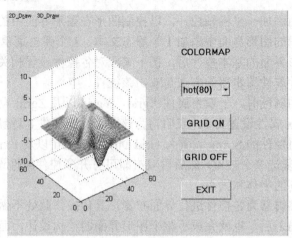

图 4.67　简单的图形用户界面

4.8.3　GUI 程序设计

GUI 的设计也可以由 MATLAB 语言程序设计得到，下面给出上一节中所设置的用户图形界面的 MATLAB 程序源代码。

```
function varargout = tt(varargin)
% 函数头
% GUI 容错信息
if nargin == 0
    fig = openfig(mfilename,'reuse')
    set(fig,'Color',get(0,'defaultUicontrolBackgroundColor'))
    handles = guihandles(fig)
    guidata(fig, handles)
    if nargout > 0
        varargout{1} = fig
    end
elseif ischar(varargin{1})
    try
        [varargout{1:nargout}] = feval(varargin{:})
    catch
        disp(lasterr)
    end
end
% 初始化定义
my_colormap={'hot(80)','pink','cool','winter','gray','copper','prim','hsv'}
set(h_string,'String',my_colormap)
% 按钮 GRID ON 响应事件
function varargout = pushbutton1_Callback(h, eventdata, handles, varargin)
if get(gcbo,'Value')
h_axes=findobj('Tag','axes1')
set(h_axes,'XGrid','on','YGrid','on','ZGrid','on')
end
% 按钮 GRID OFF 响应事件
function varargout = pushbutton2_Callback(h, eventdata, handles, varargin)
```

```
if get(gcbo,'Value')
h_axes=findobj('Tag','axes1')
set(h_axes,'XGrid','off','YGrid','off','ZGrid','off')
end
% 按钮 EXIT 响应事件
function varargout = pushbutton3_Callback(h, eventdata, handles, varargin)
close(gcbf)
quit
% 弹出菜单响应事件
function varargout = popupmenu1_Callback(h, eventdata, handles, varargin)
Value=get(gcbo,'Value')
String=get(gcbo,'String')
colormap(String{Value})
% 菜单的响应事件
function varargout=menu_2D_Draw_Plot_Callback(h,eventdata,handles,varargin)
plot([1,2],[3,4])
set(gca,'Tag','axes1')
function varargout=menu_2D_Draw_Feather_Callback(h,eventdata,handles,varargin)
feather(eig(randn(20,20)))
set(gca,'Tag','axes1')
function varargout=menu_3D_Draw_Mesh_Callback(h,eventdata,handles,varargin)
mesh(peaks)
set(gca,'Tag','axes1')
function varargout=menu_3D_Draw_Membrane_Callback(h,eventdata,handles,varargin)
membrane
set(gca,'Tag','axes1')
function varargout=menu_3D_Draw_Contour3_Callback(h,eventdata,handles,varargin)
contour3(peaks,20)
set(gca,'Tag','axes1')
```

以上即是简单的图形界面的程序代码。

在 MATLAB 语言中的 GUI 设计中，还常用到的两个函数是 uimenu 和 uicontrol。下面详细介绍这两个函数的具体应用方法。

函数 uimenu 是用于设计 GUI 菜单的函数，其常用的调用格式如下：

➢ uimenu('属性 1', '属性值 1', '属性 2', '属性值 2', …)

通过该方式的调用将创建新的菜单，并且菜单的各属性将被赋以指定的数值，这里应当指出，并不是所有的菜单属性都必须在输入参数中给出，其中较为重要的是，在菜单编辑器中要求输入的三个属性，即 Label，Tag 和 Callback。

（1）Label 属性将为菜单进行标注，在使用该图形界面时显示菜单的作用，如果要为菜单设计快捷键，也应在此设置，该属性的默认值为 uimenu。

例如，创建 plot 菜单，并将快捷键设定为 Alt+P，则使用如下命令：

```
h1=uimenu('Label', '&plot')
```

（2）Tag 属性是程序过程中的内部识别标注，一般常用于程序设计的调用过程，其默认值为 uimenu1。

例如，创建 plot 菜单，将快捷键设定为 Alt+P，并且内部标注为直线段，则使用如下命令：

```
h1=uimenu('Label', '&plot', 'Tag', '直线段')
```

（3）Callback 属性为所设计的菜单设置反应事件，其默认值为""。

例如，创建 plot 菜单，将快捷键设定为 Alt+P，并且反应事件为 plot([1, 2], [3, 4])，则使用如下命令：

```
h1=uimenu('Label', '&plot', 'Callback', 'plot([1,2],[3,4] );')
```

这时，菜单反应事件被设置为绘制从（1,3）到（2,4）的直线段，当菜单项被选中后，就会在指定区域或默认区域内绘制该直线。

此外，在菜单被选中时，可以采用不同的颜色来标识，控制该功能的属性为 Checked，当属性值被设定为 On 时，菜单使用时会以不同的颜色标识出。该属性的默认值为 Off。

通过属性 Position，可以设置菜单的排列顺序，一般来说，左数第一个菜单的 Position 属性值为 1，而第二个菜单的 Position 属性值为 2，依此类推，用户可以通过对该属性的设置完成菜单在菜单栏中位置的设定，该属性的默认值为 1。

当一个菜单中包含多个子菜单时，可以使用分隔符，从而使菜单的层次结构更加清晰，对它的控制是由属性 Separator 来完成的，当该属性被设置为 On 时，将在当前菜单之上加置一分隔符。该属性的默认值为 Off。

同时，还可以对菜单的显示字符的字体、大小颜色以及菜单背景颜色等进行设置。

上面的介绍没有提供创建子菜单的方法，如果要在一个菜单下创建相应的子菜单，应当使用函数 uimenu 的第二种调用格式。

➢ uimenu（h, '属性名 1', '属性值 1', '属性名 2', '属性值 2', …）

该格式的调用将在以 h 作为句柄的菜单下建立一个子菜单，并且各属性值由后续的输入来确定。当 h 为图形句柄时，uimenu 将把该菜单定义为一级菜单，并在显示时置于菜单条中；当 h 为某一菜单项时，uimenu 将把设计菜单定义为该菜单的子菜单，显示时置于其下拉列表中。

下面使用该函数将 4.8.2 节中由向导生成的菜单改为由程序生成，并做适当调整。

步骤一　对系统图形属性加以简单的设置，主要是去除原始菜单项。

【例如】

```
h0=figure('FileName',' F:\MATLAB\R2011b\figure_test2','MenuBar','none',…
   'Tag','Fig2','ToolBar','none')
```

步骤二　逐个设计各菜单项，先对二维绘图菜单进行设置，这其中包括一个一级菜单（2D_D&raw）和三个二级菜单（&plot，p&ie，&feather）。

【例如】

```
h1=uimenu(h0,'Label','2D_Dr&aw','Tag','二维图形绘制')
h1_1=uimenu(h1,'Label','&plot','Tag','直线段',…
   'CallBack','x=0:0.1*pi:2*pi;y=sin(x);plot(X, Y);')
h1_2=uimenu(h0,'Label','p&ie','Tag','柄状图',…
   'CallBack','x=[1,2,3,4];pie(x);')
h1_3=uimenu(h0,'Label','&feather','Tag','矢量图',…
   'CallBack','A=randn(20,20);v=eig(A);feather(v);')
```

步骤三　对图形界面中的三维绘图菜单进行设置，也包含一个一级菜单（3D_Dr&aw）和三个二级菜单（&mesh，m&mbrane，&contour3）。

```
h2=uimenu(h0,'Label','3D_Dra&w','Tag','三维图形绘制')
h2_1=uimenu(h2,'Label','&mesh','Tag','三维网格图',…
```

```
    'CallBack','[X, Y,Z]=peaks;mesh(X, Y,Z);')
h2_2=uimenu(h2,'Label','m&embrane','Tag','MATLAB 标志图',…
    'CallBack','membrane;')
h2_3=uimenu(h2,'Label','contour3','Tag','三维等高线图',…
    'CallBack','contour3（peaks,20）')
```

通过上述程序代码，将生成如前一节中示例的图形界面，值得注意的是，在 CallBack 属性中，不再是简单的一句程序代码，而是多程序代码的集合，要理解这一点应当从该属性的实现考虑，在图形界面调用过程中，如果选中某一菜单操作时，系统对其的响应将把属性 CallBack 的属性值调出，由 eval 函数执行，而该函数的输入参数为一字符串，并不规定程序代码的多少，所以，通过字符串的引入可以完成任意的操作。

函数 uicontrol 被用来在图形窗口中建立控件，其常用的调用格式如下：

➢ uicontrol('属性 1', '属性值 1', '属性 2', '属性值 2', ……)

可以看到实际上该函数也只是对图形对象进行属性设置，以实现定义控件的作用，所不同的是，与其他的图形对象相比，MATLAB 语言所提供的 GUI 设计控件的属性 Style 具有各自独特的属性值。

下面将给出 4.8.2 节示例中图形界面各控件的程序设计。

步骤一　对坐标轴进行设置，与示例中不同的是这里把坐标设置为不可见，并且指定了坐标轴在图形界面的显示位置。

```
h3=axes('Parent',h0,…
    'Position','[0.1,0.1,0.1,0.1]', …
    'Tag','Axes', …
    'Visible','off', …
    'XColor',[0 0 0], …
    'XGrid','on', …
    'YColor',[0 0 0], …
    'YGrid','on', …
    'ZColor',[0 0 0], …
    'ZGrid','on')
```

在对坐标轴对象进行设置时，要考虑到坐标轴对象的 Xlabel，Ylabel 和 Zlabel 属性是被用以保存各坐标轴的句柄的，而此时坐标轴句柄未知，所以，必须采用某种方法以得到相应的句柄。可以采用先定义再添加到坐标轴的方法实现，具体如下：

```
h3_1 = text('Parent',h3, …
    'Color',[0 0 0], …
    'Position',[0.5 0.0 10], …
    'Tag','Axes1Text1', …
    'VerticalAlignment','cap')
set(get(h3,'Parent'),'XLabel',h3_1)
h3_2 = text('Parent',h3, …
    'Color',[0 0 0], …
    'Position',[0.5 0.0 10], …
    'Tag','Axes1Text1', …
    'VerticalAlignment','cap')
set(get(h3,'Parent'),'YLabel',h3_2)
h3_3 = text('Parent',h3, …
    'Color',[0 0 0], …
    'Position',[0.5 0.0 10], …
    'Tag','Axes1Text1', …
```

```
    'VerticalAlignment','cap')
  set(get(h3,'Parent'),'ZLabel',h3_3)
```

步骤二 对静态文本控件进行设置，将 Style 属性设置为 text，这说明该控件为静态文本控件。

```
h4 = uicontrol('Parent',h0, …
    'Units','points', …
    'BackgroundColor',[0.8 0.8 0.8], …
    'FontSize',14, …
    'ListboxTop',0, …
    'Position',[315 245.25 65.25 21], …
    'String','colormap', …
    'Style','text', …
    'Tag','StaticText1')
```

步骤三 将通过程序定义弹出菜单控件，弹出菜单对象的 Style 属性为 listbox。

```
h5 = uicontrol('Parent',h0, …
    'Units','points', …
    'BackgroundColor',[1 1 1], …
    'Callback',mat4, …
    'FontSize',14, …
    'Max',8, …
    'Position',[315 201 65.5 24], …
    'String',mat5, …
    'Style','listbox', …
    'Tag','Listbox1', …
    'Value',1)
```

而按钮控件 Grid On，Grid Off，Exit 的设计方法与上述几种类似，只是其 Style 属性为 pushbutton。

```
h6 = uicontrol('Parent',h0,…
    'Units','points',…
    'BackgroundColor',[0.8 0.8 0.8],…
    'ButtonDownFcn','',…
    'Callback',mat6,…
    'FontSize',14,…
    'ListboxTop',0,…
    'Position',[315 157.5 66 23.25],…
    'String','Grid On',…
    'Style','bushbutton',…
    'Tag','Pushbutton1')
h7 = uicontrol('Parent',h0,…
    'Units','points',…
    'BackgroundColor',[0.8 0.8 0.8],…
    'Callback',mat8,…
    'FontSize',14,…
    'ListboxTop',0,…
    'Position',[315 114 65.5 24],…
    'String','Grid Off',…
    'Style','bushbutton',…
```

```
            'Tag','Pushbutton3')
h8 = uicontrol('Parent',h0,…
        'Units','points',…
        'BackgroundColor',[0.8 0.8 0.8], …
        'Callback',mat7,…
        'FontSize',14,…
        'ListboxTop',0,…
        'Position',[315 70.5 66.75 23.25],…
'String','Exit',…
'Style','bushbutton',…
        'Tag','Pushbutton2')
```

　　以上的程序将完成对图形界面窗口的设计，当然也可以使用程序在图形界面中设计其他的控件，表 4.17 给出了 MATLAB 语言的 GUI 控件的 Style 属性值，通过设定不同的属性值可以构建不同的图形界面控件。

表 4.17　MATLAB 语言中 GUI 控件的 Style 属性值

控 件 名	相应的 Style 的属性值	控 件 名	相应的 Style 的属性值
静态文本控件	text	文本框控件	edit
列表框控件	listbox	弹出式菜单控件	popupmenu
复选框控件	checkbox	单选按钮控件	radiobutton
滚动条控件	slider	图文框控件	frame
按钮控件	push		

　　介绍图形界面就必须提到图形对话框，这是因为目前的图形界面均以 Windows 界面为模板，所以，在许多操作中都要用对话框进行操作，下面简要介绍在 MATLAB 语言中如何调用对话框来执行操作。

　　表 4.18 列出了 MATLAB 语言中常用到的对话框。

表 4.18　MATLAB 语言中的对话框

函　数	说　明	函　数	说　明
dialog	创建对话框	uigetfile	打开文件对话框
axlimdlg	坐标限对话框	uiputfile	存储文件对话框
errordlg	错误提示对话框	uisetcolor	颜色选择对话框
helpdlg	帮助对话框	uisetfont	字体选择对话框
inputdlg	输入对话框	pagedlg	纸张位置对话框
listdlg	列表选择对话框	pagesetupdlg	纸张设置对话框
msgbox	信息对话框	printdlg	打印对话框
questdlg	问题对话框	waitbar	等待时间条
warndlg	警示对话框	printpreview	打印预览对话框

　　下面简单介绍其中的几个常用对话框。

　　信息对话框是在图形界面中常用的对话框，其常用的调用格式如下：

➢　mesgbox('显示信息')

　　调用后可以建立一个信息对话框，在对话框中显示输入的信息。

【例如】

```
msgbox ('This is an example of msgbox!')
```

结果如图 4.68 所示。

此外，信息对话框的调用还可以使用以下模式：

➢ msgbox('显示信息', '标题', '图标')

此时，输入项"图标"将给出各种可在信息对话框中使用的图标，其中包括 Error（错误信息图标）、Help（帮助图标）、Warn（警告图标）以及 Custom（自定义图标）等，默认情况为 None（无图标）。

【例如】

```
msgbox('This is an example of mesgbox!','msgbox','warn')
```

结果如图 4.69 所示。

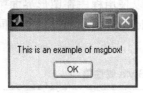

图 4.68　信息对话框　　　　　　　　　　　图 4.69　信息对话框

几乎所有的图形窗口都会有打开文件对话框和保存文件对话框，在 MATLAB 语言中实现这两个对话框的函数分别为 uigetfile 和 uiputfile。下面详细介绍这两个函数的调用方法。

uigetfile 函数的调用格式如下：

➢ [filename, pathname]=uigetfile('初始显示的文件名或文件类型', '对话框标题')

这里第一个输入参数为在对话框中初始显示的文件名或文件类型，第二个输入参数为该对话框的标题，返回参数为打开的文件名以及该文件的存储路径。

【例如】

```
[filename, pathname]=uigetfile('*.m', '当前的M文件')  %打开文件对话框如图4.70所示
filename =
figure_test.m                      %返回打开的文件名
pathname =
F:\MATLAB\R2011b\bin               %返回打开文件的路径
```

图 4.70　打开文件对话框

函数 uiputfile 的调用格式为：

➢ [filename, pathname]=uiputfile('初始显示的文件名或文件类型', '对话框标题')

输入参数的含义与函数 uigetfile 相同，返回值将返回存储的文件名和存储路径。

【例如】 保存文件对话框，如图 4.71 所示。

图 4.71　保存文件对话框

```
[filename, pathname]=uiputfile('*.m', '当前的 M 文件')
filename =
        test1.m                    %返回保存文件名
pathname =
        F:\MATLAB\R2011b\bin       %返回保存文件的路径
```

以上介绍了 GUI 设计的基本方法，在实际应用过程中可以借助在线帮助获得更为丰富的信息，制作出更为有效的用户图形界面。

4.9　动　　画

在 MATLAB 中实现动画有多种形式，在后面的章节中还有更详细的介绍，本节中将主要介绍一种最简单的生成 AVI 动画的方法。生成 AVI 动画主要由 avifile 函数完成，它的一般调用格式为：

```
aviobj=avifile(filename)
```

这种调用格式的功能是在默认参数下生成一个以 filename.avi 为文件名的 AVI 动画，更为全面的调用格式为：

```
aviobj=avifile(filename, 'propertyname', value, 'propertyname', value, ….)
```

其中，propertyname 代表属性名称，value 代表属性值。Avifile 函数的属性主要包括以下几个。

➢ fps　用来设置 AVI 动画每秒的帧数，默认值是 15。

➢ compression　用来设置压缩格式，可以是'Indeo3', 'Indeo5', 'Cinepak', 'MSVC', 'RLE' 或者'None'，默认值是'Indeo3'.

➢ quanlity　用来设置压缩品质，其值为 0 到 100 的自然数，默认值为 75。

➢ keyframe　用来设置关键帧数，默认值为 2。

另外，avifile 的属性值还可以用 MATLAB 的结构数组来设置，例如，设置 Quality 属性的值为 100，可以用下面的语句：

```
aviobj = avifile(filename)
aviobj.Quality = 100;
```

下面通过一个例子来具体说明动画功能的使用。

【例 4.41】　动画功能演示。

这是一个来自科研中的实例，所显示的是某喷管出口处速度变化规律，程序如下，关于具体数值处理的部分有所删略。

```
xxxvalue;                              %设置 xxx 的数据文件(此处略)
aviobj = avifile('myavi.avi','fps',5);  %设置动画文件名及属性
aviobj.Quality = 100;                   %设置动画质量
x=[0,0.5:1:9.5,10];                     %数据处理
x0=zeros(1,12);                         %数据处理
test=0:0.1:10;                          %数据处理
% 设置动画循环次数
for iii=1:2
% 设置每次循环绘制图面帧数
for k=1:40
y=xxx(:,2+(k-1)*4)';                    %数据处理
yy=rot90(Y);                            %数据处理
yy=yy';                                 %数据处理
yyy=[0,y,yy,0];                         %数据处理
a=polyfit(x,yyy,6);                     %数据处理
y1=a(7)+a(6)*test+a(5)*test.^2+a(4)*test.^3+a(3)*test.^4+a(2)*test.^5+a(1)*test.^6;
h = plot(test,y1,x,x0,'LineWidth',1.7) ; %绘制图像
xlim([0 10]);                           %设置图面长度
ylim([-90 90]);                         %设置图面宽度
frame = getframe(gca,[-40,-40,600,460]); %获取图面句柄
aviobj = addframe(aviobj,frame);        %增加一帧图面
end
end
aviobj = close(aviobj);
```

执行这个文件之后，在当前目录下生成一个 **myavi.avi** 的动画文件，图 4.72 显示了中间某一时刻的图像。

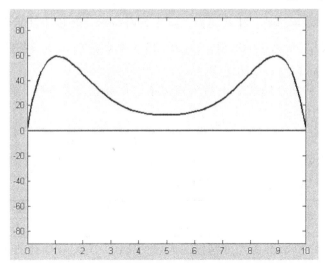

图 4.72 动画演示中某一时刻的图像

习　题

1．利用 plot 函数绘制 $y_1 = \sin(x)$ 和 $y_2 = \cos(x)$ 的图像，x 的步长取 0.1，要求：

（a）横坐标范围$[0\ 2\pi]$，纵坐标范围$[-1.5\ 1.5]$；

（b）$y_1 = \sin(x)$ 使用蓝色实线，$y_2 = \cos(x)$ 使用红色虚线；

（c）显示图形四周坐标轴以及坐标网格。

2．试绘制 $y = \sin(x)$ 的图像，要求：

（a）取 $x = 0 : \dfrac{\pi}{100} : 2\pi$，用 plot 函数作出 $y(x)$ 的曲线，红色实线，线宽为 2；

（b）保持图像，在 x 的基础上间隔 5 点取值，作出 $y(x)$ 的散点图，使用圆形标识，大小设为 12，内部填充蓝色，周围线条设为黑色。

3．已知一组测试数据如下：

测试组	1	2	3	4	5	6	7
测试值	1.3	1.6	1.8	2.1	1.7	1.5	1.8
标准差	0.05	0.15	0.3	0.4	0.2	0.3	0.1

试用 errorbar 函数作出测试结果图，要求：

（a）测试值采用红色叉号（×）标记；

（b）显示四周坐标轴。

4．利用 plotyy 函数绘制 $y_1 = 1000\exp(-0.005t)$ 和 $y_2 = \sin(0.005t)$，要求：

（a）t 取$[0,900]$；

（b）y_1 对应左端纵坐标"Semilog Plot"，并且使用指数坐标，y_2 对应右端纵坐标"Linear Plot"，并使用线性坐标；

（c）y_1 使用蓝色虚线，y_2 使用红色实线，线宽设为 2；

（d）显示左侧指数坐标的坐标网格。

5. 已知函数 $\psi(x) = \zeta \exp\left[\alpha\left(|x|-1\right)\right]$，其中 $x \in [-1,1]$，按以下要求作图：

  （a）分别取 $[\zeta,\alpha]$ 为 $[-0.05,5]$，$[-0.05,20]$，$[-0.1,20]$，将三条曲线作在同一张图上，并用不同颜色的实线标注；

  （b）在对应曲线合适位置用箭头和文本进行标注，文本格式为（以 $[-0.05,5]$ 为例）"$\psi = -0.05\exp\left[5\left(|x|-1\right)\right]$"。

  （c）横坐标为 "x"，纵坐标为 "ψ"，均为 24 号加粗斜体。

6. 利用 polar 函数在极坐标下画出函数 $y = \sin(x)$ 在 $(0,2\pi)$ 间的图像，x 的步长取 $\pi/100$。

7. 某国 2007 年到 2011 年的人口数据如下：

年份	2007	2008	2009	2010	2011
人口（百万）	9	14	17	13	18

  试用 bar 函数和 barh 函数分别作出人口变化图，并组成横排的子图。

8. 已知函数 $G = \sqrt{\dfrac{1}{x^2 + y^2}}$，其中 $x = 2t-1$，$y = 2at$。取 $t \in [-1,1]$，横纵坐标均使用指数坐标，将 a=0.01, 0.02, 0.05, 0.1, 0.2, 0.5, 1 时的 $G(t)$ 用实线画在同一张图上，并且用不同颜色标注。

9. 美国 1860 年至 2000 年不同年龄段人口数据（单位：）如下：

年代	1870	1880	1890	1900	1910	1920	1930
<5	5.51	6.92	7.68	9.20	10.7	11.5	11.4
5-19	13.6	17.2	21.3	24.5	28.0	31.5	36.2
20-44	13.6	18.0	23.2	28.6	35.9	40.6	47.0
45-64	4.59	6.32	8.25	10.4	13.4	17.0	21.4
>64	1.16	1.70	2.45	3.12	3.95	4.97	6.63
年代	1940	1950	1960	1970	1980	1990	2000
<5	10.5	16.1	20.3	17.1	16.3	18.9	19.1
5-19	34.8	35.0	48.6	59.9	56.2	53.0	61.3
20-44	51.2	56.7	57.7	64.4	84.0	99.7	104
45-64	26.1	30.6	36.0	41.9	44.4	46.3	61.3
>64	8.95	12.2	16.5	19.9	25.6	31.1	34.9

  试用 area 函数作不同年龄段人口随年代变化图，要求

  （a）横坐标设为"Years"，纵坐标设为"Population in Millions"；

  （b）colormap 采用 winter；

  （c）在图片左上角放置图例标注。

10. 参考第 9 题中的数据，用 pie 命令作出 2000 年美国人口年龄构成的饼图。

11. 以下是一名学生某个月消费的账单：

支出种类	饮食	衣服	通讯	学习用品	休闲娱乐	总计
支出额（元）	600	200	60	80	200	1140

  试使用饼图显示该学生该月的消费情况，要求：

  （a）支出额最大的种类突出显示；（提示：explode 属性）

  （b）添加图注。

（c）在合适位置标注总支出额。

12. 已知某校 MATLAB 课的成绩统计如下：

分数段	0-60	60-70	70-80	80-90	90-100
人数	1	2	5	15	20

试用 hist 函数作出分数分布的直方图，要求：

（a）图片标题为"MATLAB 课成绩统计图"；

（b）横坐标为"分数段"，纵坐标为"人数"。

13. 设振动曲线方程为 $y = e^{-at} * \sin(wt)$，$a = 2, w = 3$。完成以下操作。

（a）利用 plot 函数画出方程在（0,10）区间内的曲线，步长取 0.01，横坐标为"time"，纵坐标为"displacement"。

（b）用 max 和 min 函数求出曲线的最大值和最小值及其位置(t_max,y_max), (t_min, y_min)，在曲线上用红色，大小 20 的圆点标出('r.','MarkerSize',20)，并在 (t_max+0.2，y_max+0.02)和(t_max+0.2，y_max−0.02)的位置上用 text 函数标出最大最小值点的坐标。

14. 变量 x, y 数据如下：

x	y	x	y	x	y
0	0.1	14	2.022	28	0.4308
2	1.884	16	2.65	30	0.203
4	2.732	18	1.5838	32	0.1652
6	3.388	20	1.35	34	−0.073
8	3.346	22	1.0082	36	−0.002
10	3	24	0.718	38	−0.1122
12	2.644	26	0.689	40	0.106

（a）在同一幅图上以空心圆点做出 x, y 的散点图（红色空心圆点），并采用 polyfit 函数和 polyval 函数拟合 x, y 到 6 次，作出拟合曲线（蓝色实线）。

（b）将拟合曲线的系数用 ceil 函数保留到小数点后 8 位，用 subplot 函数将两次的拟合函数作成上下分布的子图。

15. 某生物器件的响应与时间的关系可以用以下方程（一阶模型与二阶模型）描述，其中 v 是输出电压，t 是时间，随着 t 的增大，电压趋于稳定值，T 是电压达到稳态值的 95% 时所用的时间。

$$v(t) = a_1 + a_2 e^{-3t/T} \quad \text{(First-order model)}$$
$$v(t) = a_1 + a_2 e^{-3t/T} + a_3 t e^{-3t/T} \quad \text{(Second-order model)}$$

以下数据是某个器件的响应与时间关系的数据，可以认为 $T=3$。分别用以上模型拟合得到未知系数并作出曲线（数据点用空心圆点，一阶拟合曲线用实线，二阶拟合曲线用点画线）。

t(sec)	0	0.3	0.8	1.1	1.6	2.3	3
v(volts)	0	0.6	1.28	1.5	1.7	1.75	1.8

16. 抛物线 $y=x^2$ 的参数方程为 $x=t, y=t^2$，在 (t,t^2) 点，垂直抛物线的直线满足

$y - t^2 = -\dfrac{1}{2t}(x-t)$，在[-2,2]*[-1,3]的方形区域内画出抛物线和一定数量（60～100）垂线，观察包络线的形状。

17. 下表给出了 1930 年各国人均年消耗的烟以及 1950 年男子死于肺癌的死亡率（注：研究男子的肺癌死亡率是因为在 1930 年左右几乎极少有妇女吸烟，记录 1950 年的肺癌死亡率是因为考虑到吸烟的效应要有一段时间才能显现）。

各国烟消耗量与肺癌人数

国　　家	1930 年人均烟消耗量	1950 年每百万男子死于肺癌人数
澳大利亚	480	180
加拿大	500	150
丹麦	380	170
芬兰	1100	350
英国	1100	460
荷兰	490	240
冰岛	230	60
挪威	250	90
瑞典	300	110
瑞士	510	250
美国	1300	200

（a）画出该数据散点图；

（b）该散点图是否表明在吸烟多的人中间肺癌死亡率较高？

18. 螺旋线的参数方程为 $\begin{cases} x = a\cos(t) \\ y = a\sin(t) \\ z = bt \end{cases}$，a=1，t 在 $(0,10\pi)$ 间，分别取 b=0.1，0.2，-0.1，

作出螺旋线的三维图，并将子图排布成一列。

19. 使用简易作图命令 ezcontour 完成函数 $z = \sin(x) + \cos(y)$ 在区域 $[-2\pi, 2\pi] \times [0, 4\pi]$ 上的等值线图。

20. 利用 MATLAB 内置的 topo.mat 数据，生成地球的二维等高线图，要求：

（a）在海拔从 0 到最大海拔间显示 10 条等高线；

（b）横坐标（经度）在[0,360)间，纵坐标（纬度）在[-90,90)间（注意根据 topo 的数据大小生成坐标数组）；

（c）保持坐标轴刻度相等；

（d）显示图形四周坐标轴；

（e）使用 topomap1 作为 colormap。

21. 仿照第 20 题，使用 surface 函数生成三维的地球表面海拔分布图，要求：（提示：使用 sphere 函数生成球面坐标）

（a）surface 对象的 Facecolor 属性设为 Texturemap；

（b）surface 对象的 egdecolor 属性设为 none，facealpha 属性设为 texture，alphadata 属性设为 topo；

（c）不显示坐标轴，并设为 vis3d；

（d）使用 topomap1 作为 colormap；

（e）显示 colorbar。

22. 利用 peaks 函数生成一个 50×50 的矩阵，并用 contourf 函数作出生成矩阵的云图，要求：

（a）云图包含 10 个颜色等级；

（b）使用 spring 色图；

（c）添加颜色标尺。

23. 利用 peaks 函数生成一个 50×50 的矩阵，改变视点，分别输出沿-x 方向，-y 方向，-z 方向观察的结果。

24. 边长为 2 的正方形区域的中心（1,1）处的温度为 80°C，区域内的温度分布满足：

$$T = 80\mathrm{e}^{-(x-1)^2}\mathrm{e}^{-3(y-1)^2}$$

将区域划分成 100*100 的网格，用 surface 和 contour 函数做出温度分布。

25. 在第 1 题的基础上使用句柄语句完成以下操作：

（a）获取曲线 y_1，y_2 的句柄；（提示：findobj(gca,'Type','Line')）

（b）将 y_1，y_2 的线宽改为 2；（提示：Linewidth 属性）

（c）将 x 轴的坐标间隔改为 0.5，y 轴的坐标间隔改为 0.2；（提示：axes 的 Xtick，Ytick 属性）

（d）将图片背景色改为白色。（提示：figure 的 color 属性）

26. 利用 MATLAB 内置的 mri.mat 生成四维表现图，要求：

（a）分别在 z=15，x=75，y=75 平面上切片；

（b）使用 mri.dat 内的 map 作为 colormap；

（c）shading 属性设置为 interp。

注意，读入的 mri.dat 中的数组 D 为四维整数数组，可以使用 squeeze 函数将长度为 1 的维度去掉，降为三维数组，并且需要转化成浮点数类型。

27. 使用 imageext 查看 MATLAB 内置的图片库，并尝试改变 colormap 查看效果。

28. 输入命令 teapotdemo，调整视角、光照位置、光照效果、表面模式等，观察效果。

29. 利用 surf 函数生成函数 $z = \dfrac{\sin\left(\sqrt{x^2+y^2}\right)}{\sqrt{x^2+y^2}}$ 在区域 $[-6\pi,6\pi]\times[-6\pi,6\pi]$ 上的图像，并完成以下操作：

（a）设定视点位置为（0,75）；

（b）将 shading 设定为 interp；

（c）建立一个位置为（-45,30）的光源；

（d）使用句柄语句完成以下设定：（1）图形对象的 Renderer 属性设为 zbuffer；（2）surface 对象的 FaceLighting 属性设为 phong；（3）surface 对象的 AmbientStrength 属性设为 0.3；（4）surface 对象的 DiffuseStrength 属性设为 0.8；（5）surface 对象的 SpecularStrength 属性设为 0.9；（6）surface 对象的 SpecularExponent 属性设为 25；（7）surface 对象的 BackFaceLighting 属性设为 unlit。

30. MATLAB 内置的图片库在"安装路径\toolbox\images\imdemos"文件夹下,任意选取一张彩色图片,用 MATLAB 读入图片,并转换成灰度图保存。(提示:rgb2gray 函数)

31. 将第 30 题中的灰度图读入,并转换成二值图(仅有黑白两色)。(提示:im2bw 函数)

32. 任意选取一张灰度图片,用 MATLAB 读入图片,改变 colormap 观察图片的变化。

33. 在图形窗口下,MATLAB 中有多种保存图片的方式:

   (a) File→Export Setup→Export;

   (b) File→Saveas;

   (c) Edit→Copy Figure→粘贴到其他程序中。

   试用以上几种方式分别保存第 1 题中的图片。(c)方法导出的图片可以粘贴到 MS Word 中。

34. 在第 1 题的基础上打开 MATLAB 的图形窗口,利用图形界面完成第 25 题中的操作。

35. 利用 GUI 设计工具,设计一个时钟工具,要求:

   (a) 能够显示当前系统时间;(提示:date 函数和 clock 函数)

   (b) 具有简单的计时功能;

   (c) 包含退出按钮。

36. 根据你自己的专业背景,利用 GUI 设计工具,设计一个与你专业相关的程序。要求:

   (a) 实现某个功能;

   (b) 包含退出按钮。

37. 已知一端温度固定的半无限大物体的导热问题解析解为

$$T(x,t) = T_w + (T_0 - T_w)\,\mathrm{erf}\left(\frac{x}{2\sqrt{at}}\right)$$

其中,T 为温度,x 为到固定温度端的距离,t 为时间,T_0 为初始温度,T_w 为固定端温度,a 为热扩散系数。取 $T_0=0°C$,$T_w=30°C$,$a=10^{-6}\ \mathrm{m^2/s}$,$x$ 在[0,1]m 之间,

   (a) 作时间 t=0s, 1000s, 5000s, 10000s, 25000s 时的温度分布图;

   (b) 取时间步长为 100s,制作温度分布随时间变化的动画,输出 GIF 格式文件。

38. MATLAB 内置的函数 comet 和 comet3 可以观察质点沿任意曲线的运动,但是不能录制成动画。参考第 18 题中的螺旋线方程,选取合适的参数 a 和 b,运用 plot 函数制作质点沿螺旋线运动的动画。

39. 任意选取一张彩色图片(或在 MATLAB 图片库中选取),逐渐减少图片中的红色成分,完成一个颜色渐变的动画并输出成 AVI 文件。

40. 任意选取若干张连续变化的图片(或在视频中截取),使用 MATLAB 制作动态图片。

第5章 程序设计

MATLAB 作为一种高级计算语言，它不仅可以如前几章所介绍的那样，以一种人机交互式的命令行方式工作，还可以像 FORTRAN 和 C 等其他高级计算机语言一样进行控制流的程序设计，即编制一种以 m 为扩展名的文本文件，简称 M 文件。而且，由于 MATLAB 本身有许多无法比拟的优点，如语言简单、可读性强、调试容易及调用方便等。因此， MATLAB 语言称为第 4 代编程语言。

5.1 M 文件介绍

5.1.1 M 文件的特点与形式

要说明 M 文件的特点，就得从 MATLAB 本身说起。MATLAB 实质上是一种解释性语言，就 MATLAB（matlab.exe）本身来说，它并不能做任何事情，它就像 DOS 操作系统的 command.com 一样，本身没有实现功能而只对用户发出的指令起解释执行的作用。像前面介绍过的命令行式的操作一样，命令先送到 MATLAB 系统内解释，再运行得到结果。这样就给用户提供了最大的方便。用户可以把所要实现的指令罗列编制成文件，再统一送入 MATLAB 系统中解释运行，这就是 M 文件。只不过此文件必须以 m 为扩展名，MATLAB 系统才能识别。也就是说，M 文件其实是一个像命令集一样的 ASCII（纯文本）码文件。因此 M 文件语法简单，调试容易，人机交互性强。用户可以使用任何字处理软件对其进行编写和修改。正是 M 文件的这个特点造就了 MATLAB 强大的可开发性和可扩展性，Mathworks 公司推出的一系列工具箱就是明证。而正是有了这些工具箱，MATLAB 才能被广泛地应用于信号处理、神经网络、鲁棒控制、系统识别、控制系统、实时工作系统、图形处理、光谱分析、模型预测、模糊逻辑、数字信号处理、定点设置、金融管理、小波分析、地图工具、交流通信、模型处理、LMI 控制、概率统计、样条处理、工程规划、非线性控制设计、QFT 控制设计、NAG 等各个领域。对个人用户来说，还可以利用 M 文件来建造和扩充属于自己的"库"。因此，一个不了解 M 文件、没有掌握 M 文件的 MATLAB 使用者不能称其为一个真正的 MATLAB 用户。

由于商用的 MATLAB 软件用 C/C++语言编写而成。因此，M 文件的语法与 C 语言十分相似。对广大的 C 语言爱好者来说，M 文件的编写是相当容易的。

M 文件有两种形式：命令式（Script）和函数式（Function）。

命令式文件就是命令行的简单叠加，MATLAB 会自动按顺序执行文件中的命令。这样就解决了用户在命令窗中运行许多命令的麻烦，还可以避免用户做许多重复性的工作。

函数式文件主要用以解决参数传递和函数调用的问题，它的第一句以 function 语句为引导。

另外，值得注意的是，命令式 M 文件在运行过程中可以调用 MATLAB 工作域内所有的数据，而且，所产生的所有变量均为全局变量。也就是说，这些变量一旦生成，就一直保存在内存空间中，直到用户执行 clear 或 quit 时为止。在函数式文件中的变量除特殊声明外，均为局部变量。

5.1.2　命令式文件

由于命令式文件的运行相当于在命令窗口（Command Window）中逐行输入并运行命令，因此，用户在编制此类文件时，只需要把所要执行的命令按行编辑到指定的文件中，且变量不用预先定义，也不存在文件名对应问题。但这里要提醒大家注意以下几点。

➢ 标点符号的运用要恰到好处。

➢ 建立好的书写风格，保持程序的可读性。

➢ 不要忘记 m 为文件的扩展名。在低版本的 MATLAB 中，还要注意文件名不可超过 8 位，否则调用时可能会出现问题。

【例 5.1】　建立一命令集以实现绘制 LOGO 图。

在 Medit 窗口中编写以下内容。

```
%logotu.m
load logo
surf(L,R),colormap(M)
n=size(L,1)
axis off
axis([1 n 1 n -.2 .8])
view(-37.5,30)
title('Life is too short to spend writing DO loops...')
```

编写好之后，将此文件存放在"C:\Documents and Settings\Administrator\My Documents\MATLAB"目录下，注意文件名取为"logotu.m"。

在 MATLAB 主命令窗口中执行以下命令：

```
>>logotu
```

得到结果为：

```
n =
    43
```

同时得到如图 5.1 所示的效果。

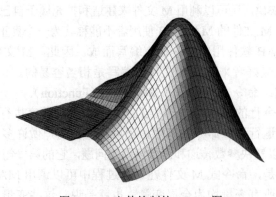

图 5.1　M 文件绘制的 LOGO 图

说明

➤ 以符号%引导的行是注释行，不可执行，可供 help 命令查询。

➤ 不需要用 end 语句作为 M 文件的结束标志。

➤ 在运行此函数之前，需要把它所在目录加到 MATLAB 的搜索路径上去，或将文件所在目录设为当前目录。

5.1.3 函数式文件

为了实现计算中的参数传递，需要用到函数式文件。函数式的标志是第一行为 function 语句。函数式文件可以有返回值，也可以只执行操作而无返回值，大多数函数式文件有返回值。函数式文件在 MATLAB 中应用十分广泛，MATLAB 所提供的绝大多数功能函数都是由函数式文件实现的，这足以说明函数式文件的重要性。函数式文件执行之后，只保留最后结果，不保留任何中间过程，所定义的变量也仅在函数内部起作用，并随调用的结束而被清除。

【例 5.2】 计算第 n 个 Fibonnaci 数。

打开 Medit 窗口，编写如下程序：

```
function f=fibfun(n)
%FIBFUN For calculating Fibonacci numbers.
%Incidengtally,the name Fibonacci comes from
%Filius Bonassi ,or"son of Bonassus"
%fibfun.m
if n>2
f=fibfun(n-1)+fibfun(n-2);
else
f=1
end
```

编写完毕后，以 fibfun.m 文件名存盘。

然后在 MATLAB 主命令窗口中执行如下程序：

```
>>fibfun(17)
ans =
    1597
```

说明

➤ 要特别注意文件名与函数名一一对应，这样才能保证调用成功。

➤ function 后的语句定义函数名和输入输出参数，在函数被调用过程中将按此输入输出格式执行。

➤ 要养成良好的注释习惯，以方便自己或其他用户的调用。

【例 5.3】 在线查询 fibfun.m 函数的使用说明。

● 在 MATLAB 的主窗口中输入 help 命令，以查询有关帮助信息。

```
>>help fibfun
FIBFUN For calculating Fibonacci numbers.
Incidengtally,the name Fibonacci comes from
Filius Bonassi ,or"son of Bonassus"
fibfun.m
```

● 用 lookfor 命令进行关键字查询。

```
>>lookfor fib
fibfun                          - for calculating Fibonacci numbers
```

说明

➢ 此例中 help 命令运行后所显示的是 M 文件注释语句中的第一个连续块。被空行隔离的其他注释语句，将被 MATLAB 的 help 帮助系统忽略。

➢ 此例中的 lookfor 命令运行后，显示出函数文件的第一注释行。一般来说，为了利用 MATLAB 对关键字的搜索功能，用户在编制 M 文件时，应在第一行注释中尽可能多地包含函数的特征信息。

➢ 为了使 help 和 lookfor 命令能对用户所要查询的函数进行搜索，用户应把创建的新函数放在 MATLAB 的搜索路径上。

5.2 控制语句

5.2.1 循环语句

在实际问题中会遇到许多有规律的重复运算，如有些程序中需要反复地执行某些语句，这样就需要用到循环语句进行控制。在循环语句中，一组被重复执行的语句称为循环体。每循环一次，都必须做出判断，是继续循环执行还是终止执行跳出循环，这个判断的依据称为循环的终止条件。MATLAB 语言中提供了两种循环方式：for 循环和 while 循环。

1. for 循环

for 循环的最大特点是，它的循环判断条件通常是对循环次数的判断，也就是说，在一般情况下，此循环语句的循环次数是预先设定好的。

【例如】

```
for i=1:n
    x(i)=0;
end
```

这段程序用来对 x 的前 n 个元素依次赋值为零。由此可看出 for 循环语句的一般格式如下。

```
for v=expression(表达式)
   statements(执行语句)
end
```

因为在 MATLAB 中的许多功能都是用矩阵运算来实现的，所以执行语句实际上是一个向量（$n \times 1$ 阶的矩阵），其元素的值一个接一个地被赋到变量 v 中，然后由执行语句执行。

此时 for 循环语句可表示如下：

```
E=expression
[m,n]=size(E)
for j=1:n
   v=E(:,j)
statements
end
```

如果 expression 仅为矩阵的一行，表示为 m :n 或 m :i :n，则 MATLAB 的 for 循环同其他

计算机语言的 for 循环或 do 循环一样,只是 MATLAB 的 for 循环的全部内容被作为一条语句来接收。例如,下面的简单程序。

```
for i=1:m
   for j=1:n
      a(i,j)=1/(i+j-1)
   end
end
```

运行后得到如下结果:

```
a =
    1.0000    0.5000    0.3333
    0.5000    0.3333    0.2500
    0.3333    0.2500    0.2000
```

说明

➢ for 语句一定要有 end 作为结束标志,否则下面的输入都被认为是 for 循环之内的内容。

➢ 循环语句中的分号";"可防止中间结果的输出。

➢ 循环语句书写成锯齿形将增加可读性。

➢ 如果 m 或 n 有小于 1 的值,结构上仍然是合法的,但内部并不运行。如果 a 矩阵本身不存在 m×n 个元素,则缺少的元素会被自动加上去。

【例 5.4】 设有向量 t, $t = [-1\ 0\ 1\ 3\ 5]'$,由此生成一个 5×5 阶的 Vandermonde(范德蒙)矩阵。

程序如下:

```
n=max(size(t))
for j=1:n
   for I=1:n
      a(I,j)=t(I)^(n-j)
   end
end
```

结果如下:

```
a =
     1     -1      1     -1      1
     0      0      0      0      1
     1      1      1      1      1
    81     27      9      3      1
   625    125     25      5      1
```

上面的程序使用了双循环语句,若编写成使用向量运算的单循环语句,则运行起来就要快得多。使用单循环语句的程序如下。

```
n=max(size(t))
a(:,n)=ones(n,1)
for j=n-1:-1:1
   a(:,j)=t.*a(:,j+1)
end
```

运行后会得到相同的结果。

2. while 循环

同 for 循环比起来，while 语句的判断控制可以是一个逻辑判断语句，因此，它的适用范围会更广一些。

例如以下程序：

```
n=1
while prod(1:n)<1.e100
n=n+1
end
```

从以上程序可以看出 while 循环语句的格式如下：

```
while expression
    statements
end
```

在此循环语句中，只要表达式中的所有元素值都不为零，执行语句就将一直执行下去。这里的表达式几乎都是 1×1 的关系表达式，因此非零对应为 true；当表达式不是标量时，可以用 any 函数和 all 函数产生。

下面再看一个更为实际的算例，矩阵的幂运算。在 MATLAB 中可使用命令函数 expm 计算矩阵的幂。这里用另一种计算形式计算矩阵的幂，如下所示。

$\text{expm}(A)=1+A+A^2/2!+A^3/3!+\cdots$

当 A 的阶数不太高且元素值不太大时，可以使用上式进行数值计算，程序如下：

```
e=zeros(size(a))
f=eye(size(a))
k=1
while norm(e+f-e,1)>0
    e=e+f
    f=a*f/k
    k=k+1
end
e
```

设置初值如下：

```
>>a =[2 3; 3 4]
```

计算结果如下：

```
e =
    162.7871  224.6754
    224.6754  312.5707
>>expm(a)
ans =
    162.7871  224.6754
    224.6754  312.5707
```

可见同 MATLAB 的内部函数计算所得结果比较，计算精度很不错。

5.2.2 选择语句

复杂的计算中常常需要根据表达式的情况是否满足条件来确定下一步该做什么。

MATLAB 提供了 if-else-end 语句来进行判断选择。MATLAB 的 if 语句同其他的计算机语句中的选择语句相似，大致可分为如下三个步骤：

① 判断表达式紧跟在关键字 if 后面，使得它可以首先被计算。
② 对判断表达式计算结果，若结果为 0，判断值为假；若结果为 1，判断值为真。
③ 若判断值为真，则执行其后的执行语句；否则跳过，不予执行。

选择语句的一般形式为：

```
if expression()
    statements
else expression()
    statements
end
```

【例 5.5】　B 样条函数的判断函数。

```
function f=pdbsline(x)
if x<0
    f=0
elseif x<1
    f=x
elseif x<2
    f=2-x
else
    f=0
end
```

此函数可实现 MATLAB 的多路判断选择。保存文件为 pdbsline.m，在 MATLAB 命令窗中运行。

```
>> pdbsline(-1)
ans =
    0
>> pdbsline(1.36)
ans =
    0.4000
>> pdbsline(2.5)
ans =
    0
```

说明

➢ else 部分可以是复合语句或其他控制语句。
➢ 注意 if 语句嵌套时，if 和 else 必须对应，否则容易出错。
➢ else 子句中嵌套 if 时，就形成了 elseif 结构，可以实现多路选择结构。

5.2.3　分支语句 switch-case-otherwise

为了让熟悉 C 等高级语言的用户能更方便地使用 MATLAB 实现分支功能，MATLAB 中增加了 switch-case-otherwise 语句来实现在多种情况（case）下的开关控制，以执行分支结构。它的通用格式如下：

```
switch switch_expr
```

```
      case case_expr,
        statement,...,statement
      case {case_expr1,case_expr2,case_expr3,...}
        statement,...,statement
      ...
      otherwise,
        statement,...,statement
      end
```

其中 switch_expr 给出了开关条件。当 case_expr 的内容与之匹配时，则执行其后的语句。如果没有 case 的内容与 switch expr 的内容匹配，则执行 otherwise 后面的语句。

注意　在执行过程中，只执行一个 case 后面的命令并跳出开关，程序在 end 后继续执行。

switch_expr 表示的开关条件可以是数字或字符串。对于数字开关，当 switch_expr== case_expr 时，开始执行；对于字符串开关，当 strcmp(switch_expr, case_expr) 返回 1 时开始执行。

下面看一个简例。假设 METHOD 为一已知字符串变量，以下的程序可以根据 METHOD 的不同值来显示不同的结果。

```
switch lower(METHOD)
case {'linear','bilinear'},disp('Method is linear')
case 'cubic',disp('Method is cubic')
case 'nearest',disp('Method is nearest')
otherwise,disp('Unknown method.')
end
```

5.2.4　人机交互语句

1. echo 命令

一般情况下，M 文件执行时，文件中的命令不会显示在命令窗口中。echo 命令可使文件命令在执行时可见。这对程序的调试和演示很有用。对命令式文件和函数式文件，echo 的作用稍微有些不同。

对命令式文件，echo 的使用比较简单，其格式如下：

- ➢ echo on　　　　打开命令式文件的回应命令；
- ➢ echo off　　　　关闭回应命令；
- ➢ echo file on　　使指定的 file 文件的命令在执行中被显示出来；
- ➢ echo file off　　关闭指定文件的命令在执行中的回应；
- ➢ echo file　　　　文件在执行中的回应显示开关；
- ➢ echo on all　　　显示其后所有执行文件的执行过程；
- ➢ echo off all　　　关闭其后所有执行文件的显示。

注意　当执行 echo 命令时，运行某函数文件，则此文件将不被编译执行，而是被解释执行。这样，文件在执行过程中，每一行都可被看到。但由于这种解释执行速度慢，效率低，因此，一般只用于调试。

2. 用户输入提示命令 input

input 命令用来提示用户从键盘输入数据、字符串或表达式，并接收输入值。下面是几种常用的格式。

➤ R=input('How many apples')

运行此命令后，将给出文字提示，并等待键盘输入。

```
>> How many apples 2
R =
     2
```

➤ R=input('What is your name?','s')

运行此命令后，MATLAB 将等待输入，并把输入当做是字符串，赋给变量 R。

```
>> What is your name? wangmoran
R =
     wangmoran
```

3．请求键盘输入命令 keyboard

keyboard 与 input 的作用相似。当程序遇到此命令时，MATLAB 就将暂时停止运行程序并处于等待键盘输入状态。处理完毕后，键入"R"，程序将继续运行。在 M 文件中使用此命令，对程序的调试及在程序运行中修改变量都很方便。

4．等待用户反应命令 pause

此命令用于使程序暂时终止运行，等待用户按任意键后继续运行。pause 命令在程序的调试过程或用户需要查看中间结果时十分有用。

此函数的调用形式如下：

➤ pause   暂停程序等待回应；

➤ pause(n)   程序运行中等待 n 秒后继续运行；

➤ pause on   显示其后的 pause 命令，并且执行 pause 命令；

➤ pause off   显示其后的 pause 命令，但不执行该命令。

5．中断命令 break

break 语句常常用在循环语句或条件语句中。通过使用 break 语句，可不必等待循环的自然结束，而根据循环另设的条件来判断是否跳出循环。在很多情况下，这种判断是十分必要的。下面给出一个例子，读者可领会一下 break 的使用技巧。

【例 5.6】 求鸡兔同笼问题：鸡兔同笼，头共 36，脚共 100。求鸡、兔各多少？

在 MATLAB 中输入以下语句：

```
i=1
while 1
    if rem(100-i*2,4)==0&(i+(100-i*2)/4)==36
    break
    end
i=i+1
end
a1=i
a2=(100-2*i)/4
```

执行后得到以下结果：

```
a1 =
     22
```

```
a2 =
    14
```

5.3　函数变量及变量作用域

在 MATLAB 语言的函数中，变量主要有输入变量、输出变量及函数内部变量。

输入变量相当于函数的入口数据，也是一个函数操作的主要对象。某种程度上讲，函数的作用就是对输入变量进行操作以实现一定的功能。如前所述，函数的输入变量为局部变量，函数对输入变量的一切操作和修改如果不依靠输出变量传出的话，将不会影响工作空间中该变量的值。

MATLAB 语言提供函数 nargin 来控制输入变量的个数。由于提供了该函数，使得在编写程序过程中，可以实现不定个数参数输入的操作。

【例 5.7】 编制一个函数，函数名为 test531，它可以实现如下功能，如果调用过程时只提供一个输入变量，则求该输入变量的模；如果有两个输入变量则求两输入变量的和。程序如下：

```
function c=test531(a,b)
if(nargin==1)
   c=det(a)
elseif(nargin==2)
   c=a+b
end
```

在 MATLAB 语言中，nargin 函数的另一种调用格式为：

```
nargin('function')
```

这种调用的结果也是返回函数的输入变量个数，如以下代码所示：

【例如】

```
>> nargin('test531')
ans =
    2
```

同时，MATLAB 语言提供了另一个针对输入变量的函数 varargin。该函数可以实现不定数目输入变量的函数的程序设计。此时，对函数的一切输入变量均将存储在以 varargin 命名的单元型数组中，该函数大大地丰富了 MATLAB 函数的应用功能。

【例 5.8】编制一个函数，函数名为 test532，它可以实现如下功能：通过使用函数 varargin，用户可以输入任意多个学生的数学、英语及语文的成绩，然后求各科目的平均值。

程序如下：

```
function [mathavg,englishavg,chineseavg]= test532(varargin)
l=length(varargin)
mathsum=0
englishsum=0
chinesesum=0
for i=1:l
  mathsum=mathsum+varargin{i}(1)
  englishsum=englishsum+varargin{i}(2)
```

```
    chinesesum=chinesesum+varargin{i}(3)
end
mathavg=mathsum/l
englishavg=englishsum/l
chineseavg=chinesesum/l
```

除了 nargin, varargin 外，还有一个函数可以针对输入变量进行操作，即函数 inputname，该函数只能在用户定义的 M 文件内使用，其调用格式如下：

➤ inputname(inputvarno)　其中 inputvarno 为输入变量列表中的位数，调用该函数后将返回输入变量列表中指定位数的变量在工作空间中的变量名。如果输入变量为计算值或其他非工作空间变量时，该函数将返回空矩阵。该函数在调试过程中应用较为广泛。

与输入变量相应，MATLAB 对输出变量也提供了相应的函数，如 nargout, varargout 等。具体的使用方法与函数 nargin, varargin 相似，这里不再赘述。下面给出一个上述函数的综合应用示例。

【例 5.9】 编制一个函数，函数名为 test533，它综合应用了函数 nargin, nargout, varargin, varargout 等，目的是求各学生（总数目不确定）的个人平均成绩以及指定科目的平均成绩等。

```
function [vararout]=test533(lessons,varargin)
inputnum=nargin
lessonnum=length(lessons)
outputnum=nargout
for i=1:lessonnum
   switch lesson(i)
   case 'math'
     vararout{1}=sum(varargin{1:inputnum}(1))
   case 'english'
     vararout{2}=sum(varargin{1:inputnum}(2))
   case 'chinese'
     vararout{3}=sum(varargin{1:inputnum}(3))
   end
end
for  i=1:inputnum
   varargout{i+3}=sum(varargin{i}(:))
end
```

在 MATLAB 语言中，函数内部定义的变量除特殊声明外均为局部变量，即不加载到工作空间中。如果需要使用全局变量，则应当使用命令 global 定义，而且在任何使用该全局变量的函数中都应加以定义。在命令窗口中也不例外。

【例 5.10】 这是一个全局变量的示例。

```
function [num1,num2,num3]=test534(varargin)
global firstlevel secondlevel             % 定义全局变量
num1=0
num2=0
num3=0
list=zeros(nargin)
for i=1:nargin
  list(i)=sum(varargin{i}(:))
  list(i)=list(i)/length(varargin{i})
```

```
    if list(i)>firstlevel
       num1=num1+1
    elseif list(i)>secondlevel
       num2=num2+1
    else
       num3=num3+1
    end
end
```

在命令窗口中也应定义相应的全局变量。

```
>> global firstlevel secondlevel
>> firstlevel=85
>> secondlevel=75
```

程序的运行结果为：

```
>> [num1,num2,num3]=test534([90,89,60],[79,89,60],[99,98,100])
num1 =
    1
num2 =
    2
num3 =
    0
```

在该例中可以看到，定义全局变量时，与定义输入变量和输出变量不同，变量之间必须以空格分隔，而不能以逗号分隔，否则，系统将不能识别逗号后的全局变量。

在工作空间中存储的全局变量均将以 global 标示出。

【例如】

```
>> whos
  Name            Size          Bytes  Class
  firstlevel      1x1               8  double array(global)
  secondlevel     1x1               8  double array(global)
Grand total is 2 elements using 16 bytes
```

5.4　子函数与局部函数

与其他的程序设计语言类似，MATLAB 中也可以定义子函数，用来扩充函数的功能。在函数文件中题头定义的函数为主函数，而在函数体内定义的其他函数均被视为子函数。子函数只能被主函数或同一主函数下其他的子函数所调用。

【例 5.11】　子函数示例。

```
function c=test(a,b)         % 主函数
c=test1(a,b)*test2(a,b)
function c=test1(a,b)        % 子函数 1，这里的 c 为形式参数不影响主函数中 c 的使用
c=a+b
function c=test2(a,b)        % 子函数 2
c=a-b
```

MATLAB 语言中把放置在目录 private 下的函数称为局部函数，这些函数只有 private 目录的父目录中的函数才可以调用，其他目录的函数不能调用。

局部函数与子函数所不同的是，局部函数可以被其父目录下的所有函数所调用，而子函数则只能被其所在 M 文件的主函数所调用，所以，局部函数在可用的范围上大于子函数；在函数编辑的结构上，局部函数与一般的函数文件的编辑相同，而子函数则只能在主函数文件中编辑。

当在 MATLAB 的 M 文件中调用函数时，将首先检测该函数是否为此文件的子函数；如果不是的话，再检测是否为可用的局部函数；仍然为否定结果时，再检测该函数是否为 MATLAB 搜索路径上的其他 M 文件。

5.5　程序设计的辅助函数

在 MATLAB 语言的程序设计中有几组辅助函数可用以支持 M 文件的编辑，包括执行函数、容错函数以及时间控制函数等，对这些函数的合理使用可以增强函数的"鲁棒性"或丰富函数功能。

1. 执行函数

MATLAB 语言提供了一系列执行函数，见表 5.1。

表 5.1　MATLAB 语言中的计算及执行函数

函　数　名	说　　明	函　数　名	说　　明
eval	字符串调用	builtin	外部加载调用内置函数
evalc	执行 MATLAB 表达式	assignin	工作空间中分配变量
feval	字符串调用 M 文件	run	运行脚本文件
evalin	计算工作空间中的表达式		

其中，函数 feval 用于调用 M 文件，其调用格式如下。

➢ [y1,y2,...,yn]=feval[function,x1,x2,...,xn]　这里的函数可以是内置函数，也可以是用户自定义函数，但该函数识别不出多组的输入变量，只能对单组输入变量操作。该函数一般用在以其他函数名为输入变量进行操作的函数内，以实现在程序设计中对未知的函数的操作。

与 feval 函数类似，函数 builtin 也可用来执行函数，不同的是，builtin 函数只执行 MATLAB 语言的内置函数。其调用格式也类似于 feval 函数，这里不再赘述。

函数 evalin 可以对指定的工作空间中的变量进行操作，其调用格式如下：

➢ evalin(workspacename,'expression')　该命令的作用是，对指定的工作空间 workspacename 中的变量进行操作，计算表达式 expression 的值。

与该函数类似的还有 assignin 函数，该函数的作用是在指定的工作空间中分配变量。

函数 run 用在函数执行脚本文件。

2. 容错函数

一个程序设计的好坏在很大程度上也取决于其容错能力的大小。MATLAB 语言中也提供了相应的报错及警告的函数 error，warning 等。

函数 error 可以在命令窗口中显示错误信息，以提示用户或输入错误或调用错误等，其调用格式为：

➤ error('错误信息') 如果调用 M 文件时触发函数 error，则将中断程序的运行，显示错误信息。

【例 5.12】 设函数 testerror 对输入变量（字符串）进行拼接，如果输入变量不是字符串时，则报错。

```
function c=testerror(a,b)
flag=0
if ischar(a)&ischar(b)
   flag=1
else
   error('Input must be a string!!')
end
if flag
   c=strcat(a,b)
end
```

在命令窗口中输入如下：

```
>> testerror('i',1)                    % 在命令窗口中调用该函数，且输入有误
flag =
    0
Error using testerror (line 6)
Input must be a string!!
```

由该例可以看到，当输入有误时，系统会给出错误信息，并显示程序中设定的提示信息。warning 的用法类似于函数 error，与函数 error 不同的是，函数 warning 不会中断程序的执行，而仅给出警告信息。

与容错相关的还有如下几个函数或命令：lasterr，lastwarn 以及 errortrap on/off 等。其中函数 lasterr 是给出上一个错误信息，而函数 lastwarn 是给出上一个警告信息，函数 errortrap on/off 则是在调试过程中指定是否跳过错误。

MATLAB 语言还提供了一个流程控制结构用于容错处理，即 try-catch-end 结构。该控制结构的调用方法为：

try 语句段 1   catch   语句段 2   end

在执行该语句段过程中，将先执行语句段 1，如果语句段 1 内出现错误，则将执行语句段 2，如果该语句段也出现错误，则程序将报错并终止，而且，语句段 1 内的错误信息可以由上面介绍的函数 lasterr 得到。

【例 5.13】

```
function c=testtce(a,b)
try
   c=a+b;
catch
   c=strcat(a,b);
end
```

在命令窗口中调用该函数。

```
>> c=testtce('I love',' MATLAB!')
c =
```

```
I love MATLAB!
>> lasterr                              % 通过函数 lasterr 可以查看 try 语句段中的错误
ans =
Error using ==> +
Array dimensions must match for binary array op.
```

通过使用上述介绍的函数及流程控制结构可以实现对 M 文件的容错控制处理，使得 MATLAB 语言编写的程序具有更强的"鲁棒性"。

3．时间控制函数

MATLAB 语言中也提供了一些时间控制函数，可以用来监视程序运行的时间，见表 5.2 所示。

表 5.2　MATLAB 语言中的时间控制函数

函 数 名	说 明	函 数 名	说 明
now	以数值型显示当前的时间和日期	datevec	转换为向量形式显示日期
date	以字符型显示当前的日期	calendar	当月的日历表
clock	以向量形式显示当前的时间及日期	weekday	当前日期对应的星期表达
datenum	转换为数值型格式显示日期	eomday	给出指定年月的当月最后一天
datestr	转换为字符型格式显示日期	datetick	指定坐标轴的日期表达形式

对上述表中的函数本书不做进一步解释，这里只简要介绍几种常用的时间及日期的表达形式。对日期的表达形式主要有：dd-mmMyyyy，mm/dd/yy，mm/dd；而时间的表达形式有 HH:MM:SS 和 HH:MM:SS PM 等。

例如，时间 2000/10/16 13:56:12 用上述各种格式的表达如下：

```
16-Oct-2000               % dd-mmMyyyy
10/16/00                  % mm/dd/yy
10/16                     % mm/dd
13:56:12                  % HH:MM:SS
1:56:12                   % HH:MM:SS PM
```

【例 5.14】　日期函数的使用。

```
>> d1 = datenum('04-18-2012')
d1 =
    734977
>> d2 = datestr(d1+30)
d2 =
18-May-2012
>> dv1 = datevec(d1)
dv1 =
    2012          4          18          0          0          0
>> dv2 = datevec(d2)
dv2 =
    2012          5          18          0          0          0
```

在程序设计中，尤其是在数值计算的程序设计中，计时函数有时很重要，MATLAB 语言提供了一些相应的函数，见表 5.3。

表 5.3　MATLAB 语言的计时函数

函 数 名	说　明
cputime	以 CPU 时间方式计时
tic，toc	计时开关函数
etime	计算两个时刻的时间差

● 函数对 tic，toc 的调用方法如下：

➢ tic

打开计时器。

➢ toc

关闭计时器并显示运行指定程序段所需的时间。

● 函数 etime 不仅仅对程序段进行时间监控，还可以计算任意两时刻间的时间差，其调用格式如下：

➢ etime(time1,time2)

计时函数可以定量地给出某一程序段完成指定功能所消耗的时间资源，也可以作为比较程序优劣的一种定量标准。

● 函数 cputime 的调用方法如下：

➢ t=cputime

需要计时程序段。

➢ t=cputime−t

该函数运行的结果将显示运行该程序段所占用的 CPU 时间。

5.6　程序设计的优化

尽管 MATLAB 语言已将绝大多数的操作集成化到功能强大的函数中，但是，对于 MATLAB 程序的设计仍然有许多方面值得注意，同时，这些方面也是进一步提高 MATLAB 程序效率的方法。

1．以矩阵作为操作主体

循环运算是 MATLAB 语言中的最大弱点。在程序设计时，应当尽可能避免循环运算，由于矩阵是 MATLAB 语言的核心，所以，在 MATLAB 编程过程中应当强调对矩阵本身整体的运算，避免对矩阵元素的操作。而且，应当注意的是，绝大多数的循环运算是可以转换为向量运算的。

【例 5.15】　比较循环运算和使用向量运算对同一问题求解所用的时间。

```
function y=test1(x)          % 循环操作完成
x=1
for i=1:10000
   y(i)=sin(x)
   x=x+0.1*pi
end
function test2               % 向量操作完成
x=1:0.1*pi:1000*pi
y=sin(x)
```

通过函数 cputime 分析两种方式计算的优劣，可以发现若用循环操作，耗时 11.26 秒，若用向量运算，耗时 5.46 秒，可见使用向量运算的程序得到了显著的优化。

在程序设计中，应当提倡矩阵操作，尽可能避免循环运算。

2．数据的预定义

虽然在 MATLAB 语言中没有规定变量使用时必须预先定义，但是对于未定义的变量，如果操作过程中出现越界赋值时，系统将不得不对变量进行扩充，这样的操作大大降低了程序运行的效率，所以，对于可能出现变量维数不断扩大的问题，应当预先估计变量可能出现的最大维数，进行预定义。

【例 5.16】

```
function c=test1              % 没有进行预定义
for i=1:50
  c(i)=det(pascal(i))
end
function c=test2              % 进行预定义
c=zeros(50,1)
for i=1:50
  c(i)=det(pascal(i))
end
```

通过 cputime 函数计时比较可以发现，未进行预定义时，程序执行需要 2.14 秒，而预定义之后，程序执行只需要 1.75 秒，所以，程序得到了一定程度的优化。

3．内存的管理

对存储的合理操作及管理也会提高程序运行的效率。

MATLAB 语言提供了一系列的函数用以管理内存，具体见表 5.4。

上述命令中的 pack 函数最为重要，该函数将把内存中所有 MATLAB 使用的变量暂存入磁盘，然后，再用内存中连续的空间存储这些变量。由于要与磁盘之间进行数据交换，所以，该命令的执行速度较慢，一般不在函数内部使用。但是，在进行计算的过程

表 5.4 MATLAB 语言中的内存管理函数

函 数 名	说 明
clear	从内存中清除所有变量及函数
pack	重新分配内存
quit	退出 MATLAB 环境，释放所有内存
save	把指定的变量存储至磁盘
load	从磁盘中调出指定变量

中，若出现 out of memory 的错误，通过该命令重新分配内存，可以在一定程度上解决问题。

此外，应当指出的是，MATLAB 语言本身不具备管理系统资源的能力，所以，在进行较大规模的计算时，应尽可能关闭一切不必要的窗口和应用程序，以节省资源。

5.7 程 序 调 试

在 MATLAB 的程序编辑器中提供了相应的程序调试功能，本节将简要介绍调试程序的具体方法。

5.7.1 M 文件错误的种类

MATLAB 的 M 文件一般有语法错误和执行错误两种。

➢ 语法错误发生在 M 文件程序代码的解释过程中，一般是由函数参数输入类型有误或矩阵运算阶数不符等引起的。

【例5.17】 矩阵阶数不符的情况。

```
>> A=[1,2;3,4]
>> B=[1,2,3;4,5,6;7,8,9]
>> A*B
Error using *
Inner matrix dimensions must agree.
```

➤ 执行错误的发生是由于在程序运行过程中，出现溢出或死循环等引起的，这些错误都与程序本身有关，并且较难发现解决。

一般来讲，在程序设计过程中应当避免出现 NaN，Inf 或空矩阵等，这些是程序运行中最容易出现问题的地方，避免的方法就是在可能出现上述异常数值的地方提供控制语句来识别，同时采用其他的方法来处理。这里所讲的识别函数有 isnan，isinf，isempty 等。

【例5.18】

```
>> A=NaN
A =
   NaN
>> isnan(A)
ans =
     1
>> A=Inf
A =
   Inf
>> isinf(A)
ans =
     1
>> A=[]
A =
     []
>> isempty(A)
ans =
     1
```

5.7.2 错误的识别

语法错误较好识别，因为 MATLAB 会给出相应的错误信息，以方便用户的检查和定位。

一般来说，执行错误较难识别，因为发生执行错误时，系统就会结束 M 文件的调用，这样将关闭函数的工作空间，无法获得需要的数据信息。MATLAB 提供了以下几种方法来获取所需要的中间信息。

➤ 将程序每一步执行的结果输出到命令窗口，以检查运行中间的结果，为实现这种效果，可以把程序中屏蔽输出的";"号去掉。

➤ 使用 keyboard 函数中断程序，此时程序处于调试状态，命令窗口的提示符变为"K>>"，可以实现函数工作空间和命令窗口工作空间的交互，从而获得所需要的信息。

➤ 将函数头注释掉，这样函数将会变为脚本文件，所操作的对象也相应为命令窗口工作空间中的变量，也可以获得所需要的信息。

➤ 使用调试菜单或调试函数。

5.7.3 调试过程

MATLAB 中主要的调试函数有 dbstop，dbstatus，dbtype，dbstep 以及 dbstack 等。

- 函数 dbstop 用来在 M 文件中设置断点，其调用格式为：dbstop in <M 文件名> at <行号>。
- 函数 dbstatus 的作用是显示断点信息。
- 函数 dbtype 则是显示 M 文件文本（包括行号）。
- 函数 dbstep 将从断点处继续执行 M 文件。
- 函数 dbstack 将显示 M 文件执行时调用的堆栈等。
- 函数 dbup/dbdown 可以实现工作空间的切换。

以上函数的具体应用将在下面这个例子中体现。

当设置完断点后，运行函数将进入调试状态，结束调试可以通过函数 dbquit。

【例 5.19】

```
>> dbtype db_test.m                          % 显示 db_test.m 文件
1    function C=db_test(A,B)
2    [num11,num12]=size(A)
3    [num21,num22]=size(B)
4    if(num12==num21)
5      C=A*B
6    else
7      if(num11==num22)
8          C=B*A
9      else
10         error('input error!')
11     end
12   end
13   return
>> dbstop in db_test.m at 5                   % 在 db_test.m 文件的第五行设置断点
>> A=[1,2;3,4]
>> B=[1,2,3;4,5,6]
>> db_test(A,B)                               % 运行 db_test.m 文件并进入调试状态
K>> dbstatus                                  % 显示断点信息
Breakpoint for db_test is on line 5.
K>> dbstack                                   % 显示堆栈情况
> In db_test at 5
K>> whos                                      % 也可以通过 whos 命令获得数据信息
  Name        Size          Bytes  Class     Attributes

  A           2x2              32  double
  B           2x3              48  double
  num11       1x1               8  double
  num12       1x1               8  double
  num21       1x1               8  double
  num22       1x1               8  double
K>> dbup                                      % 工作空间的切换
In base workspace.
K>> dbquit                                    % 退出调试状态
>>                                            % 回到正常状态
```

5.8 M 文件的调用记录

MATLAB 提供了记录 M 文件调用过程的功能，通过记录 M 文件调用过程可以分析执行过程中各函数的耗时情况，依此可以了解文件执行过程中的瓶颈问题。如前面已介绍过，通过 M 文件调用记录可以避免许多程序设计中不必要的冗余以及时间耗费。

实现 M 文件调用记录的函数为 profile，具体调用格式如下：

➢ profile+<优化参数>

参数见表 5.5。

表 5.5 调用记录函数的输入参数

优 化 参 数	参 数 说 明
on	开始记录 M 文件的调用，并清除以前的记录
-detail 优化层次	对 M 文件调用的记录层次（函数调用的阶）
-history	记录确定序列的函数调用
off	中断 M 文件调用记录
resume	重新开始 M 文件调用记录，并且保存原来的记录
clear	清除 M 文件调用记录

此外，profile 还有其他两种调用格式：

➢ s =profile('status')   显示当前调用的状态

➢ stats =profile('info') 中断调用并返回记录结果

【例 5.20】

```
>> load west0479
>> A=west0479                          % 预调 west0479 稀疏矩阵
>> profile on -detail builtin -history % 启动 M 文件调用记录，builtin 表明
%记录包括内置函数
>> eigs(A)                             % 运行希望调用记录的文件或函数
>> profile report test_eig            % 中断记录，输出结果至 test_eig 文件
>> profile plot                        % 将结果输出到图形中
>> s=profile('status')                % 显示当前的调用记录的状态
s =
    ProfilerStatus:'off'              % 调用记录的状态，off 表明优化已被中断
       DetailLevel:'builtin'          % 调用记录进行到内置函数
             Timer: 'cpu'
   HistoryTracking:'off '             % 调用记录结果保存
       HistorySize: 1000000
>>profile resume                       % 重新开始调用记录
>> s=profile('status')                % 显示当前的调用记录状态
s =
    ProfilerStatus:'on'               % 调用记录的状态，on 表明记录已重启
       DetailLevel:'builtin'
             Timer: 'cpu'
   HistoryTracking: 'off'
       HistorySize: 1000000
>>profile off                          % 停止调用记录
```

5.9 函 数 句 柄

函数句柄是 MATLAB 所特有的一种语言结构，用以在使用函数过程中保存函数相关信息，尤其是关于函数执行的信息。它主要有以下优点：

➢ 通过使用函数句柄可以方便地实现函数间互相调用；

➢ 通过函数句柄可以获得函数加载的所有方式；

➢ 通过函数句柄可以拓宽子函数以及局部函数的使用范围；

➢ 使用函数句柄可以提高函数调用过程中的可靠性；

➢ 通过函数句柄可以减少程序设计中的冗余；

➢ 通过函数句柄可以提高重复执行的效率；

➢ 函数句柄也可以与数组、结构型数组以及细胞型数组结合定义数据。

5.9.1 函数句柄的创建和显示

函数句柄的创建方式较为简单，通过特殊符号 @（注意，在 MATLAB 环境下，该符号的显示形式与此不同）引导函数名即可实现相应的函数句柄定义。

【例如】

```
>> fun_handle=@load          % 创建了函数 load 的函数句柄
fun_handle =
    @load
```

定义函数句柄的时候只需要在提示符 @ 后添加相应函数的函数名（注意，不能将函数的路径也填写在内，否则将会报错）。

函数句柄的内容可以通过函数 functions 来显示，使用该函数将返回函数句柄所对应的函数名、类型、文件类型以及加载等。其中函数类型见表 5.6，函数的文件类型是指该函数句柄的对应函数是否为 MATLAB 内部函数，而函数的加载方式属性只有当函数类型为 overloaded 时才存在。

表 5.6 MATLAB 的函数类型

函 数 类 型	说　　明
simple	未加载的 MATLAB 内部函数、M 文件，或只有在执行过程中才能用 type 函数显示内容的函数
subfunction	MATLAB 子函数
private	MATLAB 局部函数
constructor	MATLAB 类的创建函数
overloaded	加载的 MATLAB 内部函数或 M 文件

【例如】

```
>> functions(fun_handle)
ans =
    function:'load'
        type: 'simple'
        file: 'MATLAB built-in function'
```

5.9.2　函数句柄的调用和操作

通过函数 feval 可以进行函数句柄的调用，其格式如下：

➤　feval(<函数句柄>,参数列表)

这种调用相当于执行以参数列表为输入变量的函数句柄所对应的函数。

【例 5.21】　设函数 test23 用以计算输入参数差的绝对值。

```
>> fun_handle=@test23
fun_handle =
    @test23
>> feval(fun_handle,3,4)
ans =
    1
```

这种操作相当于以函数名作为输入变量的 feval 操作。

```
>> feval('test23',3,4)
ans =
    1
```

函数句柄与函数名字符串之间可以进行转换，转换为 func2str 和 str2func。

【例如】

```
>> fun_handle=str2func('eig')        % 函数名字符串转换为函数句柄
fun_handle =
    @eig
>> func2str(fun_handle)              % 函数句柄转换为函数名字符串
ans =
    eig
```

通过函数 isa 可以判断变量是否为函数句柄。

【例如】

```
>> isa(fun_handle,'function_handle')
ans =
    1
```

通过函数 isequal 可以判断两函数句柄是否相同。

【例如】

```
>> isequal(fun_handle,@eig)
ans =
    1
```

与其他的 MATLAB 数据相同，通过函数 save 也可以将函数句柄保存为 MATLAB 数据文件，而使用函数 load 则同样可以打开该数据文件。

习　　题

1. 已知华氏温度与摄氏温度的转换关系为 $F = \dfrac{9}{5}C + 32$，其中 F 表示华氏温度，C 表示摄氏温度。分别建立命令文件和函数文件，将输出的华氏温度转换为摄氏温度。

2．编写函数 Sphere(r)计算球的体积，r 为球半径。要求在函数声明后写明注释，包括：
   函数功能、程序员、代码编辑日期，并使用 help 和 lookfor 函数查看。

3．使用函数的递归调用功能，求 n 的阶乘 n!。（提示：n!=n*(n-1)!）

4．以下程序是否正确？其中 temp 表示温度读数。

```
if temp < 10
disp('Temperature below normal');
elseif temp>10
disp('Temperature normal');
elseif temp>20
disp('Temperature slightly high');
elseif temp>30
disp('Temperature too high')
end
```

5．编写函数计算 $y(x) = \ln\dfrac{1}{1-x}\,(x<1)$，如果 x 不在定义域内，报错并退出。

6．某校的课程时间如下：

第1节	第2节	第3节	第4节	第5节	第6节
8:00-9:35	9:50-11:25	13:30-15:05	15:20-16:55	17:05-18:40	19:20-20:55

编写函数显示课程时间，要求：

（a）输入参数为 x，x 表示第 x 节课，x 不在范围内时，报错并退出；

（b）输出对应第 x 节课的时间；

（c）使用 switch 语句。

7．已知某地实行阶梯式电价：月用电量 50 度以内的，电价为 0.538 元/度，其中峰电价 0.568 元/度，谷电价 0.288 元/度；51 度至 200 度之间的用电量，电价上调为 0.568 元/度，其中峰电价 0.598 元/度，谷电价 0.318 元/度；超过 200 度的用电量，电价为 0.638 元/度，其中峰电价 0.668 元/度，谷电价 0.388 元/度。编写函数计算单月的电费（输入参数为[峰用电量，谷用电量]度），并计算单月用电量为[15,15]，[25,40]，[150,250]度时的电费。

8．以下程序段的输出结果是什么？continue 语句有什么作用？

```
for n=1:50
    if mod(n,7)
        continue
    end
    disp(n)
end
```

9．测试并给出以下 for 循环执行的次数。

（a）for i=-32768:32767

（b）for i=5:4

（c）for i=2:4:3

（d）for i=ones(3,5)

10．如果一个数等于它所有真因子（除了自身以外的约数）之和，则称该数为完美数，如 6=1+2+3，所以 6 是完美数。编写程序求[1:1000]间所有的完美数。

11．编写函数 Mod_8，在屏幕上打印所有[1,100]间能被 8 整除的整数。

12．编写程序实现：从键盘输入若干个数，若输入 0 则程序结束，并且计算输入数据的平均值。

13．编写函数 Exp_Plot，作出 $y(x) = \exp(x)$ 在定义域上的函数图像。定义域由输入参数决定，如果有两个输入参数 a，b（$a<b$），则在$[a, b]$间作图；如果只有一个输入参数 a，则在$[a, a+10]$间作图；如果没有输入参数，默认在$[0, 10]$间作图。

14．已知一维标准正态分布的表达式为 $p(x) = \dfrac{1}{\sqrt{2\pi}} e^{-x^2/2}$。一维标准正态分布可以通过如下方法由均匀随机分布得到：

（1）生成两个$(-1,1)$间的均匀随机变量 x_1, x_2，如果 $\sqrt{x_1^2 + x_2^2} < 1$，则继续，否则重新生成；

（2）计算 $y_1 = \sqrt{\dfrac{-2\ln r}{r}} x_1$，$y_2 = \sqrt{\dfrac{-2\ln r}{r}} x_2$，其中，$r = x_1^2 + x_2^2$。则 y_1，y_2 均为标准正态分布。

根据以上说明：

（a）编写函数 Generate_Normal 按以上方法得到一个标准正态分布量；

（b）编写程序 Plot_Normal 生成 1000 个标准正态分布量，并做概率分布直方图与 $p(x)$ 比较（提示：概率分布可使用 hist 函数统计，用 bar 函数作图）。

15．瑞利分布是一种实际应用中常见的随机概率分布。瑞利分布的随机量 r 可由 $r = \sqrt{n_1^2 + n_2^2}$ 得到，其中，n_1，n_2 分别是正态分布的随机量。

（a）编写函数 Rayleigh(n,m)，返回一个 $n \times m$ 的包含瑞利分布随机值的矩阵；如果只有一个输入参数（Rayleigh(n)），则函数返回一个 $n \times n$ 的矩阵；如果没有输入参数，则函数返回一个瑞利分布随机值（提示：n_1，n_2 可由第 14 题的方法得到，或者采用 MATLAB 内置函数 randn 得到）。

（b）生成一个长度为 20000 的瑞利分布的数组，并做概率分布直方图。

16．编写程序 Global_T 计算函数 $y(x) = \dfrac{A(T)}{T + x}$，其中函数 $A(T) = 0.05T^2 + 0.2T + 0.1$，$T$ 定义为全局变量。分别取 $T = 0.05, 0.5, 5$，作出 $y(x)$ 的曲线，x=[1:0.1:10]。

17．编写函数 NAME_City(name,city)，自变量 Name 为包含姓名的字符串，如 steven，City 为城市名的字符串，如 liverpool。函数 NAME_City 中包含子函数 All_Capital 将字符串 Name 全部转换成大写字母，而子函数 First_Capital 将字符串 City 转换成仅首字母大写（提示：upper 和 lower 函数）。

18．编写程序评价 Stirling 近似的精确度

$$n! = n^n e^{-n} \sqrt{2\pi n}$$

按如下格式记录结果并判断随着 n 的增加精度是否增加？

n	$n!$	Stirling 近似结果	绝对误差	相对误差

19．用一个命令实现以下代码的功能（提示：cumprod 函数）。

```
vec=1:5;
```

```
new_vec=zeros(size(vec));
prod=1;
for i=1:length(vec)
prod=prod*vec(i);
    new_vec(i)=prod;
end
new_vec
```

20. 编写函数 Quadratic(a, b, c)求解一元二次方程 $ax^2 + bx + c = 0$ 的两个根 x_1, x_2。如果 $b^2 - 4ac < 0$，采用 warn 函数给出警告信息"Roots are not real numbers."。

21. 一个月的 13 号如果恰逢星期五被西方人称为"黑色星期五"。编写程序统计从 1600 年 1 月至 2015 年 12 月间的每月 13 号分别为星期一至星期日的次数，用直方图显示，并计算"黑色星期五"的概率（提示：weekday 函数）。

22. 生理节律是一种描述人类的身体、情感及智力的假想周期的理论。该理论认为人体生理节律按照正弦波形式变化，其中身体节律周期为 23 天，情感节律周期为 28 天，智力节律周期为 33 天。正弦波处于最大值时状态最好，出生时刻为正弦波的零相位点。假设某人出生于 1992 年 5 月 30 日，分别作出她在 2015 年 8 月 24 日前后 15 天内的身体、情感、节律曲线，要求横坐标为日期形式（'mm/dd'）。这段时间内，哪天她的身体、情感、节律状态最好？

23. 分别采用 tic/toc 函数和 cputime 函数对以下程序段计时：

```
for k=1:3000
A=rand(num);
B=rand(num);
C=A*B;
end
```

两种方法得到的时间是否相同，如果不同，为什么？

24. 已知向量 $X_n, n = 1 \cdots 10000$。分别按照以下方式编写程序计算 X_n^2，并使用 tic/toc 函数比较计算时间。

   （a）X_n 不进行初始化，用 for 循环对每个元素进行计算；

   （b）X_n 进行初始化，用 for 循环对每个元素进行计算；

   （c）X_n 进行初始化，直接对向量 X_n 进行计算。

25. 优化以下程序，使优化后程序仅包含矩阵操作（提示：逻辑操作符）。

```
A=rand(100,1);
B=rand(100,1);
for i=1:100
if B(i)>0.5
    C(i)=A(i)^2;
else
    C(i)=exp(B(i));
end
end
```

26. 已知圆周率 π 可由以下公式近似计算：

$$\pi \approx 4 \sum_{k=0}^{N} \frac{(-1)^k}{2k+1}$$

原本的函数代码为

```
function mysum=computerPiLoops(N)
    mysum=0;
    for k=0:N
        mysum=mysum+(-1)^k/(2*k+1);
    end
    mysum=4*mysum;
end
```

优化以上代码，去掉 for 循环，使用向量化计算。

27. 编写程序将函数 $\sin(x)$, $\cos(x)$, $\exp(x)$, $\log(x)$ 的句柄存储为数组。编写输入界面，选择以上函数中的一个。使用 feval 调用选择的函数计算函数值并作图，其中输入变量为 $x=[1:0.1:10]$。输入界面可如下设计：

```
The following function can be plotted.
    1. sin
    2. cos
    3. exp
    4. log
Choose a number (0 to exit):
```

28. 编写一个读取文本文件的程序，并且使用 try/catch 语句处理文件不存在或者无法打开的情况，显示 "File can't be opened."。

29. 运行以下语句，记录错误提示，并改正错误。

（a）a=1/(1+exp(abs([-2:3])));

（b）for s=0:0.2:2
        a(s)=4*s-1;
     end

（c）m=3;
     n=2;
     A=rand(m,n);
     for i=1:n
         for j=1:m
             B(i,j)=A(i,j);
         end
     end

30. 以下 Debug_1 程序原本用来生成 30 个 $[-10,100]$ 间的随机整数，并且将大于 0 的元素求和，但程序中存在错误。

```
% 30 random integers between -10 and 100
v = round (-10 + 110*rand(1,30));
for k=1:1:length(v)
    if(v>=0)
```

```
            result =result + v
        end
    end
end
disp('The sum of the positive elements in v is: '),disp(result);
```

（a）运行程序，修正语法错误；

（b）使用调试函数调试程序：在 for k =1:1:length(v)和 result=result+v 所在行设置断点，从断点处继续执行程序，查看程序中的变量，修正程序逻辑错误；

（c）去除断点并保存文件。

31．使用 MATLAB 中图形界面的调试工具完成第 30(b)题中的操作。

32．编写程序完成以下操作：

（a）启动 Profiler；

（b）使用 plot(magic(35))命令作图；

（c）打开 Profiler viewer；

（d）保存 profile 数据为变量 prof；

（e）将 prof 中内容保存到文件 profile_results.mat；

（f）清除工作区中 prof 变量；

（g）从 profile_results 文件中读入 prof。

33．函数 awhile 及其子函数 calculate 代码如下：

```
function [x,y,z]=awhile
for i=100:100:300
    x=rand(i);
    y=rand(i);
    z=calculate(x,y);
end
end
function z=calculate(x,y)
z=conv2(x,y);
    pause(2);
end
```

输入 profile on 命令启动 Profiler，运行函数，调用 profile viewer 命令查看函数的耗时情况。

（a）主函数 awhile 共耗时多少？其中子函数 calculate 耗时多少？

（b）主函数中最耗时的三行语句是什么？

（c）子函数 calculate 中每行语句分别耗时多少？

34．一个三位整数个位数字的立方和等于该数本身则称为水仙花数。编写程序输出全部水仙花数。

35．编写函数 longest_string，将输入字符串中最长的输出。如果输入数据不是字符串，报错并退出。

36．编写函数 fun_mean 计算任意个数输入数据的几何平均（$\sqrt[n]{x_1 x_2 \ldots x_n}$）、代数平均（$\dfrac{x_1 + x_2 + \ldots + x_n}{n}$）或调和平均 $\dfrac{n}{\dfrac{1}{x_1} + \dfrac{1}{x_2} + \ldots + \dfrac{1}{x_n}}$。如果输入数据中包含负数，报错并退出。

37. 布朗运动是英国植物学家在观察液体中浮游微粒的运动时发现的随机现象，现在已成为随机过程理论最重要的概念之一。下列 M 函数 brwnm.m 给出了一维布朗运动（或称维纳过程）：

```
function [t,w]=brwnm(t0,tf,h)
t=t0:h:tf;
x=randn(size(t))*sqrt(h);
w(1)=0;
for k=1:length(t)-1,
    w(k+1)=w(k)+x(k);
end
```

其中，[t0,tf]为时间区间，h 为采样步长，w(t)为布朗运动位置。若 w1(t), w2(t)都是一维布朗运动且相互独立，那么(w1(t), w2(t))是一个二维布朗运动。试给出二维布朗运动的模拟作图程序。

38. 利用 eval 函数可以实现顺序编号文件的保存，例如以下程序将依次保存文件 file1.dat，file2.dat, file3.dat…file5.dat，每个文件中保存文件编号：

```
rootname='file';
extension='dat';
for data=1:5
        filename=[rootname,int2str(data),extension];
        eval(['save ',filename)
end
```

仿照以上程序，保存文件 file_a.dat, file_b.dat, file_c.dat, file_d.dat, file_e.dat，并且每个文件中依次保存字符串 Monday, Tuesday, Wednesday, Thursday, Friday。

39. 编写程序实现猜数游戏。首先生成一个[1,100]间的随机整数 A，然后用户猜测一个结果 B，如果 B>A，提示"Too large"；如果 B<A，提示"Too small"；如果 B=A，提示"You win"，同时退出程序。用户最多可以猜 7 次，达到 7 次，提示"You lose"，显示 A，并退出程序。

第 *6* 章 应用程序接口

通过前几章的介绍，不难发现 MATLAB 系统本身已经是相当完备了，但是作为一个优秀的数学工具软件，仅仅在自身内部进行程序的设计还是不够的，更重要的是与其他程序设计语言之间进行交互操作，同时这种交互操作也不应仅仅局限在数据本身的传递，还应当包括相互之间函数调用等更深层次的处理。在这方面 MATLAB 也做得相当出色，提供了与其他高级程序设计语言（如 C/C++、C#、FORTRAN 和 Java 语言）进行交互的功能。本章将介绍 MATLAB 的应用程序接口（Application Program Interface，API）。

MATLAB 的应用程序接口（API）所涵盖的内容相当广泛，不仅包括与 C/C++语言、FORTRAN 语言和 Java 等高级语言的交互操作，同时 MATLAB 还提供了使用 ActiveX 和 DDE 的操作以及与硬件的接口。鉴于那些内容具有相当的难度，并且内容上也涉及其他程序设计语言的深层知识，所以，本章将仅借助例程简单介绍 MATLAB 与 C 语言和 FORTRAN 语言接口的实现。

6.1 应用程序接口介绍

应用程序接口（API）是 MATLAB 的附加组件，它是一个由相关函数组成的接口函数库。应用该函数库，可以实现与外部程序的交互。

API 能够完成的交互操作包括：提供 MATLAB 解释器所识别并执行的动态链接库（MEX 文件），使得可以在 MATLAB 环境下直接调用 C 语言或 FORTRAN 语言编写的程序段；调用 MATLAB 计算引擎，在 C 语言或 FORTRAN 语言中直接使用 MATLAB 的内置函数；读写 MATLAB 数据文件（MAT 文件）实现 MATLAB 与 C 语言或 FORTRAN 语言程序间的数据交换等。

下面分别对上述三部分功能进行简单介绍。

6.1.1 MEX 文件

MEX 文件是一种具有特定格式的文件；是能够被 MATLAB 解释器识别并执行的动态链接函数。它可以由 C/C++语言或 FORTRAN 语言编写。

MEX 文件是在 MATLAB 环境下调用外部程序的应用接口，通过 MEX 文件，可以在 MATLAB 环境下调用由 C/C++语言或 FORTRAN 语言所编写的应用程序模块。重要的是，在调用过程中并不对所调用程序进行任何的重新编译处理；此外，通过 MEX 文件可以把在 MATLAB 中执行效率较低的运算转移至其他的高级程序设计语言中来完成，这样就可以大大提高整个程序的执行速度；而且，通过使用 MEX 文件，在 MATLAB 中还可以实现许多 MATLAB 本身难以完成的任务，例如对硬件的操作等。

在 MATLAB 中调用 MEX 文件也相当方便，其调用方式与使用 MATLAB 的 M 文件相同，只需要在命令窗口中键入相应的 MEX 文件名即可。同时，在 MATLAB 中 MEX 文件的调用优先级高于 M 文件，所以，即使 MEX 文件可能会与 M 文件重名，也不会影响其执行。

一般在程序设计过程中都会为 MEX 文件另建一个辅助 M 文件，这是因为 MEX 文件本身不带有 MATLAB 可识别的帮助信息，也就是说在 MATLAB 环境下，通过帮助系统得不到 MEX 文件相应的帮助信息。由于获取帮助的方便程度是程序设计好坏的一个重要标志，为了解决该问题，在实际操作中，一般是为 MEX 文件建立同名的 M 文件，并在该 M 文件中，给出相应的帮助信息，这样在查询所使用的 MEX 文件的帮助时，就可以通过 MATLAB 的帮助系统查看同名的 M 文件的帮助来获得相应的信息。

在 MEX 文件中常用到的函数库为"mx-函数库"和"mex-函数库"，前者的作用是提供了在 C 语言或 FORTRAN 语言中编辑 mxArray 结构体对象的方法；而后者的作用则是提供 C 语言或 FORTRAN 语言与 MATLAB 的交互操作。"mx-函数库"与"mex-函数库"所提供的函数操作是构建 MEX 文件的基础，几乎所有的 API 操作都是与这两个函数库密切相关的。

在 MATLAB 语言中提供了函数 mex 用以编译 MEX 文件，其调用格式如下：

➢ mex　'控制字符串'

MATLAB 提供了如下多种控制字符串以完成不同的功能。

➢ -c　对源代码文件仅编译而不连接。
➢ -v　显示所有的编译连接器的设置。
➢ -n　非执行标志。
➢ -O　建立一个优化的可执行文件。
➢ -g　创建包含调试信息的 MEX 文件。
➢ -h　显示 mex 的帮助信息。
➢ -setup　编译器的设置。
➢ -argcheck　检测应用程序接口函数输入参数的有效性，仅适用于 C 语言编写的 MEX 文件。
➢ -f<file>　以 file 选项文件对 MEX 文件进行编译，如果文件不在当前目录下，则应当使用全称文件名（包含所有路径）。
➢ D<name>　定义预处理程序的宏，仅适用于 Windows 操作系统。
➢ I<pathname>　在编译器中包含路径名<pathname>。
➢ output <name>　创建以<name>为名的可执行文件。
➢ outdir <name>　将所有输出文件放入<name>的目录下。

编译函数 mex 的控制字符串有很多种，对于不同的操作系统，也有各自不同的格式，以上介绍的内容基本上是对任何操作系统均适用的。

6.1.2　MATLAB 计算引擎

MATLAB 应用程序接口（API）的另一功能是在其他的程序设计语言中对 MATLAB 内置函数库进行调用，并将 MATLAB 视为一计算引擎，充分发挥 MATLAB 在计算方面的优势。

通过 MATLAB 计算引擎，在使用 C/C++语言或 FORTRAN 语言编写计算程序时，可以将整个 MATLAB 视为一个数学函数库进行调用，这样的操作在复杂的数值计算中是相当重要的。由于 MATLAB 基于矩阵计算的优越性，充分利用 MATLAB 函数可以在很大程度上弥补 C/C++语言和 FORTRAN 语言在数值计算复杂度上的不足，简化程序设计，同时也使程序易于维护。另外，这种不同程序设计语言之间的交互调用，也可以使得在大规模程序设计中做到取长补短，充分发挥各种程序设计语言的优点，设计出更好的程序。

6.1.3 MAT 文件

MAT 文件是 MATLAB 数据存储的默认文件格式，在 MATLAB 环境下生成的数据在存储时，均应以.mat 作为扩展名。

MAT 文件由文件头、变量名和变量数据三部分组成。其中，MAT 文件的文件头又由三部分信息构成，分别为 MATLAB 的版本信息、使用的操作系统平台以及文件创建的时间。

【例如】

创建一 MAT 文件，由于是以二进制码存储的，所以只取其文件头，如下所示：

```
MATLAB 5.0 MAT-file, Platform: PCWIN64, Created on: Wed Apr 20 16:51:20 2011
```

由此不难看出该文件所用的 MATLAB 环境为 MATLAB 5.0，而操作系统平台为 PCWIN64，创建时间为 Wed Apr 20 16:51:20 2011。

MATLAB 的 "mx-函数库" 和 "mex-函数库" 中也提供了大量的函数可以对 MAT 文件进行操作，通过调用这些函数，在编写 C 语言或 FORTRAN 语言的应用程序时，可以实现对 MATLAB 数据的处理，进而实现与 MATLAB 之间的数据交换。

值得注意的是，在对 MAT 文件操作时与所用的操作系统无关，这是因为在 MAT 文件中包含了有关的操作系统的信息，在调用过程中，MAT 文件本身会进行必要的转换，这也表现出了 MATLAB 的灵活性和可移植性。

6.2 MEX 文件的编辑与使用

作为应用程序接口的组成部分，MEX 文件在 MATLAB 与其他程序设计语言的交互程序设计中发挥着重要的作用，通过 MEX 文件可以方便地调用 C 语言或 FORTRAN 语言编写的程序，并由此完成不同的任务，实现由 MATLAB 难以实现或者即便可以实现也非常复杂的任务，由此扩展了 MATLAB 程序设计所能实现的功能，另一方面也可以节省系统资源。

6.2.1 C 语言 MEX 文件

下面列出一个 MATLAB 自带的示例 MEX 程序 mexeval.c，作者对程序中的主要部分加了中文注释，以此简要介绍 C 语言编写 MEX 文件的格式及方法。

```
/* C语言编写的 MEX 文件 */
/* 头文件申明 */
#include "mex.h"
/*
 * mexeval.c : Example MEX-file code emulating the functionality of the
 *             MATLAB command EVAL
 * * Copyright 1984-2011 The MathWorks, Inc.
 * $Revision: 1.6.6.4 $
 */
/* 入口程序 */
```

```
void
mexFunction( int nlhs, mxArray *plhs[],
        int nrhs, const mxArray *prhs[])
{
  (void) nlhs;     /* unused parameters */
  (void) plhs;
  If(nrhs==0)
    /* 没有输入参数时报错 */
mexErrMsgTxt("MATLAB:mexeval:minrhs",
        "Function 'mexeval' not defined for variables of class 'double'.\n");
  else if (!mxIsChar (prhs[0]) )
    {
      /* 输入参数不为字符型时报错 */
      const char str[]="Function 'mexeval' not defined for variables of class";
      char errMsg[100] ;
      sprintf (errMsg,"%s '%s'\n",str,mxGetClassName (prhs[0]) );
      mexErrMsgIdAndTxt( "MATLAB:mexeval:UndefinedFunction", errMsg) ;
    }
  else
    {
    /* 满足要求时，执行字符串的命令 */
    /* 定义变量 */
    char *fcn;
    int   status;
    size_t buflen=mxGetN(prhs[0])+1;
    fcn=(char *)mxCalloc(buflen,sizeof(char));
    status=mxGetString(prhs[0],fcn,(mwSize)buflen);
    status=mexEvalString(fcn);
    if((nrhs==2)&&(status)) {
       char *cmd;
      buflen=mxGetN(prhs[1])+1;
      cmd=(char *)mxCalloc(buflen,sizeof(char));
      mxGetString(prhs[1],cmd,(mwSize)buflen);
      mexEvalString(cmd);
      mxFree(cmd);
      }
    mxFree (fcn) ;
  }
}
```

由例程可以看出，C 语言编写的 MEX 文件与一般的 C 语言程序相同，没有复杂的内容和格式。较为独特的是，在输入参数中出现的一种新的数据类型 mxArray，该数据类型就是 MATLAB 矩阵在 C 语言中的表述，是一种已经在 C 语言头文件 matrix.h 中预定义的结构类型，所以，在实际编写 MEX 文件过程中，应当在文件开始声明这个头文件，否则，在执行过程中会报错。

mxArray 结构体具体的定义方式为：

```
typedef struct mxArray_tag mxArray;
struct mxArray_tag
  {
```

```
char    name[mxMAXNAM];
int     reserved1[2];
void    *reserved2;
int     number_of_dims;
int     nelements_allocated;
int     reserved3[3];
union
  {
    struct
      {
        void  *pdata;
        void  *pimag_data;
        void  *reserved4;
        int   reserved5[3];
      } number_array;
  } data;
};
```

通过调用 matrix.h 头文件就可以用 C 语言实现对 MATLAB 生成矩阵的运算，由于 MATLAB 的接口函数库对 mxArray 结构体做了很好的封装，所以，在具体操作过程中，无须了解结构体各部分的具体含义，只需要了解作为其操作工具的"mx-函数库"即可，这样大大方便了 MEX 文件的设计，使得不必为不同的操作系统或不同版本的语言系统而改动应用程序。

另外应指出的是，一般来说 MEX 文件都有固定的程序结构，即入口程序 mexFunction，该程序是 MEX 文件与 MATLAB 的接口，用来完成相互间的程序通信，其结构如下：

```
void
mexFunction(int nlhs,mxArray *plhs[],int nrhs,const mxArray *prhs[])
{
/* 程序代码以实现具体的通信功能 */
}
```

该函数的输入参数主要有 4 个，分别为 nlhs，plhs，nrhs 和 prhs。

● nlhs 为整型，用来说明函数的输出参数个数；
● plhs 为一指向 mexArray 结构体类型的指针数组，该数组的各元素依次指向所有的输出参数；
● 输入参数 nrhs 也为整型变量，用以说明函数的输入参数的个数；
● 相应的输入参数 prhs 也为一指向 mexArray 结构体类型的指针数组，其元素依次指向所有的输入参数。

在 MATLAB 程序中调用 MEX 文件时，MEX 文件的使用方法与普通的 M 文件相同，须给出必要的输入变量和输出变量。

在调用过程中，MATLAB 内的字符串早已被转换成 C 语言的 mxArray 结构型变量了。

在 C 语言的 MEX 文件中可以对 MATLAB 的所有语言要素进行操作，从而实现全面的接口，大大扩充了 MATLAB 语言的功能。

6.2.2 FORTRAN 语言 MEX 文件

与 C 语言相同，FORTRAN 语言也可以实现同 MATLAB 语言的通信。相应地，基于 FORTRAN 语言的 MEX 文件也是 MATLAB 应用程序接口的重要组成部分。

同 C 语言编写的 MEX 文件相比，FORTRAN 语言在数据的存储上表现得更为简单一些，这是因为 MATLAB 的数据存储方式与 FORTRAN 语言相同，均是按列存储，所以，编制的 MEX 文件在数据存储上相对简单（C 语言的数据存储是按行进行的）。但是，FORTRAN 语言没有灵活的指针运算，所以，在程序的编制过程中也有其他的麻烦，而 C 语言则没有类似的问题。

下面列出一个由 FORTRAN 语言编制的标准 MEX 文件。

【例如】

```
C MEX 文件的计算程序
    static void yprime(double yp[], double *t, double y[])
{
  double  r1,r2;
  (void) t;    /* unused parameter */
  r1 = sqrt((y[0]+mu)*(y[0]+mu) + y[2]*y[2]);
  r2 = sqrt((y[0]-mus)*(y[0]-mus) + y[2]*y[2]);
  /* Print warning if dividing by zero. */
  if (r1 == 0.0 || r2 == 0.0 ){
    mexWarnMsgIdAndTxt( "MATLAB:yprime:divideByZero", "Division by zero!\n");
  }
  yp[0] = y[1];
  yp[1] = 2*y[3]+y[0]-mus*(y[0]+mu)/(r1*r1*r1)-mu*(y[0]-mus)/(r2*r2*r2);
  yp[2] = y[3];
  yp[3] = -2*y[1] + y[2] - mus*y[2]/(r1*r1*r1) - mu*y[2]/(r2*r2*r2);
  return;
}
```

由上例可以看出 FORTRAN 语言编写的 MEX 文件与普通的 FORTRAN 程序也没有特别的差别。同 C 语言编写的 MEX 文件相同，FORTRAN 编写的 MEX 文件也需要入口程序，并且入口程序的参数与 C 语言的也完全相似。

值得注意的是，在 FORTRAN 语言中函数的调用必须加以声明，而不能像 C 语言那样仅给出头文件即可，所以，在使用 mx 函数或 mex 函数时应当做出适当的声明。

6.3　MATLAB 计算引擎

MATLAB 计算引擎函数库也是应用程序接口的重要组成部分，通过该函数库可以方便地在 C 语言或 FORTRAN 语言中调用 MATLAB 计算函数，从而充分利用 MATLAB 的数值计算功能。

6.3.1　C 语言 MATLAB 计算引擎

下面给出一个 MATLAB 自带的基于 C 语言的 MATLAB 计算引擎函数的简单调用示例。

```
/* C 语言编写的 MATLAB 计算引擎函数 */
```

```c
/* 头文件声明 */
#include <windows.h>
#include <stdlib.h>
#include <stdio.h>
#include <string.h>
#include "engine.h"
#define BUFSIZE 256
static double Areal[6] = { 1, 2, 3, 4, 5, 6 };
/* 主程序 */
int PASCAL WinMain (HINSTANCE hInstance,
                    HINSTANCE hPrevInstance,
                    LPSTR     lpszCmdLine,
                    int       nCmdShow)
{
    Engine *ep;
    mxArray *T = NULL, *a = NULL, *d = NULL;
    char buffer[BUFSIZE+1];
    double *Dreal, *Dimag;
    double time[10] = { 0, 1, 2, 3, 4, 5, 6, 7, 8, 9 };
    /* 启动引擎 */
    if (!(ep = engOpen(NULL))) {
        MessageBox ((HWND)NULL, (LPSTR)"Can't start MATLAB engine",
            (LPSTR) "Engwindemo.c", MB_OK);
        exit(-1);
    }
    /* 程序的第一部分，将数据传输至 MATLAB，并分析结果，绘制图形 */
    /* 创建临时数组 */
    T = mxCreateDoubleMatrix(1, 10, mxREAL);
    memcpy((char *) mxGetPr(T), (char *) time, 10*sizeof(double));
    /* 将变量 T 加载到 MATLAB 工作空间中 */
    engPutVariable(ep, "T", T);
    /* 时间-距离函数的计算，distance = (1/2) g.*t.^2 */
    engEvalString(ep, "D = .5.*(-9.8).*T.^2;");
    /* 将结果绘制成图 */
    engEvalString(ep, "plot(T,D);");
    engEvalString(ep, "title('Position vs. Time for a falling object');");
    engEvalString(ep, "xlabel('Time (seconds)');");
    engEvalString(ep, "ylabel('Position (meters)');");
    /* 程序的第二部分，在这部分程序中，将创建另一个 mxArray，计算其值*/
    a = mxCreateDoubleMatrix(3, 2, mxREAL);
    memcpy((char *) mxGetPr(a), (char *) Areal, 6*sizeof(double));
    engPutVariable(ep, "A", a);
    engEvalString(ep, "d = eig(A*A')");
    buffer[BUFSIZE] = '\0';
    engOutputBuffer(ep, buffer, BUFSIZE);
    engEvalString(ep, "whos");
    MessageBox ((HWND)NULL, (LPSTR)buffer, (LPSTR) "MATLAB - whos", MB_OK);
    d = engGetVariable(ep, "d");
    /*关闭 MATLAB 计算引擎*/
    engClose(ep);
     if (d == NULL) {
```

```
        MessageBox ((HWND)NULL, (LPSTR)"Get Array Failed", (LPSTR)"Engwindemo.c", MB_OK);
        }
    else {
        Dreal = mxGetPr(d);
        Dimag = mxGetPi(d);
        if (Dimag)
            sprintf(buffer,"Eigenval 2: %g+%gi",Dreal[1],Dimag[1]);
        else
            sprintf(buffer,"Eigenval 2: %g",Dreal[1]);
        MessageBox ((HWND)NULL, (LPSTR)buffer, (LPSTR)"Engwindemo.c", MB_OK);
        mxDestroyArray(d);
    }
    /* 程序结束，释放内存，并且退出 */
    mxDestroyArray(T);
    mxDestroyArray(a);
    return(0);
}
```

以上是 C 语言编写的完整程序，其中调用了 MATLAB 计算引擎来完成程序中的计算。当然，作为例程，该函数内的调用过程较为简单，但其方法也适用于更为复杂的问题。

在 MATLAB 中编译用 C 语言完成的 MATLAB 计算引擎函数的方法较为简单，具体调用格式如下：

> mex -f <matlab root path>\bin\optsfilename.bat filename.c

其中，matlab root path 为 MATLAB 所在的根目录，批处理文件 optsfilename.bat 为当前系统中 MATLAB 的与 C 语言的编译器相对应的选项文件名，而 filename.c 即为 C 语言编写的调用 MATLAB 计算引擎的源文件名。

6.3.2 FORTRAN 语言 MATLAB 计算引擎

下面先给出一个基于 FORTRAN 语言的 MATLAB 计算引擎函数调用的示例，这也是 MATLAB 自带的演示程序。

```
C FORTRAN 语言编写的 MATLAB 计算引擎函数
C 主程序
      program main
C 对程序中应用到的 MATLAB 引擎函数库以及 mx 函数库中的函数进行类型说明
      mwPointer engOpen, engGetVariable, mxCreateDoubleMatrix
   mwPointer mxGetPr
     mwPointer ep, T, D
     double precision time(10), dist(10)
C 对程序中的变量类型进行简单说明
      integer engPutVariable, engEvalString, engClose
      integer temp, status
      mwSize i
      data time / 1.0, 2.0, 3.0, 4.0, 5.0, 6.0, 7.0, 8.0, 9.0, 10.0 /
C 启动 MATLAB 计算引擎，将启动结果赋予指针 ep
      ep = engOpen('matlab ')
C 判断启动是否成功
      if (ep .eq. 0) then
        write(6,*) 'Can''t start MATLAB engine'
```

```
         stop
       endif
C 创建 mxArray 结构体对象,并对该变量命名和赋值
       T = mxCreateDoubleMatrix(1, 10, 0)
       call mxCopyReal8ToPtr(time, mxGetPr(T), 10)
C 将变量 T 加载到 MATLAB 的工作空间中
       status = engPutVariable(ep, 'T', T)
       if (status .ne. 0) then
         write(6,*) 'engPutVariable failed'
         stop
       endif
C 时间-距离函数的计算, distance = (1/2) g.*t.^2
       if (engEvalString(ep, 'D = .5.*(-9.8).*T.^2;') .ne. 0) then
         write(6,*) 'engEvalString failed'
         stop
       endif
C 将结果绘制成图形
       if (engEvalString(ep, 'title(''Position vs. Time'')') .ne. 0) then
         write(6,*) 'engEvalString failed'
         stop
       endif
       if (engEvalString(ep, 'xlabel(''Time (seconds)'')') .ne. 0) then
         write(6,*) 'engEvalString failed'
         stop
       endif
       if (engEvalString(ep, 'ylabel(''Position (meters)'')') .ne. 0)then
         write(6,*) 'engEvalString failed'
         stop
       endif
C 设置人机交互程序段,确保能够看到所绘制的图形
C 如果输入为 0,则退出程序,而如果输入为 1,则继续进行
       print *, 'Type 0 <return> to Exit'
       print *, 'Type 1 <return> to continue'
       read(*,*) temp
        if (temp.eq.0) then
        print *, 'EXIT!'
        status = engClose(ep)
        if (status .ne. 0) then
          write(6,*) 'engClose failed'
        endif
        stop
       end if
C 关闭当前的图形窗口
       if (engEvalString(ep, 'close;') .ne. 0) then
         write(6,*) 'engEvalString failed'
         stop
       endif
C 获取计算结果,并输出该结果
       D = engGetVariable(ep, 'D')
       call mxCopyPtrToReal8(mxGetPr(D), dist, 10)
       print *, 'MATLAB computed the following distances:'
```

```
      print *, '  time(s)   distance(m)'
      do 10 i=1,10
        print 20, time(i), dist(i)
 20     format(' ', G10.3, G10.3)
 10   continue
C 释放所用内存，并退出 MATLAB 引擎的调用
      call mxDestroyArray(T)
      call mxDestroyArray(D)
      status = engClose(ep)
      if (status .ne. 0) then
        write(6,*) 'engClose failed'
        stop
      endif
      stop
      end
```

　　与常规的 FORTRAN 程序相比，这段程序增加了启动和退出 MATLAB 计算引擎的模块以及创建 mxArray 结构体的模块，其余的函数调用与操作，均无特殊可言。

　　FORTRAN 语言编写的 MATLAB 计算引擎程序的编译与 C 语言的编写完全一致，只是编译器不同。

6.4　MAT 文件的编辑与使用

　　本节中将介绍 MATLAB 中 MAT 文件的创建与使用，通过 MAT 文件可以实现 MATLAB 与其他程序设计语言（主要指 C 语言和 FORTRAN 语言）之间的数据交换。

6.4.1　MATLAB 中的数据处理

　　在 MATLAB 中数据的输入有很多方法，可以直接在 MATLAB 命令窗口中输入，也可以通过文本编辑器编辑数据文档后再在 MATLAB 中调用，还可以由 MEX 文件返回其他程序设计语言运行的结果，更为重要的是，可以通过 C 语言或 FORTRAN 语言将数据结果转换成 MAT 文件格式，再在 MATLAB 中通过 load 命令加载。

　　从 MATLAB 中读取数据也是有很多方法的，可以通过 MATLAB 的 save 命令将数据保存成指定格式，然后再进行调用，或者可以通过 MATLAB 的输出函数或者文件写函数将数据写入其他的文件中，此外，同输入数据一样，也可以通过 MEX 文件传出 MATLAB 数据结果。本节将要介绍的是另外一种常用方法，即通过 MAT 文件将数据传递至其他的程序设计语言编辑的程序中。

6.4.2　C 语言 MAT 文件

　　下面先给出一个基于 C 语言的 MAT 文件示例，该示例是 MATLAB 自带的用以说明 C 语言编辑 MAT 文件的方法。

```
/* C语言编写的 MAT 文件函数 */
/* 头文件声明 */
#include <stdio.h>
#include <string.h> /* For strcmp() */
```

```c
#include <stdlib.h> /* For EXIT_FAILURE, EXIT_SUCCESS */
#include "mat.h"
#define BUFSIZE 255
/* matcreat 函数 */
int create(const char *file)
{
  /* 变量声明 */
  MATFile *pmat;
  mxArray *pa1, *pa2, *pa3;
  double data[9] = { 1.0, 4.0, 7.0, 2.0, 5.0, 8.0, 3.0, 6.0, 9.0 };
  const char *file = "mattest.mat";
  char str[BUFSIZE];
  int status;
  printf("Creating file %s...\n\n", file);
  /* 打开 MAT 文件 */
  pmat = matOpen(file, "w");
  if (pmat == NULL) {
    printf("Error creating file %s\n", file);
    printf("(Do you have write permission in this directory?)\n");
    return(EXIT_FAILURE);
  }
  /* 创建双精度 mxArray 类型的数组，并为其命名，赋值 */
  pa1 = mxCreateDoubleMatrix(3,3,mxREAL);
  if (pa1 == NULL) {
      printf("%s : Out of memory on line %d\n", __FILE__, __LINE__);
      printf("Unable to create mxArray.\n");
      return(EXIT_FAILURE);
  }
pa2 = mxCreateDoubleMatrix(3,3,mxREAL);
if (pa2 == NULL) {
    printf("%s : Out of memory on line %d\n", __FILE__, __LINE__);
    printf("Unable to create mxArray.\n");
    return(EXIT_FAILURE);
}
memcpy((void *)(mxGetPr(pa2)), (void *)data, sizeof(data));
pa3 = mxCreateString("MATLAB: the language of technical computing");
if (pa3 == NULL) {
    printf("%s : Out of memory on line %d\n", __FILE__, __LINE__);
    printf("Unable to create string mxArray.\n");
    return(EXIT_FAILURE);
}
  /* 将得到的数组写入 MAT 文件 */
  status = matPutVariable(pmat, "LocalDouble", pa1);
  if (status != 0) {
    printf("%s : Error using matPutVariable on line %d\n", __FILE__, __LINE__);
    return(EXIT_FAILURE);
  }
  status = matPutVariableAsGlobal(pmat, "GlobalDouble", pa2);
  if (status != 0) {
    printf("Error using matPutVariableAsGlobal\n");
```

```
        return(EXIT_FAILURE);
    }
    status = matPutVariable(pmat, "LocalString", pa3);
    if (status != 0) {
        printf("%s : Error using matPutVariable on line %d\n", __FILE__, __LINE__);
        return(EXIT_FAILURE);
    }
    memcpy((void *)(mxGetPr(pa1)), (void *)data, sizeof(data));
    status = matPutVariable(pmat, "LocalDouble", pa1);
    if (status != 0) {
        printf("%s : Error using matPutVariable on line %d\n", __FILE__, __LINE__);
        return(EXIT_FAILURE);
    }
    /* 删除已赋值的指针变量 */
    mxDestroyArray(pa1);
    mxDestroyArray(pa2);
    mxDestroyArray(pa3);
    /* 已关闭 MAT 文件 */
    if (matClose(pmat) != 0) {
    printf("Error closing file %s\n",file);
    return(EXIT_FAILURE);
    }
    /* 再次打开 MAT 文件 */
    pmat = matOpen(file, "r");
    if (pmat == NULL) {
      printf("Error reopening file %s\n", file);
      return(EXIT_FAILURE);
    }
    /* 读取 MAT 文件的数据 */
    pa1 = matGetVariable(pmat, "LocalDouble");
    if (pa1 == NULL) {
      printf("Error reading existing matrix LocalDouble\n");
      return(EXIT_FAILURE);
    }
    if (mxGetNumberOfDimensions(pa1) != 2) {
      printf("Error saving matrix: result does not have two dimensions\n");
      return(EXIT_FAILURE);
    }
    pa2 = matGetVariable(pmat, "GlobalDouble");
    if (pa2 == NULL) {
      printf("Error reading existing matrix GlobalDouble\n");
      return(EXIT_FAILURE);
    }
    if (!(mxIsFromGlobalWS(pa2))) {
      printf("Error saving global matrix: result is not global\n");
      return(EXIT_FAILURE);
    }
    pa3 = matGetVariable(pmat, "LocalString");
    if (pa3 == NULL) {
      printf("Error reading existing matrix LocalString\n");
      return(EXIT_FAILURE);
```

```
    }
    status = mxGetString(pa3, str, sizeof(str));
    if(status != 0) {
        printf("Not enough space. String is truncated.");
        return(EXIT_FAILURE);
    }
    if (strcmp(str, "MATLAB: the language of technical computing")) {
      printf("Error saving string: result has incorrect contents\n");
      return(EXIT_FAILURE);
    }
    /*  删除已赋值的指针变量 */
    mxDestroyArray(pa1);
    mxDestroyArray(pa2);
    mxDestroyArray(pa3);
    /* 关闭已打开的 MAT 文件 */
    if (matClose(pmat) != 0) {
    printf("Error closing file %s\n",file);
    return(EXIT_FAILURE);
    }
    printf("Done\n");
    return(EXIT_SUCCESS);
}
```

由上面的程序可以看出 C 语言编写 MAT 文件也是着重于对"mat-函数库"中函数的调用。

对 C 语言编写的 MAT 文件的编译也较为简单,与 MEX 文件的编译方法相同,在 MATLAB 中选择 C 语言编译器的选项文件对其进行编译即可。

6.4.3　FORTRAN 语言 MAT 文件

接下来给出一个基于 FORTRAN 语言的 MAT 文件示例,该文件也是 MATLAB 自带的示例程序。

```
C FORTRAN 语言编写的 MAT 函数
C 主程序段
      program matdemo1
C 定义有关 MAT 文件变量
      mwPointer matOpen, mxCreateDoubleMatrix, mxCreateString
      mwPointer matGetVariable, mxGetPr
      mwPointer mp, pa1, pa2, pa3, pa0
C 其他常用变量
      integer status, matClose, mxIsFromGlobalWS
      integer matPutVariable, matPutVariableAsGlobal, matDeleteVariable
      integer*4 mxIsNumeric, mxIsChar
      double precision dat(9)
      data dat / 1.0, 2.0, 3.0, 4.0, 5.0, 6.0, 7.0, 8.0, 9.0 /
C 打开 MAT 文件准备写入
      write(6,*) 'Creating MAT-file matdemo.mat ...'
      mp = matOpen('matdemo.mat', 'w')
      if (mp .eq. 0) then
        write(6,*) 'Can''t open ''matdemo.mat'' for writing.'
```

```
            write(6,*) '(Do you have write permission in this directory?)'
            stop
         end if
C 创建 mxArray 结构体变量并为变量命名
         pa0 = mxCreateDoubleMatrix(3,3,0)
         call mxCopyReal8ToPtr(dat, mxGetPr(pa0), 9)
         pa1 = mxCreateDoubleMatrix(3,3,0)
         pa2 = mxCreateString('MATLAB: The language of computing')
         pa3 = mxCreateString('MATLAB: The language of computing')
C 将变量值写入 MAT 文件
         status = matPutVariableAsGlobal(mp, 'NumericGlobal', pa0)
         if (status .ne. 0) then
            write(6,*) 'matPutVariableAsGlobal ''Numeric Global'' failed'
            stop
         end if
         status = matPutVariable(mp, 'Numeric', pa1)
         if (status .ne. 0) then
            write(6,*) 'matPutVariable ''Numeric'' failed'
            stop
         end if
         status = matPutVariable(mp, 'String', pa2)
         if (status .ne. 0) then
            write(6,*) 'matPutVariable ''String'' failed'
            stop
         end if
         status = matPutVariable(mp, 'String2', pa3)
         if (status .ne. 0) then
            write(6,*) 'matPutVariable ''String2'' failed'
            stop
         end if

         call mxCopyReal8ToPtr(dat, mxGetPr(pa1), 9)
         status = matPutVariable(mp, 'Numeric', pa1)
         if (status .ne. 0) then
            write(6,*) 'matPutVariable ''Numeric'' failed 2nd time'
            stop
         end if
C 从 MAT 文件中删除变量 String2
         status = matDeleteVariable(mp, 'String2')
         if (status .ne. 0) then
            write(6,*) 'matDeleteVariable ''String2'' failed'
            stop
         end if
C 关闭 MAT 文件
         status = matClose(mp)
         if (status .ne. 0) then
            write(6,*) 'Error closing MAT-file'
            stop
         end if
C 打开 MAT 文件
         mp = matOpen('matdemo.mat', 'r')
```

```
      if (mp .eq. 0) then
         write(6,*) 'Can''t open ''matdemo.mat'' for reading.'
         stop
      end if
C 从 MAT 文件中读出 mxArray 结构体变量
      pa0 = matGetVariable(mp, 'NumericGlobal')
      if (mxIsFromGlobalWS(pa0) .eq. 0) then
         write(6,*) 'Invalid non-global matrix written to MAT-file'
         stop
      end if
      pa1 = matGetVariable(mp, 'Numeric')
      if (mxIsNumeric(pa1) .eq. 0) then
         write(6,*) 'Invalid non-numeric matrix written to MAT-file'
         stop
      end if
      pa2 = matGetVariable(mp, 'String')
      if (mxIsChar(pa2) .eq. 0) then
         write(6,*) 'Invalid non-string matrix written to MAT-file'
         stop
      end if
      pa3 = matGetVariable(mp, 'String2')
      if (pa3 .ne. 0) then
         write(6,*) 'String2 not deleted from MAT-file'
         stop
      end if
C 删除指针变量，释放内存
      call mxDestroyArray(pa0)
      call mxDestroyArray(pa1)
      call mxDestroyArray(pa2)
      call mxDestroyArray(pa3)
C 关闭 MAT 文件
      status = matClose(mp)
      if (status .ne. 0) then
         write(6,*) 'Error closing MAT-file'
         stop
      end if
      write(6,*) 'Done creating MAT-file'
      stop
      end
```

　　基于 FORTRAN 语言的 MAT 文件与传统的 FORTRAN 语言程序也无明显不同，主要是调用相应的函数。在 MATLAB 中的编译方法也同 MEX 文件相同，这里不再赘述。

6.5　创建独立应用程序

　　通过前几节的介绍，读者对在 MATLAB 环境下与其他高级语言的接口和交互方法有了初步的认识，但是可以看到，这几种方法一个最大的局限性就是还不能脱离 MATLAB 的运行环境，可执行的接口程序也是解释性的，限制了其运行速度。为了解决这个问题，MATLAB 专门提供了一套创建独立应用程序的方法，用来实现一般 MATLAB 程序到独立于 MATLAB

环境之外的可执行程序的转变。本节将首先介绍如何把 MATLAB 文件转化为独立的 C/C++
语言程序，然后，介绍如何在 MATLAB 环境下创建独立的可执行程序。

6.5.1 转化为 C/C++语言程序

MATLAB 专门提供了 mcc 函数来实现 M 文件到 C/C++语言文件的转化。它的具体调用
格式为：

> ➢ mcc [-options] fun [fun2 ...] [mexfile1 ...] [mlibfile1 ...]

此函数的主要功能是将 MATLAB 程序 fun[.m]转化为 C 语言程序 fun.c 或者 C++语言程
序 fun.cpp，甚至是某种二进制的文件。转化后的文件默认被放在当前的目录下。若 M 文件
多于一个，则每个 M 文件都会生成一个相应的 C 或 C++文件。若源文件中包含有 C 文件则
它们将同新生成的 C 文件一起编译。一些有用的 options 参数及其功能参见表 6.1。

表 6.1 一些有用的 options 参数列表

参 数 值	功 能
c	转化为 C 语言文件但不生成 MEX 文件或独立的应用程序
d \<directory>	指定生成文件的目标目录
G/g	进入调试状态
h	编译帮助函数，所有的 M 文件都将被编译到 MEX 文件或独立应用程序中
L \<option>	指定目标语言为\<option>。其中 "c" 是目标语言为 C 语言，"cpp" 为 C++语言，"p" 则为 MATLAB P 代码
m	指定创建独立 C 语言应用程序的宏。它的作用等同于 "-t -W main -L C -h -T link:exe libmmfile.mlib"
M "\<string>"	向 MBUILD 或 MEX 脚本传递\<string>中包含的信息
o \<outputfilename>	指定输出文件名
O \<optimization>	指定优化参数
p	指定创建独立 C++语言应用程序的宏。它的作用等同于 "-t -W main -L Cpp -h -T link:exe libmmfile.mlib"
v	详细显示编译步骤
x	指定创建独立 MEX 文件的宏。它的作用等同于 "-t -W mex -L C -T link:mexlibrary libmatlbmx.mlib"
S	转化为 Simuink 的 S 函数

下面通过一个具体的例子来说明这种转化的用法。

【例 6.1】 现已有 M 文件 main.m 和 mrank.m，试将其分别转化为 C/C++语言程序。
其中，两个 M 文件分别显示如下，

```
main.m
function main
r = mrank(5)
mrank.m
function r = mrank(n)
r = zeros(n,1)
for k = 1:n
r(k) = rank(magic(k) )
end
```

可以看出，两个文件都非常简单，这里主要的目的是介绍转化的用法。在主函数 main
中调用了子函数 mrank。在 MATLAB 环境下执行主程序得到结果如下所示：

```
>> main
r =
```

```
1
2
3
3
5
```

现在分别将它们转化为 C 语言程序和 C++程序。

● 转化为 C 语言程序

在 MATLAB 的工作窗口中输入如下语句：

```
>> mcc -mc main mrank
```

在当前目录下得到 5 个文件：main.c, main.h, main_main.c, mrank.c 和 mrank.h。

从转换的结果可以看出，在 MATLAB 中非常简单的一段程序在转化成 C 语言之后是非常复杂的。当然，在这里我们不用具体探究每段程序的含义，那样也失去了这种转化的意义。

● 转化为 C++语言程序

在 MATLAB 的工作窗口中输入如下语句：

```
>> mcc -lcpp main mrank
```

在当前目录下得到 5 个文件：main.cpp, main.hpp, main_main.cpp, mrank.cpp 和 mrank.hpp。

有了这段转换后的 C/C++语言程序，用户就可以在其他的 C/C++程序中方便地调用这些程序了。

6.5.2 创建独立的可执行程序

对于一些 C/C++语言的高级用户来说，前面的介绍已经够用了，他们知道如何把转化后的程序在自己已有的程序库中调用。但对于大多数的初级用户来说，得到 C/C++语言或许不是他们的最终目的，他们需要的是可以独立运行的可执行程序。这里介绍两种方法，一种是从前面的 mcc 函数介绍中可以看出，使用特定的参数可以直接得到可执行程序；另一种是对转化好的 C/C++程序再行编译，得到可执行的二进制文件。

方法一

在 MATLAB 的工作窗口中输入：

```
>> mcc -m main mrank
```

或

```
>> mcc -p main mrank
```

则在得到 C/C++语言程序的同时也得到了一个可执行文件 main.exe。

方法二

利用前面已经得到的 C/C++程序，编译出可执行文件。具体操作是在 MATLAB 的工作窗口中输入：

```
>> mbuild main.c main_main.c mrank.c
```

或

```
>> mbuild main.cpp main_main.cpp mrank.cpp
```

其中，mbuild 是 MATLAB 提供的 C/C++的编译指令。按照提示，在选择了正确的编译器之后，MATLAB 会将 C/C++语言程序编译为可执行的文件。一般情况下，除了在当前目录下生成一个 main.exe 之外，还同时生成一个目录 bin，内含 FigureMenuBar.fig 和 FigureToolBar.fig 两个文件。

当然，两种方法所生成的可执行文件是等同的，在 MS-DOS 下执行的结果，其结果与 MATLAB 环境下的运行结果相同。

习 题

1. 分别用 C 语言程序和 C 语言编写的 MEX 文件实现两个双精度实数的乘法，比较两者的差异。
2. 用 FORTRAN 语言重做第 1 题，体会 C 的 MEX 文件与 FORTRAN 的 MEX 文件有何异同。
3. 用 C 或 FORTRAN 语言编写 MEX 文件，实现两个字符串合并为一个字符串。
4. 用 C 或 FORTRAN 语言编写 MEX 文件，画出 $y = \sin(x)$ 的函数图像。
5. 用 C 或 FORTRAN 语言调用 MATLAB 计算引擎，求解方程 $x^3 + x^2 - 1 = 0$。
6. 用 C 或 FORTRAN 语言调用 MATLAB 计算引擎，画出 $y = \sin(x)$ 的函数图像。
7. 用 C 或 FORTRAN 语言调用 MATLAB 计算引擎，利用循环计算从 1 到 100000 的求和，和用 C 或 FORTRAN 语言直接编程计算相比，哪种方法用时长？
8. 用 MATLAB 生成一个元素为 0~1 随机数的 100 阶方阵，然后用 C 或 FORTRAN 语言调用 MATLAB 计算引擎计算其平方。和用 C 或 FORTRAN 语言直接编程计算相比，哪种方法用时长？
9. 用 C 语言或 FORTRAN 语言创建 MAT 文件，写入数组 (1 4 3 2)，并用 MATLAB 读取。
10. 用 MATLAB 创建 MAT 文件，写入数组 (1 4 3 2)，并用 C 语言或 FORTRAN 语言程序读取。
11. 创建一个可以绘制 $y = \sin(x)$ 函数图像的可执行文件。
12. 创建一个可以求解方程 $x^3 + x^2 - 1 = 0$ 的可执行文件。
13. Notebook 使用练习：新建一个 M-book，输入 I=eye(4)，将其定义为输入单元并运行。
14. 利用 Notebook 绘制 $y = x^2$ 的函数图像。
15. 利用 Notebook 求解方程 $x^3 + x^2 - 1 = 0$。

第 *7* 章　MATLAB 在计算方法中的应用

7.1　插值与拟合

插值与拟合是来源于实际、又广泛应用于实际的两种重要方法。随着计算机的不断发展及计算水平的不断提高，它们已在国民生产和科学研究等方面扮演着越来越重要的角色。本节将讨论插值法中重要的 Lagrange 插值、分段线性插值、Hermite 插值及三次样条插值，说明利用 MATLAB 处理此类问题的方法。另外，还对拟合中最为重要的最小二乘法拟合和快速 Fourier 变换加以介绍。

7.1.1　Lagrange 插值

1. 方法介绍

对给定的 n 个插值节点 x_1, x_2, $\cdots$, x_n 及对应的函数值 y_1, y_2, $\cdots$, y_n, 利用 n 次 Lagrange 插值多项式公式，则对插值区间内任意 x 的函数值 y 可通过下式求得：

$$y(x) = \sum_{k=1}^{n} y_k \left(\prod_{\substack{j=1 \\ j \neq k}}^{n} \frac{x - x_j}{x_k - x_j} \right)$$

2. MATLAB 实现

```
lagrange.m
%lagrange insert
function y=lagrange(x0,y0,x)
n=length(x0);m=length(x);
for i=1:m
z=x(i);
s=0.0;
for k=1:n
 p=1.0;
   for j=1:n
   if j~=k
     p=p*(z-x0(j))/(x0(k)-x0(j));
   end
   end
 s=p*y0(k)+s;
```

```
    end
  y(i)=s;
  end
```

3. 习题举例

【例 7.1】 给出 $f(x)=\ln x$ 的数值表，见表 7.1，用 Lagrange 插值计算 $\ln(0.54)$ 的近似值。

表 7.1 数据表

x	0.4	0.5	0.6	0.7	0.8
ln(x)	−0.916291	−0.693147	−0.510826	−0.357765	−0.223144

在 MATLAB 命令窗口中输入：

```
>>x=[0.4:0.1:0.8];
>>y=[-0.916291 -0.693147 -0.510826 -0.356675 -0.223144];
>>lagrange(x,y,0.54)
ans =
     -0.6161
```

说明 同精确解 $\ln(0.54) = -0.616186$ 比较起来，误差还是可以接受的，特别是在工程应用中。

7.1.2 Runge 现象的产生和分段插值

1. 方法介绍

上面根据区间$[a, b]$上给出的节点做插值多项式 $\ln(x)$ 的近似值，一般总认为 $\ln(x)$ 的次数越高则逼近 $f(x)$ 的精度就越好，但事实并非如此。19 世纪 Runge 就给出了一个等距节点插值多项式不收敛的例子，他给出的函数如下：

$$f(x) = \frac{1}{1+x^2}$$

它在区间$[-5, 5]$上的各阶导数存在，但在此区间上取 n 个节点所构造的 Lagrange 插值多项式在全区间内并非都收敛，而且分散得很厉害。看下面的例子。

【例 7.2】 取 $n = 10$，用 Lagrange 插值法进行插值计算。

在 MATLAB 命令窗口中输入：

```
>> x=[-5:1:5];
y=1./(1+x.^2);
x0=[-5:0.1:5];
y0=lagrange(x,y,x0);
y1=1./(1+x0.^2);
%绘制图形
plot(x0,y0,'--r')        %插值曲线
hold on
plot(x0,y1,'-b')         %原曲线
```

得到的图形如图 7.1 所示，插值曲线（虚线）已经严重地偏离了原曲线。

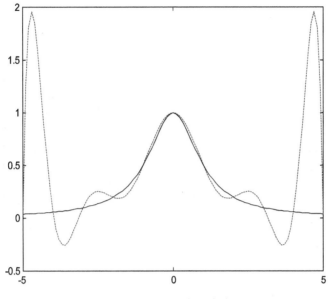

图 7.1　Runge 现象的产生

为了解决 Runge 问题，引入分段插值。

2. 算法分析

所谓分段插值就是通过插值点用折线段连接起来逼近原曲线，这也是计算机绘制图形的基本原理。

3. MATLAB 实现

实现分段插值不用编制函数程序，MATLAB 自身提供了内部函数 interp1。

- interp1　一维插值
- ➤ yi=interp1(x, y, xi)　对一组节点(x, y)进行插值，计算插值点 xi 的函数值。x 为节点向量值，y 为对应的节点函数值。如果 y 为矩阵，则插值对 y 的每一列进行，若 y 的维数超出 x 或 xi 的维数，则返回 NaN。
- ➤ yi=interp1(y, xi)　此格式默认 x = 1:n, n 为向量 y 的元素个数值，或等于矩阵 y 的 size(y, 1)。
- ➤ yi=interp1(x, y, xi, 'method')　method 用来指定插值的算法。默认为线性算法。其值可以是如下的字符串：
- nearest　最近相邻法
- linear　线性法
- spline　样条法
- cubic　保形三次法

所有的插值方法要求 x 是单调的。x 也可能并非连续等距的。当 x 为等距且连续时，可以用快速插值法。x 为非连续的快速线性插值的情况参见函数 interp1q。

【例 7.3】　正弦曲线的插值示例。

```
x = 0:0.1:10;
y = sin(x);
xi = 0:.25:10;
```

```
yi = interp1(x, y, xi);
plot(x, y, 'o', xi, yi)
```

得到的插值曲线如图 7.2 所示。

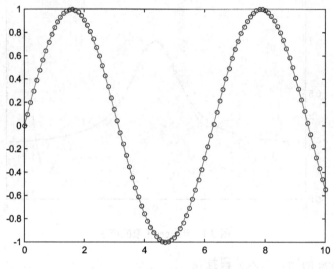

图 7.2　正弦函数的一维插值曲线

4．习题举例

【例 7.4】　计算例 7.2 的函数插值。

```
>> y2=interp1(x,y,x0); plot(x0,y2,'.m')
>> y3=interp1(x,y,x0,'spline'); plot(x0,y3,':k')
>> legend('data from lagrange insert','data from the original function',
        'data from interp1 linear','data from interp1 spline')
```

结果如图 7.3 所示。

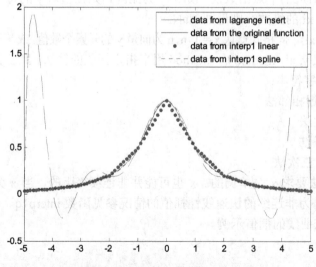

图 7.3　一维线性插值解决 Runge 现象

可见用分段插值不会出现不收敛的现象，若用线性插值可能精度要差一些，但选择样条分段插值之后，精度有明显改善。总之，不发散在实际计算中很重要。因此分段线性插值在实际科研和工程计算中应用也很广泛。

7.1.3　Hermite 插值

1. 方法介绍

不少实际问题中不但要求在节点上函数值相等，而且要求导数值也相等，甚至要求高阶导数值也相等，满足这一要求的插值多项式就是 Hermite 插值多项式。下面只讨论函数值与一阶导数值个数相等且已知的情况。

已知 n 个插值节点 x_1，x_2，$\cdots$，x_n 及其对应的函数值 y_1，y_2，$\cdots$，y_n 和一阶导数值 y'_1，y'_2，$\cdots$，y'_n，则计算插值区域内任意 x 的函数值 y 的 Hermite 插值公式为：

$$y(x) = \sum_{i=1}^{n} h_i[(x_i - x)(2a_i y_i - y'_i) + y_i]$$

其中，$h_i = \prod_{\substack{j=1 \\ j \neq i}}^{n} \left(\frac{x - x_j}{x_i - x_j} \right)^2$，$a_i = \sum_{\substack{i=1 \\ j \neq i}}^{n} \frac{1}{x_i - x_j}$。

2. MATLAB 实现

```
hermite.m
function y=hermite(x0,y0,y1,x)
%hermite insert
n=length(x0);m=length(x);
for k=1:m
  yy=0.0;
  for i=1:n
    h=1.0;
    a=0.0;
    for j=1:n
    if j~=i
        h=h*((x(k)-x0(j))/(x0(i)-x0(j)))^2;
        a=1/(x0(i)-x0(j))+a;
    end
    end
    yy=yy+h*((x0(i)-x(k))*(2*a*y0(i)-y1(i))+y0(i));
    end
    y(k)=yy;
end
```

3. 习题举例

【例 7.5】 Hermite 插值示例。对给定数据表见表 7.2，试构造 Hermite 多项式，并给出 $\sin 0.34$ 的近似值。

表 7.2 数据表

x	0.30	0.32	0.35
$\sin x$	0.29552	0.31457	0.34290
$\cos x$	0.95534	0.94924	0.93937

在 MATLAB 命令窗口中输入：

```
>>x0=[0.3 0.32 0.35];
>>y0=[0.29552 0.31457 0.34290];
>>y1=[0.95534 0.94924 0.93937];
>>x=[0.3:0.005:0.35];
>>y=hermite(x0,y0,y1,x);
>>plot(x, y)    %绘出图形
>>y=hermite(x0,y0,y1,0.34);
>>y
y =
    0.3335
>>sin(0.34)    %对比真实值
ans =
    0.3335
>>y2=sin(x);   %对比真实图形
>>hold on
>>plot(x, y2,'--r')
```

得到的图形如图 7.4 所示。

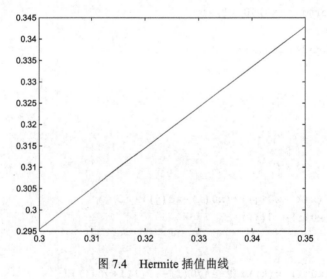

图 7.4 Hermite 插值曲线

说明 图中的两条线完全重合，说明此函数的精度很好。

7.1.4 样条插值

1. 方法介绍

样条函数可以给出光滑的插值曲线（面），因此在数值逼近、常微分方程和偏微分方程的数值解及科学和工程的计算中都起着重要作用。下面着重讨论三次样条插值函数。

设区间[a, b]上给定有关划分 $a=x_0<x_1<\cdots<x_n=b$，S 为[a, b]上满足下面条件的函数。
- $S\in C^2(A, B)$；
- S 在每个子区间$[x_i, x_{i+1}]$上是三次多项式。

则称 S 为关于划分的三次样条函数。常用的三次样条函数的边界条件有三种类型：
- Ⅰ型　$S'(x_0) = f'0$，$S'(x_n) = f'n$。
- Ⅱ型　$S''(x_0) = f''0$，$S''(x_n) = f''n$，其特殊情况为 $S''(x_0) = S''(x_n) = 0$。
- Ⅲ型　$S_j(x_0) = S_j(x_n)$，$j = 0$，1，2，3$\cdots$，此条件称为周期样条函数。

鉴于Ⅱ型三次样条插值函数在实际应用中的重要地位，在此主要对它进行详细介绍。

2. 算法分析

按照传统的编程方法，将公式直接转换为 MATLAB 可识别的语言即可；另一种是运用矩阵运算，发挥 MATLAB 在矩阵运算上的优势。两种方法都可以方便地得到结果。方法二更直观，但计算系数时要特别注意。方法一得到的程序还可在早期版本上运行。

对于Ⅰ型边界，MATLAB 给出了内部函数的解决方案——spline 函数；本书给出Ⅱ型边界条件的三次样条插值的程序，名为 spline2.m。

3. MATLAB 程序

```
spline2.m
function s=spline2(x0,y0,y2n,x)
%s=spline2(x0,y0,y2n,x)
% x0,y0 are existed points,x are insert points, y2n are the second
% derivative numbers given.
n=length(x0);
km=length(x);
a(1)=-0.5;
b(1)=3*(y0(2)-y0(1))/(2*(x0(2)-x0(1)));
for j=1:(n-1)
  h(j)=x0(j+1)-x0(j);
end
for j=2:(n-1)
  alpha(j)=h(j-1)/(h(j-1)+h(j));
  beta(j)=3*((1-alpha(j))*(y0(j)-y0(j-1))/h(j-1)+ ...
    alpha(j)*(y0(j+1)-y0(j))/h(j));
  a(j)=-alpha(j)/(2+(1-alpha(j))*a(j-1));
  b(j)=(beta(j)-(1-alpha(j))*b(j-1))/(2+(1-alpha(j))*a(j-1));
end
m(n)=(3*(y0(n)-y0(n-1))/h(n-1)+y2n*h(n-1)/2-b(n-1))/(2+a(n-1));
for j=(n-1):-1:1
  m(j)=a(j)*m(j+1)+b(j);
end
for k=1:km
  for j=1:(n-1)
    if ((x(k)>=x0(j))&(x(k)<x0(j+1)))
      l(k)=j;
    end
  end
end
```

```
for k=1:km
    sum=(3*(x0(l(k)+1)-x(k))^2/h(l(k))^2- ...
        2*(x0(l(k)+1)-x(k))^3/h(l(k))^3)*y0(l(k));
    sum=sum+(3*(x(k)-x0(l(k)))^2/h(l(k))^2- ...
        2*(x(k)-x0(l(k)))^3/h(l(k))^3)*y0(l(k)+1);
    sum=sum+h(l(k))*((x0(l(k)+1)-x(k))^2/h(l(k))^2- ...
        (x0(l(k)+1)-x(k))^3/h(l(k))^3)*m(l(k));
    s(k)=sum-h(l(k))*((x(k)-x0(l(k)))^2/h(l(k))^2- ...
        (x(k)-x0(l(k)))^3/h(l(k))^3)*m(l(k)+1);
end
```

4. 习题举例

【例7.6】 给定表7.3所列的数据,试求三次样条插值函数满足边界条件 $s''(28.7)=s''(30)=0$。

表7.3 数据表

x	27.7	28	29	30
$f(x)$	4.1	4.3	4.1	3.0

在 MATLAB 命令窗口中输入:

```
>> x=[27.7 28 29 30];
>> y=[4.1 4.3 4.1 3.0];
>> x0=[27.7:0.15:30];
>> y1=spline(x,y,x0);
>> y2=spline2(x,y,0,0,x0);
>> plot(x0,y1,'r',x0,y2,'b',x,y,'ko')
>> legend('I type BC spline','II type BC spline','Data')
```

得到的图形如图 7.5 所示。

对于第 I 类和第 III 类的边界条件的三次样条插值法,可由以上程序做简单的变形即得。

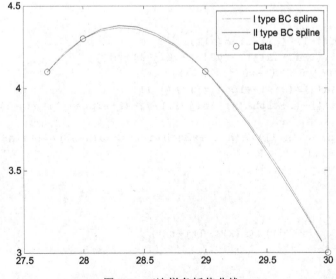

图 7.5 三次样条插值曲线

7.1.5　最小二乘法拟合

1．方法介绍

在科学实验的统计方法研究中，往往要从一组实验数据（x_i, y_i）中寻找出自变量 x 和因变量 y 之间的函数关系 $y=f(x)$。由于观测数据往往不够准确，因此并不要求 $y = f(x)$ 经过所有的点（x_i, y_i），而只要求在给定点 x_i 上误差 $\delta_i = f(x_i)-y_i$ 按照某种标准达到最小，通常采用欧氏范数$\|\delta\|^2$作为误差度量的标准。这就是所谓的最小二乘法。

2．MATLAB 实现

在 MATLAB 中实现最小二乘法拟合通常可以采用如下两种途径：
➤ 利用 polyfit 函数进行多项式拟合。
➤ 利用矩阵除法解决复杂型函数的拟合。

3．习题举例

【例 7.7】　设 $y = \text{span}\{1, x, x^2\}$，用最小二乘法拟合表 7.4 所列的数据。

表 7.4　数据表

x	0.5	1.0	1.5	2.0	2.5	3.0
y	1.75	2.45	3.81	4.80	7.00	8.60

此例用 polyfit 功能函数进行拟合。
在 MATLAB 命令窗口中输入：

```
>> x=[0.5 1.0 1.5 2.0 2.5 3.0];
>> y=[1.75 2.45 3.81 4.80 7.00 8.60];
>> a=polyfit(x,y,2)
a =
    0.5614    0.8287    1.1560
>> x1=[0.5:0.05:3.0];
>> y1=a(3)+a(2)*x1+a(1)*x1.^2;
>> plot(x,y,'*')
>> hold on
>> plot(x1,y1,'-r')
```

得到的图形如图 7.6 所示。

【例 7.8】　用最小二乘法求一个形如 $y=a+bx^2$ 的经验公式，使它与表 7.5 所列的数据相拟合。

表 7.5　数据表

x_i	19	25	31	38	44
y_i	19.0	32.3	49.0	73.3	98.8

下面用另一种方法来求解此拟合问题。用求解矩阵的方法来解，把 a, b 看成未知量。已知 x_i, y_i，求解一超定方程。

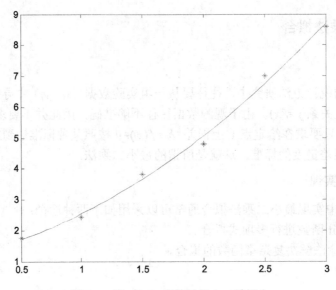

图 7.6　用 polyfit 函数做最小二乘拟合

在 MATLAB 中实现为：

```
>>x=[19 25 31 38 44]
>>y=[19.0 32.3 49.0 73.3 98.8]
>>x1=x.^2
x1 =
       361       625       961      1444      1936
>>x1=[ones(5,1),x1']
x1 =
          1       361
          1       625
          1       961
          1      1444
          1      1936
>>ab=x1\y'
ab =
    0.9726
    0.0500
>>x0=[19:0.2:44]
>>y0=ab(1)+ab(2)*x0.^2
>>%绘制图形
>>clf
>>plot(x, y, 'o')
>>hold on
>>plot(x0, y0, '-r')
```

图形如图 7.7 所示。

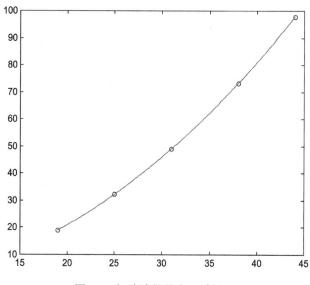

图 7.7　矩阵法做最小二乘拟合

7.1.6　快速 Fourier 变换简介

1. 方法介绍

在函数逼近中，当函数为周期函数时，显然用三角多项式逼近比用代数多项式更合适，这时引入了 Fourier 逼近和快速 Fourier 变换。快速 Fourier 算法是 20 世纪 60 年代以来推广的一种有效算法，目前应用十分广泛。

2. MATLAB 实现

在 MATLAB 中，快速 Fourier 变换由以下各函数实现。

● fft　快速离散 Fourier 变换

调用形式（逆函数相同）

➢ fft(x)

➢ fft(x，n)

➢ fft(x, [ ], DIM) 或 fft(x, n, DIM)

● fft2　二维快速离散 Fourier 变换

调用形式（逆函数相同）

➢ fft2(x)

➢ fft2(x, MROWS, NCOLS)

● fftn　n 维快速离散 Fourier 变换

调用形式（逆函数相同）

➢ fftn(x)

➢ fftn(x, siz)

● ifft　快速离散 Fourier 逆变换

● ifft2　二维快速离散 Fourier 逆变换

● ifftn　n 维快速离散 Fourier 逆变换

3. 习题举例

【例 7.9】 给出一张记录 $\{x_k\}$= [4 3 2 1 0 1 2 3]，用 FFT 算法求 $\{x_k\}$，离散频谱 $\{C_k\}$，其中 k=0，1，…，7。

为了让读者更好地了解 FFT 算法的性质，在此加入一对应记录 $\{y_k\}$= [1 1 1 1 1 1 1 1]，并求两记录的线性卷积运算。

解： MATLAB 计算

● 原题的计算

```
>>x =[ 4    3    2    1    0    1    2    3];
>>fft(x)
ans =
  Columns 1 through 4
  16.0000   6.8284 + 0.0000i   0   1.1716 + 0.0000i
  Columns 5 through 8
      0   1.1716 - 0.0000i   0   6.8284 - 0.0000i
```

● 卷积运算演示

```
>>x =[ 4    3    2    1    0    1    2    3];
>>y =[ 1    1    1    1    1    1    1    1];
>>fx=fft(x, 19)
fx =
16.0000         6.0449-8.0750i  3.8680-0.0714i  8.3556-4.7315i
0.1218-5.9360i  1.5052+0.8565i  3.8214-2.1550i  0.9916-0.5020i
4.0268-0.0610i  1.2646-2.1290i  1.2646+2.1290i  4.0268+0.0610i
0.9916+0.5020i  3.8214+2.1550i  1.5052-0.8565i  0.1218+5.9360i
8.3556+4.7315i  3.8680+0.0714i  6.0449+8.0750i
>>fy=fft(y, 19)
fy =
8.0000          2.3658-5.3936i  -0.9928-1.0784i  1.4621-0.5019i
0.1126-1.3583i  0.3881+0.2101i  0.9394-0.7312i  -0.0441-0.1742i
0.9318+0.1555i  0.3371-0.5160i  0.3371+0.5160i  0.9318-0.1555i
-0.0441+0.1742i  0.9394+0.7312I  0.3881-0.2101i  0.1126+1.3583i
1.4621+0.5019i  -0.9928+1.0784i  2.3658+5.3936i
>>xy=conv(x, y)
xy =
  Columns 1 through 12
      4   7   9  10  10  11  13  16  12   9   7   6
  Columns 13 through 15
      6   5   3
>>yx=ifft(fx.*fy)
yx =
 4.0000-0.0000i   8.0000-0.0000I   9.0000-0.0000i  10.0000-0.0000i
10.0000-0.0000i  11.0000-0.0000i  13.0000-0.0000I  16.0000-0.0000i
12.0000+0.0000I   9.0000+0.0000I   8.0000+0.0000i   6.0000+0.0000i
 6.0000+0.0000i   5.0000+0.0000i   3.0000+0.0000i   0.0000+0.0000i
 0.0000+0.0000i   0.0000           0.0000-0.0000i
```

```
>>real(yx)
ans=
  4.0000   8.0000   9.0000  10.0000  10.0000  11.0000  13.0000
 16.0000  12.0000   9.0000   8.0000   6.0000   6.0000   5.0000
  3.0000   0.0000   0.0000   0.0000   0.0000
```

说明

➢ 两个序列的长度均为 8，为了能够用 FFT 进行线性卷积计算，用选择 $N \geqslant 8+8-1$，分别进行 19 点的 FFT 变换，然后再进行 19 点的 IFFT。

➢ 由于计算的截断误差的影响，经过变换后的数据会带来模很小的虚部，可以用函数 real 命令把它消去。

➢ 以上结果表明，直接用卷积函数计算结果和通过变换得到的结果相同。

7.2　积分与微分

"微积分"是大学生们（不论是什么专业）一踏入大学校门就首先接触到的一门重要的基础课。实践证明，微积分运算也是实际工作和学习中应用最为广泛的基本工具，它是科学计算最重要的组成部分。

同样，在 MATLAB 中，微积分运算得到了足够的重视，仅函数就有十几个。本节将对各功能函数进行一一介绍，并引入几个扩充函数。

7.2.1　Newton-Cotes 系列数值求积公式

若将积分区间[a, b]划分为 n 等份，步长 $h = (b-a)/n$，选取等距节点 $x_k = a+kh$，构造下面的插值型求积公式。

$$I_n = (b-a)\sum_{k=0}^{n} C_k^{(n)} f(x_k)s$$

其中，$x_k = a+kh$，$C_k^{(n)}$ 由下面的 Cotes 系数表（表 7.6）给出。

表 7.6　Cotes 系数表

n	$C_k^{(n)}$								
1	$\frac{1}{2}$								
2	$\frac{1}{6}$	$\frac{2}{3}$	$\frac{1}{6}$						
3	$\frac{1}{8}$	$\frac{3}{8}$	$\frac{3}{8}$	$\frac{1}{8}$					
4	$\frac{7}{90}$	$\frac{16}{45}$	$\frac{6}{15}$	$\frac{16}{45}$	$\frac{7}{90}$				
5	$\frac{19}{288}$	$\frac{25}{96}$	$\frac{25}{144}$	$\frac{25}{144}$	$\frac{25}{96}$	$\frac{19}{288}$			
6	$\frac{41}{840}$	$\frac{9}{35}$	$\frac{9}{280}$	$\frac{34}{105}$	$\frac{9}{280}$	$\frac{9}{35}$	$\frac{41}{840}$		
7	$\frac{751}{17280}$	$\frac{3577}{17280}$	$\frac{71323}{17280}$	$\frac{2989}{17280}$	$\frac{2989}{17280}$	$\frac{71323}{17280}$	$\frac{3577}{17280}$	$\frac{751}{17280}$	
8	$\frac{989}{28350}$	$\frac{5888}{28350}$	$\frac{-929}{28350}$	$\frac{10496}{28350}$	$\frac{-4540}{28350}$	$\frac{10496}{28350}$	$\frac{-929}{28350}$	$\frac{5888}{28350}$	$\frac{989}{28350}$

可以看到，当 $n>7$ 时，Cotes 系数有正有负，这时稳定性得不到保证。由此可见，实际上一般计算不用高阶的 Newton-Cotes 公式。

观察 Cotes 系数表不难发现：

➢ 当 $n=0$ 时，即为矩形公式（稍做变化）。

➢ 当 $n=1$ 时，即为梯形公式。

➢ 当 $n=2$ 时，即为 Simpson 公式。

➢ 当 $n=3$ 时，即为 Cotes 公式。

以上 4 个公式在 MATLAB 中已有其对应的功能函数，读者若感兴趣，可根据表 7.6 对某已有函数稍做变化即可得到新的 n 阶 Newton-Cotes 积分函数。

下面对以上 4 个函数分别做简单介绍。

1. 矩形求积公式

● cumsum 元素累积和函数

对于向量 x，cumsum(x)返回一结果向量，此向量的第 n 个元素为向量 x 的前 n 个元素的和；对于矩阵 X，cumsum(x)返回一矩阵，此矩阵的列即为对应 X 的列的累积和返回值；对于 N 维数组 X，cumsum(x)操作从第一个非独立维开始。

➢ cumsum(X, DIM) 参数 DIM 指明求和是从第 DIM 维开始求和。

【例如】

```
>>X=[0 1 2; 3 4 5];
>>cumsum(X, 1)
ans =
    0    1    2
    3    5    7
>>cumsum(X,2)
ans =
    0    1    3
    3    7   12
```

2. 梯形求积公式

● trapz 梯形数值积分

➢ Z = trapz(Y) 由梯形方法计算 Y 的积分近似值。对向量 Y，trapz(Y)函数返回 Y 的积分；对于矩阵 Y，trapz(Y)返回一行向量，此向量的各元素值为矩阵 Y 的对应列向量的积分值；对于 N 维数组，trapz(Y)从第一个非独立维开始计算。

➢ Z = trapz(X,Y) 使用梯形法计算 Y 对 X 的积分值。X 和 Y 必须相等，或 X 为一列向量而同时 Y 必须为第一非独立维是 X 的长度值的数组。函数将沿此维开始操作。

➢ Z = trapz(X, Y, DIM)或 trapz(Y, DIM) 对 Y 的交叉维 DIM 积分。X 的长度必须等于 size(Y, DIM)。

【例如】

```
>>Y=[0 1 2; 3 4 5];
>>trapz(Y,1)
ans =
   1.5000   2.5000   3.5000
>>trapz(Y,2)
```

```
ans=
     2
     8
```

下面对以上两个函数举例介绍它们在积分计算中的应用，并比较它们的精度。

【例 7.10】　求积分 $\int_0^{3\pi} e^{-0.5t} \sin(t + \pi/6) dt$

解：建立被积函数

fun.m
```
function y=fun(t)
y=exp(-0.5*t).*sin(t+pi/6);
```

在 MATLAB 命令窗口中输入：

```
>> d=pi/1000;
>> t=0:d:3*pi;
>> nt=length(t);
>> y=fun(t);
>> sc=cumsum(y)*d;
>> scf=sc(nt)
scf =
   0.901618619310013
>> z=trapz(y)*d
z =
   0.900840276606885
```

说明　该积分的精确解为 0.9008407878，显然函数 trapz 的精度要比 cumsum 的精度好。

3. 自适应法——Simpson 法求积

函数介绍

● quad　自适应法 Simpson 积分
  ➤ Q = quad(FUN, a, b)　使用 Simpson 法的自适应递归法求函数 FUN(x)从 a 到 b 的相对误差为 1e-6 的积分近似值，其中 F 为函数名。当输入向量值时，函数 F 需返回输出向量。当积分超出递归水平时，Q 输出 inf。
  ➤ Q = quad(FUN, a, b, tol)　向量 tol 可包括两个元素，分别用以指定相对误差和绝对误差。
  ➤ Q = quad(FUN, a, b, tol, TRACE)　当 TRACE 不为零时，给出图形。

相似功能的函数还有：

● quadv　复杂函数的积分近似
● quadl　自适应法 Lobatto 积分
● quadgk　自适应法 Gauss-Kronrod 积分

为了更加系统地介绍其他积分的编程方法，把 quad.m 函数作为样板，针对此函数，介绍如何进行简单的改动，使之变成其他的积分方法。

```
quad.m
function [Q,cnt] = quad(funfcn, a, b,  tol,trace,varargin)
if nargin < 4,tol = [1.e-3 0]; trace = 0; end
if nargin < 5,trace = 0; end
```

```
c = (a + b)/2;
if isempty(tol),tol = [1.e-3 0]; end
if length(tol)==1,tol = [tol 0]; end
if isempty(trace),trace = 0; end
x = [a b c a:(b-a)/10:b];                    % 初始化变量
y = feval(funfcn,x,varargin{:});
fa = y(1);
fb = y(2);
fc = y(3);
if trace
    lims = [min(x) max(x) min(y) max(y)];
    if ~isreal(y)
        lims(3) = min(min(real(y)),min(imag(y)));
        lims(4) = max(max(real(y)),max(imag(y)));
    end
    ind = find(~isfinite(lims));
    if ~isempty(ind)
        [mind,nind] = size(ind);
        lims(ind) = 1.e30*(-ones(mind,nind) .^ rem(ind,2));
    end
    axis(lims);
    plot([c b],[fc fb],'.')
    hold on
    if ~isreal(y)
        plot([c b],imag([fc fb]),'+')
    end
    drawnow
end
lev = 1;
% Adaptive,recursive Simpson's quadrature
if ~isreal(y)
    Q0 = 1e30;
else
    Q0 = inf;
end
recur_lev_excess = 0;
[Q,cnt,recur_lev_excess] = ...
quadstp(funfcn, a, b,  tol,lev,fa,fc,fb,Q0,trace,recur_lev_excess,varargin{:});
cnt = cnt + 3;
if trace
    hold off
    axis('auto');
end
 if (recur_lev_excess > 1)
   warning(sprintf('Recursion level limit reached %d times.',...
        recur_lev_excess ))
   end
```

```
function [Q,cnt,recur_lev_excess]=quadstp(FunFcn, a, b,  tol,lev,fa,fc,fb,Q0,trace,
          recur_lev_excess,varargin)
LEVMAX=10;
if lev > LEVMAX
   % Print warning the first time the recursion level is exceeded.
     if ~recur_lev_excess
 warning('Recursion level limit reached in quad.Singularity likely.')
       recur_lev_excess = 1;
     else
       recur_lev_excess = recur_lev_excess + 1;
     end
   Q = Q0;
   cnt = 0;
   c = (a + b)/2;
   if trace
       yc = feval(FunFcn,c,varargin{:});
       plot(c,yc,'.');
       if ~isreal(yc)
           plot(c,imag(yc),'+');
       end
       drawnow
   end
else
% Evaluate function at midpoints of left and right half intervals.
   h = b - a;
   c = (a + b)/2;
   x = [a+h/4,b-h/4];
   f = feval(FunFcn,x,varargin{:});
   if trace
       plot(x,f,'.');
       if ~isreal(f)
           plot(x,imag(f),'+')
       end
       drawnow
   end
   cnt = 2;
   % Simpson's rule for half intervals
   Q1 = h*(fa + 4*f(1) + fc)/12;
   Q2 = h*(fc + 4*f(2) + fb)/12;
   Q = Q1 + Q2;
   % Recursively refine approximations.
   if abs(Q - Q0) > tol(1)*abs(Q) + tol(2);
[Q1,cnt1,recur_lev_excess] = …
         quadstp(FunFcn,a,c,tol/2,lev+1,fa,f(1),fc,Q1,trace,recur_lev_excess,
             varargin{:});
[Q2,cnt2,recur_lev_excess] = …
         quadstp(FunFcn,c,b,tol/2,lev+1,fc,f(2),fb,Q2,trace,recur_lev_excess,
             varargin{:});
```

```
        Q = Q1 + Q2;
        cnt = cnt + cnt1 + cnt2;
    end
end
```

应用举例

【例 7.11】 求下列积分值。

$$\int_0^1 \frac{x}{x^2+4}dx$$

编制函数文件：

fun.m
```
function f=fun(x)
f=x./(4+x.^2);
```

计算积分，在 MATLAB 命令窗口中输入：

```
>>quad('fun',0,1)
ans =
    0.1116
```

4. 多重数值积分

前面介绍的方法或函数都是针对一元变量的积分，在实际问题中，多元函数的积分也经常遇到，此时我们就需要多重积分。MATLAB 提供了两个多重积分的标准函数 dblquad 和 triplequad，分别用来实现二重积分和三重积分。其函数说明及调用格式为：

- dblquad 二重积分
  - ➤ Q = dblquad(FUN,XMIN,XMAX,YMIN,YMAX)
  - ➤ Q = dblquad(FUN,XMIN,XMAX,YMIN,YMAX,TOL)
  - ➤ Q = dblquad(FUN,XMIN,XMAX,YMIN,YMAX,TOL,@QUADL)
- triplequad 三重积分
  - ➤ Q = triplequad(FUN,XMIN,XMAX,YMIN,YMAX,ZMIN,ZMAX)
  - ➤ Q = triplequad(FUN,XMIN,XMAX,YMIN,YMAX,ZMIN,ZMAX,TOL)
  - ➤ Q = triplequad(FUN,XMIN,XMAX,YMIN,YMAX,ZMIN,ZMAX,TOL,@QUADL)

其中 FUN 为多元函数，XMIN,XMAX,YMIN,YMAX,ZMIN,ZMAX 分别是自变量的积分限，TOL 代表积分误差限，默认值为 1.e-6；参数@QUADL 表示使用 Lobatto 积分算法代替 Simpson 算法。

应用举例：

【例 7.12】(a) 求积分：$\int_{-1}^{1}\int_0^1\int_0^{\pi} y\sin x + z\cos x\,dx\,dy\,dz$

方法 1：首先编制被积函数的 M 文件 integf.m

```
function f = integf(x,y,z)
f = y*sin(x)+z*cos(x);
```

在命令窗口输入：

```
>> Q = triplequad(@integf,0,pi,0,1,-1,1);
>> Q
```

```
Q =

    2.0000
```

方法 2：直接在命令窗口中使用匿名函数句柄：

```
>> F = @(x,y,z)y*sin(x)+z*cos(x);
>> Q = triplequad(F,0,pi,0,1,-1,1)

Q =

    2.0000
```

（b）用积分计算圆周率的值

```
pi2=dblquad(@(x,y)x.^2+y.^2-1<0,-1,1,-1,1)

pi2 =

    3.1416
```

对于二重积分，若积分限并非数值而是变量的函数，MATLAB 还提供了另一个函数的解决方案：quad2d，其函数说明和调用格式为：

- quad2d　平面内的二重积分
  - ➢ q = quad2d(fun,a,b,c,d)
  - ➢ [q,errbnd] = quad2d(...)
  - ➢ q = quad2d(fun,a,b,c,d,param1,val1,param2,val2,...)

其中 a 和 b 为数值，c 和 d 可以是 x 的函数。errbnd 为绝对误差的近似上限，参数 param 可以是绝对误差限（AbsTol）、相对误差限（RelTol）、最大调用函数次数（MaxFunEvals）、失败绘图（FailurePlot），以及奇点处理（Singular）。

应用举例：

【例 7.13】　求积分 $\int_0^1 \int_0^{1-x} \left[(x+y)^{1/2}(1+x+y)^2 \right]^{-1} \mathrm{d}y\mathrm{d}x$

分析：此积分 y 的积分上限是 x 的函数，且被积函数在（0,0）点无穷大，只能使用 quad2d 求解。

在 MATLAB 命令窗口中定义被积函数：

```
>> fun = @(x,y) 1./(sqrt(x + y) .* (1 + x + y).^2 )
```

定义 y 积分上限函数：

```
>> ymax = @(x) 1 - x;
```

求积分：

```
>> Q = quad2d(fun,0,1,0,ymax)
Q =

    0.2854
```

此积分的精确解为 $\pi/4-1/2$，验证一下：

```
>> pi/4-1/2
```

```
ans =

    0.2854
```

可见，积分结果正确。

7.2.2 Gauss 求积公式

为了使求积公式得到较高的代数精度，可以使用 Gauss 公式：

$$\int_{-1}^{1} f(x)\mathrm{d}x \approx \sum_{k=0}^{n} A_k f(x_k)$$

式中 A_k 为 Gauss-Legendre 系数。

它可使计算达到 $2n-1$ 次的代数精度。对任意的求积区间 $[a, b]$，通过变换 $x=(b-a)x/2+(a+b)/2$，可以转化到区间 $[-1, 1]$ 上。此时

$$\int_{a}^{b} f(x)\mathrm{d}x \approx \frac{b-a}{2} \int_{-1}^{1} f\left(\frac{b-a}{2}t + \frac{a+b}{2}\right)\mathrm{d}t$$

表 7.7 给出了 Gauss-Legendre 节点和系数。

表 7.7　Gauss-Legendre 节点和系数表

n	x_k	A_k	n	x_k	A_k
0	0.00000000	2.00000000	3	±0.8611363	0.3478548
				±0.3398810	0.6521452
1	±0.5773503	1.00000000	4	±0.9061793	0.2369269
				±0.5384693	0.4786287
				0.00000000	0.5688889
2	±0.7745967	0.55555556			
	0.00000000	0.88888889			

由此系数表，编一个简单的高斯求积函数，此函数输入积分区间端点值和分割区间的数目，应用 $n=1$ 的高斯公式求积分值。

```
gauss1.m
function s=guass1(a,b,n)
h=(b-a)/n;
s=0.0;
for m=0:(1*n/2-1)
s=s+h*(guassf(a+h*((1-1/sqrt(3))+2*m))+guassf(a+h*((1+1/sqrt(3))+2*m)));
end
```

【例 7.14】　求下面的积分值

$$G = \int_{0}^{1} \cos(x)\mathrm{d}x$$

解：先确定 n 的值。由高斯余项可得下式：

$$\frac{nh^5}{270} = \frac{1}{270n^4} < 5 \times 10^{-6}$$

计算得到 $n = 6$。

编制函数文件如下：

guassf.m
```
function y=guassf(x)
y=cos(x);
```

计算积分：

```
>>guass1(0,1,6)
ans =
    0.8415
```

上面的方法中，区间的分割数目需要自己确定，这里参考自适应递归方法，如函数 quad，引入一种自适应的高斯递归求积函数。为了说明问题，以 $n = 3$ 的高斯公式为例。

gauss3.m
```
function g=gauss3(fun, a, b,  tol)
if nargin<4 tol=1e-6;end
c=(a+b)/2;
x=[a,b,c];
y=feval(fun,x);
lev=1;
if any(imag(y))
   g0=1e30;
else
   g0=inf;
end
g=gaussstp1(fun, a, b,  tol,lev,g0);
function g=gaussstp1(fun, a, b,  tol,lev,g0)
levmax=10;
if lev>levmax
   disp( 'Reearsion level limit reached in gauss');
   g=g0;
else
   c=(a+b)/2;
   g1=gaussstp2(fun,a,c);
   g2=gaussstp2(fun,c,b);
   g=g1+g2;
   if abs(g-g0)>tol*abs(g)
      g1=gaussstp1(fun,a,c,tol/2,lev+1,g1);
      g2=gaussstp1(fun,c,b,tol/2,lev+1,g2);
      g=g1+g2;
   end
end
function g=gaussstp2(fun,a,b)
h=(b-a)/2;
c=(a+b)/2;
x=[h*(-0.7745967)+c,c,h*0.7745967+c];
f=feval(fun,x);
g=h*(0.55555556*(f(1)+f(3))+0.888888889*f(2));
```

说明　为了更清楚地说明问题，在此函数中，引入了两个子函数，特别是第二个子函数，

它是实现 $n=3$ 的高斯公式的主体，也就是说，读者可简单地对其进行修改，就可以得到其他阶的公式求积函数。

下面继续以例 7.13 为例，计算积分值。

```
>>gauss3('guassf',0,1)
ans =
     0.8415
```

可以看出此函数的调用是很方便的。

7.2.3　Romberg 求积公式

利用梯形公式进行数值积分，算法简单、编程容易，但精度较差、收敛速度慢，为了提高收敛速度以节约计算量，人们引入了 Romberg 求积公式。此方法可自动改变积分步长，使其相邻两个值的绝对误差或相对误差小于预先设定的允许误差。因此，Romberg 积分公式在数值积分中起着很重要的作用。

受梯形公式、Cotes 公式的启发，可以得到以下的 Romberg 公式。

$$T_L^{(k)} = \frac{4^L T_{L-1}^{(k+1)} - T_{L-1}^{(k)}}{4^L - 1}$$

● MATLAB 程序实现

rbg1.m
```
function [s,n]=rbg1(a,b,eps)
if nargin<3,eps=1e-6;end
s=10;
s0=0;
k=2;
t(1,1)=(b-a)*(f(a)+f(b))/2;
while (abs(s-s0)>eps)
   h=(b-a)/2^(k-1);
   w=0;
   if(h~=0)
      for i=1:(2^(k-1)-1)
        w=w+f(a+i*h);
      end
      t(k,1)=h*(f(a)/2+w+f(b)/2);
      for l=2:k
        for i=1:(k-l+1)
           t(i,l)=(4^(l-1)*t(i+1,l-1)-t(i,l-1))/(4^(l-1)-1);
        end
      end
      s=t(1,k);
      s0=(t(1,k-1));
      k=k+1;
      n=k;
   else s=s0;
      n=-k;
   end
end
```

【例 7.15】　用 Romberg 加速法计算积分：

（a）$\int_0^2 x^3 \mathrm{d}x$；　　　　（b）$\int_0^{3\pi} \mathrm{e}^{-0.5t} \sin(t + \pi/6)\,\mathrm{d}t$

解：

（a）改编 f.m 函数如下：

```
function f=f(x);
f=x.^3;
```

计算积分，在 MATLAB 命令窗口中输入：

```
>>rbg1(0,2)
ans =
    4
```

（b）编写被积函数 M 文件如下：

```
function f=f(x)
f=exp(-0.5*x).*sin(x+pi/6);
```

计算积分，在 MATLAB 命令窗口中输入：

```
>> rbg1(0,pi*3)
ans =
  0.900840788162886
```

说明：对比梯形法（trapz）的结果，这个方法得到的结果更接近精确解。

7.2.4　Monte-Carlo 方法简介

以上介绍的几种数值积分的计算方法都是针对一元函数进行的，也就是说，是一维计算。对二维情况，可依规律写出公式修改程序，公式在许多计算方法书中可以查到，程序也无非是加个循环控制，不难实现。但是，当积分项到了三维或三维以上，再用这种常规的方法求解是不合适的，特别是算法上稳定性和精度都得不到保证。因此引入一种基于随机取样统计的方法即 Monte-Carlo 法来解决这类问题。

下面以求解一个半球的体积这样一个很简单的问题入手来介绍 Monte-Carlo 方法及其 MATLAB 的实现。

为了简单起见，设此半球的函数为：

$$f(x,y,z) = x^2 + y^2 + z^2 - 3$$

其中
$$-\sqrt{3} \leqslant x \leqslant \sqrt{3}$$
$$-\sqrt{3} \leqslant y \leqslant \sqrt{3}$$

由于是半球，因此，$0 \leqslant z \leqslant \sqrt{3}$。

为了解决此问题，需要编制 Monte-Carlo 函数。

mtcl.m
```
function y=mtcl(x,y,z,n)
if nargin<4 n=10000;end
n0=0;
xh=x(2)-x(1);
yh=y(2)-y(1);
```

```
zh=z(2)-z(1);
for i=1:n
  a=xh*rand+x(1);
  b=yh*rand+y(1);
  c=zh*rand+z(1);
  f=sphere3([a,b,c]);
  if f<=0
    n0=n0+1;
  end
end
y=n0/n*xh*yh*zh;
```

球函数 f.m:

```
function y=sphere3(x)
y=x(1).^2+x(2).^2+x(3).^2-3;
```

积分计算:

```
>>x=[-sqrt(3),sqrt(3)];
>>y=[-sqrt(3),sqrt(3)];
>>z=[0,sqrt(3)];
>>mtcl(x, y,z)
ans =
    10.7124
```

当增加随机点的个数时:

```
>>mtcl(x, y, z,100000)
ans =
    10.9159
```

由精确计算可知, 此半球的体积为 10.8828, 可见以上两次计算都还是比较接近精确值的, 但是由于此方法中应用了随机统计的方法, 因此在计算中不可能得到固定的结果。随着随机点的增加, 计算值会很靠近精确值。此方法须耗费一定的时间, 但在多维计算中比较常用。

7.2.5 符号积分

除数值积分函数外, MATLAB 的符号数学工具箱还提供了两个符号积分函数 int 和 symsum。关于它们的具体使用方法已在第 3 章符号功能中做了详细的介绍。

7.2.6 微分和差分

微分和差分也是进行数学计算的重要部分, 但由于计算中很少出现稳定性和精度问题, 所以相应的算法也较少。MATLAB 提供了 4 个功能函数, 应用这 4 个功能函数或进行适当的用户扩展, 就可以解决几乎所有的微分和差分问题。

下面对这几个函数结合问题加以介绍。

进行微分和差分的最基本的函数当属 diff, 它包括数值微分和符号微分两种功能。

1. 数值微分和差分

➤ diff(x) 对向量 x, 其值为 $[x(2)-x(1)\quad x(3)-x(2)\quad \cdots\quad x(n)-x(n-1)]$。
➤ diff(X) 对矩阵 X, 其值为矩阵列的差分 $[X(2:n, :)-X(1:n-1, :)]$。

- ➢ diff(X)　对 N 维数组 X，其值为沿第 1 非独立维的差分值。
- ➢ diff(X, n)　求 n 阶的差分值，如果 n≥size(X, DIM)，diff 函数将先计算可能的连续差分值，直到 size(X, DIM) = 1。然后 diff 沿任意 n+1 维进行差分计算。
- ➢ diff(X, n, DIM)　求 n 阶的差分值，如果 n≥size(X, DIM)，函数返回空数组。

2．符号微分和差分

- ➢ diff(S)　对由 findsym 返回的自变量微分符号表达式 S。
- ➢ diff(S, 'v')或 diff(S, sym('v'))　对自变量 v 微分符号表达式 S。
- ➢ diff(S, n)　对正整数 n，函数微分 S 表达式 n 次。
- ➢ diff(S, 'v', n)和 diff(S, n, 'v')　两种形式都可以被识别。

【例如】

```
>>x = sym('x');
>>diff(sin(x^2))
ans=
    2*cos(x^2)*x
```

3．梯度函数

- ● gradient　近似梯度函数。
  - ➢ [fx, fy]=gradient(F)　返回矩阵 F 的数值梯度，fx 相当于 dF/dx，为 x 方向的差分值。fy 相当于 dF/dy，为 y 方向的差分值。各个方向的点间隔设为 1。当 F 为向量时，DF = gradient(F)为一维梯度。
  - ➢ [fx, fy] = gradient(F, H)　当 H 为数量时，使用 H 为各方向点间隔。
  - ➢ [fx, fy] = gradient(F, HX, HY)　当 F 为二维时，使用 HX 和 HY 指定点间距。HX 和 HY 可为数量和向量，如果 HX 和 HY 为向量，则它们的维数必须和 F 的维数匹配。
  - ➢ [fx, fy, fz] = gradient(F)　返回三维的梯度。
  - ➢ [fx, fy, fz] = gradient(F, HX, HY, HZ)　使用 HX，HY，HZ 指定间距。
  - ➢ [fx, fy, fz, …] = gradient(F, …)　当 F 是 N 维数组的相似性扩充时。

4．多元函数的导数

在多元函数中，仿照单元函数的极限、可微的概念引入了一种 Frechet 导数。

$$F(x) = \begin{pmatrix} f_1(x_1,...,x_n) \\ ... \\ f_m(x_1,...,x_n) \end{pmatrix} \Rightarrow F'(x) = \begin{pmatrix} \dfrac{\partial f_1}{\partial x_1} & \cdots & \dfrac{\partial f_1}{\partial x_n} \\ \vdots & \ddots & \vdots \\ \dfrac{\partial f_m}{\partial x_1} & \cdots & \dfrac{\partial f_m}{\partial x_n} \end{pmatrix}$$

多元函数的 Frechet 导数在非线性方程的求解和变分原理中有极其重要的应用。在 MATLAB 中，此问题的实现由函数 jacobian 完成。

- ➢ jacobian(f, v)　计算数量或向量 f 对向量 v 的 Jacobi 矩阵，注意当 f 为数量时，函数返回 f 的梯度。

【例 7.16】 求如下函数的 Jacobi 矩阵。

$$F(x, y, z) = \begin{bmatrix} 3x - \cos(xy) - 0.5 \\ x^2 - 81(y + 0.1)^2 + \sin z + 1.06 \\ e^{-xy} + 20z + \dfrac{10\pi}{3} - 1 \end{bmatrix}$$

在 MATLAB 命令窗口中输入：

```
>> syms x y z
>> f=[2*x-cos(x*y)-0.5;x^2-81*(y+0.1)^2+sin(z)+1.06;exp(-x*y)+20*z+pi*10-1]
>> jacobian(f,[x,y,z])
 ans =
 [ y*sin(x*y) + 2,      x*sin(x*y),        0]
 [            2*x, - 162*y - 81/5, cos(z)]
 [   -y/exp(x*y),    -x/exp(x*y),       20]
```

7.3 求解线性方程组

在自然科学和工程技术中很多问题的解决常常归结为解线性代数方程组，而这些方程组的系数矩阵大致可分为两种，一种为低阶稠密矩阵（例如阶数大约小于 150）；另一种是大型稀疏矩阵（即矩阵阶数高且零元素多）。

关于线性方程组的解法一般可分为两类：一是直接法，通过矩阵的变形、消去直接得到方程的解，这类方法是解低阶稠密矩阵方程组的有效方法；二是迭代法，就是用某种极限过程去逐渐逼近方程组精确解的方法，迭代法是解大型稀疏矩阵方程组的重要方法。

7.3.1 直接解法

1. 线性方程组的直接求解——矩阵除法

关于线性方程组的直接解法，大多数数值分析的书都有比较详尽的论述，如 Gauss 消去法、选主元消去法、平方根法、追赶法等。在 MATLAB 中，只用一个"/"或"\"就可解决问题。虽然表面上只是一个简简单单的符号，而它的内部却包含着许许多多的自适应算法，如对超定方程用最小二乘法，对欠定方程时它将给出范数最小的一个解，解三对角阵方程组时用追赶法等。

【例 7.17】 求解下列方程组。

$$0.4096x_1 + 0.1234x_2 + 0.3678x_3 + 0.2943x_4 = 0.4043$$
$$0.2246x_1 + 0.3872x_2 + 0.4015x_3 + 0.1129x_4 = 0.1550$$
$$0.3645x_1 + 0.1920x_2 + 0.3781x_3 + 0.0643x_4 = 0.4240$$
$$0.1784x_1 + 0.4002x_2 + 0.2786x_3 + 0.3927x_4 = -0.2557$$

解：在 MATLAB 命令窗口中输入：

```
>>a=[0.4096 0.1234 0.3678 0.2943
     0.2246 0.3872 0.4015 0.1129
     0.3645 0.1920 0.3781 0.0643
     0.1784 0.4002 0.2786 0.3927];
```

```
>>b=[0.4043 0.1550 0.4240 -0.2557]';
>>x=a\b
x =
  -0.1819
  -1.6630
   2.2172
  -0.4467
```

2. 线性方程组的直接求解分析

为了系统地介绍直接解法以及为今后处理大型矩阵的运算和编程的需要，在此要对直接求解分析时常用的几种分解和变换进行必要的介绍。

（1）几种分解

● LU 分解

LU 分解是高斯消去法的基础，在 MATLAB 中由函数 lu 实现。

【例 7.18】　对下列矩阵进行 LU 分解。

$$A = \begin{pmatrix} 1 & 2 & 3 \\ 2 & 4 & 1 \\ 4 & 6 & 7 \end{pmatrix}$$

在 MATLAB 命令窗口中输入：

```
>> a=[1 2 3; 2 4 1; 4 6 7];
>> [l,u]=lu(a)
l =
    0.2500    0.5000    1.0000
    0.5000    1.0000         0
    1.0000         0         0
u =
    4.0000    6.0000    8.0000
         0    1.0000   -2.5000
         0         0    2.5000
```

● Cholesky 分解

若矩阵 A 为 n 阶对称正定阵，则存在唯一的对角元素为正的下三角阵 L，使得 $A=LL^{\mathrm{T}}$。称此分解方法为 Cholesky 分解，在 MATLAB 中由函数 chol 实现。

【例 7.19】　对下列矩阵进行 Cholesky 分解。

$$A = \begin{pmatrix} 16 & 4 & 8 \\ 4 & 5 & -4 \\ 8 & -4 & 22 \end{pmatrix}$$

在 MATLAB 命令窗口中输入：

```
>>a=[16 4 8; 4 5 -4; 8 -4 22];
>>l=chol(a)
l =
     4     1     2
     0     2    -3
     0     0     3
```

● 奇异值分解

设 A 为一个 $m \times n$ 阶的（实）矩阵（$m \geqslant n$），则存在正交矩阵 V 和 U，使得：

$$A = V \begin{pmatrix} \Sigma & 0 \\ 0 & 0 \end{pmatrix} U^{\mathrm{T}}$$

此式称为 A 的奇异值分解。

在 MATLAB 中,奇异值分解可由函数 svd 来实现,具体使用方法可参见第 3 章有关内容。

（2）三个变换

在线性方程的迭代求解中，要用到系数矩阵 A 的上三角矩阵、对角矩阵和下三角矩阵。此三个变换在 MATLAB 中可由以下函数实现。

➤ 上三角变换　可由函数 triu 实现；

➤ 对角变换　可由函数 diag 实现；

➤ 下三角变换　可由函数 tril 实现。

【例 7.20】 对如下矩阵做三种变换。

$$A = \begin{pmatrix} 1 & 2 & -2 \\ 1 & 1 & 1 \\ 2 & 2 & 1 \end{pmatrix}$$

在 MATLAB 中输入：

```
>>a=[1 2 -2; 1 1 1; 2 2 1];
>>triu(a,1)
ans =
     0     2    -2
     0     0     1
     0     0     0
>>tril(a,-1)
ans =
     0     0     0
     1     0     0
     2     2     0
>>diag(a)
ans =
     1
     1
     1
```

7.3.2　迭代解法的几种形式

1. Jacobi 迭代法

方程组 $Ax = b$，其中 $A \in R_{n \times n}$，$b \in R_n$，且 A 为非奇异，则 A 可写成 $A = D - L - U$。

其中，$D = \mathrm{diag}[a_{11}, a_{22}, \cdots, a_{nn}]$，而 $-L$、$-U$ 分别为 A 的严格下三角部分（不包括对角线元素）。

则 $x = D^{-1}(L+U)x + D^{-1}b$，由此可构造迭代法：$x^{(k+1)} = Bx^{(k)} + f$

其中，$B = D^{-1}(L+U) = I - D^{-1}A$，$f = D^{-1}b$。

● MATLAB 实现

```
jacobi.m
function y=jacobi(a,b,x0)
D=diag(diag(a));
U=-triu(a,1);
L=-tril(a,-1);
B=D\(L+U);
f=D\b;
y=B*x0+f;n=1;
while norm(y-x0)>=1.0e-6
x0=y;
y=B*x0+f;n=n+1;
end
y
n
```

【例 7.21】　用 Jacobi 方法求解下列方程组，设 $x(0)=0$，精度为 10^{-6}。

$$\begin{cases} 10x_1 - x_2 = 9 \\ -x_1 + 10x_2 - 2x_3 = 7 \\ -2x_2 + 10x_3 = 6 \end{cases}$$

● MATLAB 实现

```
>>a=[10 -1 0;-1 10 -2;0 -2 10];
>>b=[9;7;6];
>>jacobi(a,b,[0;0;0])
y =
    0.9958
    0.9579
    0.7916
n =
    11
```

说明　所得 y 值为方程组的解，n 为迭代次数。

2. Gauss-Seidel(G-S) 迭代法

由原方程构造迭代方程

$$x^{(k+1)} = Gx^{(k)} + f$$

其中，

$$G = (D - L)^{-1}U, f = (D - L)^{-1}b$$

● MATLAB 实现

```
seidel.m
function y=seidel(a,b,x0)
D=diag(diag(a));
U=-triu(a,1);
L=-tril(a,-1);
G=(D-L)\U;
f=(D-L)\b;
y=G*x0+f;n=1;
```

```
while norm(y-x0)>=1.0e-6
x0=y;
y=G*x0+f;
n=n+1;
end
y
n
```

【**例 7.22**】 对例 7.21 的方程组，以 Gauss-Seidel 方法求解。

● **MATLAB 实现**

```
>>a=[10 -1 0;-1 10 -2;0 -2 10];
>>b=[9;7;6];
>>seidel(a, b, [0;0;0])
y =
    0.9958
    0.9579
    0.7916
n =
    7
```

一般情况下 Gauss-Seidel 迭代法比 Jacobi 迭代法要收敛得快一些。但这也不是绝对的，在某些情况下，Jacobi 迭代收敛，而 Gauss-Seidel 迭代却可能不收敛。看下面的例子。

【**例 7.23**】 对下列方程组，若分别用 Jacobi 迭代法和 G-S 法迭代求解，看是否收敛。

$$\begin{pmatrix} 1 & 2 & -2 \\ 1 & 1 & 1 \\ 2 & 2 & 1 \end{pmatrix} \begin{pmatrix} x_1 \\ x_2 \\ x_3 \end{pmatrix} = \begin{pmatrix} 9 \\ 7 \\ 6 \end{pmatrix}$$

解：

```
>>a=[1 2 -2;1 1 1;2 2 1];
>>b=[9;7;6];
>>Jacob(a,b,[0;0;0])
y =
  -27
   26
    8
n =
    4
>>seidel(a,b,[0;0;0])
y =
  NaN
  NaN
  NaN
n =
  1012
```

可见在此方程组中，用 Jacobi 迭代法收敛，但用 G-S 迭代法却不收敛。

3. SOR 迭代法

在很多情况下，J 法和 G-S 法收敛较慢，所以考虑对 G-S 法进行改进。于是引入一种新

的迭代法——逐次超松弛迭代法（Succesise Over-Relaxation），记为 SOR 法。迭代公式为

$$x^{(k+1)} = Lwx^{(k)} + w(D - wL)^{-1}b$$

其中，对于超松弛算法来说 w 最佳值在[1, 2]之间，若为欠松弛则取值区间为（0, 1）。不论是哪种松弛，松弛因子不易预先通过计算得到，通常由经验给出。

● MATLAB 实现

```
sor.m
function y=sor(a, b, w, x0)
D=diag(diag(a));
U=-triu(a, 1);
L=-tril(a, -1);
lw=(D-w*L)\((1-w)*D+w*U);
f=(D-w*L)\b*w;
y=lw*x0+f;n=1;
while norm(y-x0)>=1.0e-6
x0=y;
y=lw*x0+f;
n=n+1;
end
y
n
```

【例 7.24】　在例 7.21 中，当 w=1.103 时，用 SOR 法求解原方程。

解：

```
>>a=[10 -1 0; -1 10 -2; 0 -2 10];
>>b=[9; 7; 6];
>>sor(a, b, 1.103, [0; 0; 0])
y =
    0.9958
    0.9579
    0.7916
n =
     8
```

4. 两步迭代法

当线性方程系数矩阵为对称正定时，可用一种特殊的迭代法来解决，其迭代公式如下：

$$(D - L)x^{\left(k+\frac{1}{2}\right)} = Ux^{(k)} + b$$

$$(D - U)x^{(k+1)} = Lx^{\left(k+\frac{1}{2}\right)} + b$$

这就是所谓的两步迭代法。

● MATLAB 实现

```
towstp.m
function y=towstp(a,b,x0)
D=diag(diag(a));
U=-triu(a,1);
L=-tril(a,-1);
```

```
G1=(D-L)\U;
f1=(D-L)\b;
G2=(D-U)\L;
f2=(D-U)\b;
y=G1*x0+f1;y=G2*y+f2;n=1;
while norm(y-x0)>=1.0e-6
x0=y;
y=G1*x0+f1;y=G2*y+f2;
n=n+1;
end
y
n
```

【例 7.25】 求解下列方程。

$$\begin{pmatrix} 10 & -1 & 2 & 0 \\ -1 & 11 & -1 & 3 \\ 2 & -1 & 10 & -1 \\ 0 & 3 & -1 & 8 \end{pmatrix} \begin{pmatrix} x_1 \\ x_2 \\ x_3 \\ x_4 \end{pmatrix} = \begin{pmatrix} 6 \\ 25 \\ -11 \\ 15 \end{pmatrix}$$

解：

```
>>a=[10 -1 2 0; -1 11 -1 3; 2 -1 10 3; 0 3 -1 8]
>>b=[6; 25; -11; 15]
>>towstp(a, b, [0; 0; 0; 0])
y =
    1.0791
    1.9824
   -1.4044
    0.9560
n =
    7
```

7.3.3 线性方程组的符号解法

在 MATLAB 的符号数学工具箱中提供了线性方程的符号求解函数，如 solve。所得的符号解可由函数 vpa 转换成浮点数近似值。此方法可得到方程组的精确解。

【例 7.26】 还以例 7.21 的方程组为例，用符号求解函数来求解。

在 MATLAB 命令窗口中输入：

```
>> [x1,x2,x3]=solve('10*x1-x2=9','-x1+10*x2-2*x3=7','-2*x2+10*x3=6')
x1 =
473/475
x2 =
91/95
x3 =
376/475
>> vpa([x1,x2,x3],4)
ans =
[ 0.9958, 0.9579, 0.7916]
```

7.3.4　稀疏矩阵技术

对于一个用矩阵来描述的线性恰定方程来说，n 个未知数的问题就需要对一个 $n \times n$ 阶的矩阵进行操作。也就是说，对于一个拥有 100MB 内存的计算机来说，也只能求解 10000 个未知数的问题。这在实际的数值计算和工程应用中是远远不够的。在实际中所应用到的矩阵往往是从各种微分方程中离散出来的，通常是大多数的矩阵元素为零，而只是某些对角线的元素有非零值。对于这种情况，MATLAB 提供了一种高级的存储方式，即稀疏矩阵方法。所谓的稀疏矩阵就是不存储矩阵中的零元素，而只对非零元素进行操作。这样就大大减少了存储空间和计算时间。这一点将在下面的例子中给予具体说明。

1. 稀疏矩阵的建立

在 MATLAB 中，稀疏矩阵是要用特殊的命令创建的，在运算中，MATLAB 将对稀疏矩阵采取不同于满矩阵的算法进行各种计算。

用于创建稀疏矩阵的函数见表 7.8。

表 7.8　创建稀疏矩阵函数表

函　数　名	功　　能	主要调用格式
sparse	通用稀疏矩阵函数	S = sparse(i, j, s, m, n, nzmax)
spdiags	以对角带形成稀疏阵	A = spdiags(B, d, m, n)
spconvert	从稀疏阵外部形式输入	S=spconvert(D)
find	非零元素索引	[I, J, V]=find(x)
speye	稀疏单位阵	speye(M, N)
sprand	稀疏的均匀分布随机阵	R=sprand(m, n, density, rc)
sprandn	稀疏的正态分布随机阵	R=sprandn(m, n, density, rc)
sprandsym	稀疏的对称随机阵	R=sprandsym(n, density, rc, kind)
full	从稀疏阵转化为满阵	A=full(x)

这里将对几个常用的函数做重点介绍。

● sparse

调用形式

➢ S=sparse(x)　将稀疏矩阵或满阵转化为稀疏型；

➢ S=sparse(i, j, s, m, n, nzmax)　生成的 $m \times n$ 阶的稀疏矩阵 S 在以向量 i 和 j 为坐标的位置上的对应元素值为向量 s 的对应值。nzmax 为矩阵的维数。

对于此函数形式有以下几个简化形式：

➢ S = sparse(i, j, s, m, n)　使用　nzmax = length(s)。

➢ S = sparse(i, j, s)　使用　m = max(i) 及 n = max(j)。

➢ S = sparse(m, n)　是 sparse([], [], [], m, n, 0) 的简化形式。

【例 7.27】　建立如下形式的稀疏矩阵。

$$A = \begin{bmatrix} 4 & 1 & & & \\ 1 & 4 & \ddots & & \\ & \ddots & \ddots & 1 & \\ & & 1 & 4 \end{bmatrix}_{n \times n}$$

以 n 等于 5 为例。

解： 在 MATLAB 命令窗口中输入：

```
>>n=5;
a1=sparse(1:n, 1:n, 4*ones(1, n), n, n);
a2=sparse(2:n, 1:n-1, ones(1, n-1), n, n);
a=a1+a2+a2'
a =

    (1,1)        4
    (2,1)        1
    (1,2)        1
    (2,2)        4
    (3,2)        1
    (2,3)        1
    (3,3)        4
    (4,3)        1
    (3,4)        1
    (4,4)        4
    (5,4)        1
    (4,5)        1
    (5,5)        4
>>full(a)              %显示成满阵型
ans =
    4     1     0     0     0
    1     4     1     0     0
    0     1     4     1     0
    0     0     1     4     1
    0     0     0     1     4
```

● spdiags

调用形式

➤ B= spdiags(A, d)　提取由 d 指定的对角阵。

➤ A=spdiags(B, d, A)　用以 d 指定的 B 的列代替 A 的对角线。输出为稀疏矩阵。

➤ A=spdiags(B, d, m, n)　生成一个 m×n 阶的稀疏矩阵，使得 B 的列放在由 d 指定的位置。

【例 7.28】 利用 spdiags 函数生成例 7.27 的稀疏矩阵。

```
b=spdiags([ones( n,1),4*ones( n,1),ones( n,1)],[-1,0,1],n,n)
```

说明　得到的矩阵与例 7.27 中的矩阵相同。

● spconvert

对于无规律的稀疏矩阵，以上两个命令都将失效。此时需要使用由外部数据转化为稀疏矩阵的命令 spconvert。

调用形式为：首先用 load 函数加载以行表示对应位置和元素值的.dat 文本文件，再用函数 spconvert 转化为稀疏矩阵。

【例 7.29】 无规律稀疏矩阵的建立。

首先编制文本文件 sp.dat 如下：

```
5 1 5.00
```

```
3 5 8.00
4 4 2.00
5 5 0
```

在 MATLAB 命令窗口中输入：

```
>>load sp.dat
>>spconvert(sp)
ans =
    (5,1)        5
    (4,4)        2
    (3,5)        7
>>full(ans)
ans =
     0     0     0     0     0
     0     0     0     0     0
     0     0     0     0     7
     0     0     0     2     0
     5     0     0     0     0
```

其他的稀疏单位阵、稀疏随机阵和稀疏对称随机阵由于调用形式简单，此处不再举例说明。

2. 稀疏矩阵的运算

同满矩阵比较起来，稀疏矩阵在算法上有很大的不同。具体表现在存储空间减少，计算时间减少。

【例 7.30】 比较求解下面方程组 $n=1000$ 时两种方法的差别。

$$\begin{pmatrix} 4 & 1 & & \\ 1 & 4 & \ddots & \\ & \ddots & \ddots & 1 \\ & & 1 & 4 \end{pmatrix}_{n\times n} \begin{pmatrix} x_1 \\ x_2 \\ \vdots \\ x_n \end{pmatrix} = \begin{pmatrix} 1 \\ 1 \\ \vdots \\ 1 \end{pmatrix}$$

解： 在 MATLAB 命令窗口中输入：

```
>>n=10000;
>>a2=sparse(2:n,1:n-1,ones( 1,n-1),n,n);
>>a1=sparse(1:n,1:n,4*ones( 1,n),n,n);
>>a=a1+a2+a2';
>>b=ones( n,1);
>>tic;x=a\b;t1=toc
t1 =
    0.0207
>>a=full(a);
>>tic;x=a\b;t2=toc
t2 =
   14.5419
```

可见两种方法计算所用的时间差别是相当大的。

3. 其他应用于稀疏矩阵的函数

其他应用于稀疏矩阵的函数见表 7.9。

表 7.9　其他常用函数表

函　数　名	功　　能	函　数　名	功　　能
nnz	非零矩阵元素数目	condest	条件数估计（一范数）
nonzeros	返回非零矩阵元素	sprank	结构秩
nzmax	非零矩阵元素的内存分配	pcg	预处理共轭梯度法
spones	以 1 代替非零矩阵元素	bicg	Bi 共轭梯度法
spalloc	稀疏矩阵的空间分配	bicgstab	Bi 稳定共轭梯度法
issparse	判断稀疏矩阵	cgs	二次共轭梯度法
spfun	非零矩阵元素的应用函数	gmres	广义最小残差法
spy	可视化稀疏图	qmr	准最小残差法
colmmd	列最小度排序算法	treelayout	展示树
symamd	对称最小度排序算法	treeplot	绘制树图
symrcm	对称反 Cuthill-McKee 排列	etree	消去树
colperm	列排列	etreeplot	绘制消去树
randperm	随机排列	gplot	绘图（以图论）
dmperm	Dulmage-Mendelsohn 法排列	symbfact	符号因式分解分析
eigs	特征值	spparms	稀疏矩阵的参数设置
svds	奇异值	spaugment	形成最小二乘扩充系统
luinc	不完全 LU 分解	rjr	随机 Jacobi 旋转
cholinc	不完全 Cholesky 分解	sparsfun	稀疏辅助函数
normest	矩阵二范数估计		

【例 7.31】　绘制稀疏矩阵图。

```
>> n=100;
a=sprandsym(n, 0.03)+100*speye(n, n);
subplot(1, 2, 1)
spy(a, 'b', 10)
title('矩阵 A 的结构图')
subplot(1, 2, 2)
d=symamd(a);
spy(a(d, d), 'b', 10)
title('矩阵 A 用最小排序算法的结构图')
```

图形如图 7.8 所示。

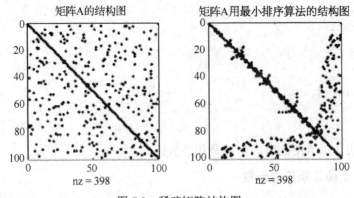

图 7.8　稀疏矩阵结构图

7.4　求解非线性方程组

7.4.1　非线性方程的解法

对线性方程，通常可用特征值法或直接调用 roots 函数求解；而对非线性方程，一般可采用遍历法、二分法和迭代法求解。遍历法由于计算量大、精度差，一般只有搜索到根区间时使用。下面将主要介绍二分法和迭代法。迭代法又包括不动点迭代、Newton 迭代（切线迭代）、割线迭代和 Muller 迭代等方法。

1．二分法

设 $f \in C[a, b]$，若 $f(a)f(b) < 0$，则方程 $f(x) = 0$ 在 $[a, b]$ 至少有一个根。对此区间二分，找到有根区间，再二分，直到有根区间小到误差允许的范围时，二分结束，近似根为此区间中点。

● MATLAB 实现

```
erfen.m
function y=erfen(fun, a, b, esp)
if nargin<4 esp=1e-4;end
if feval(fun, a)*feval(fun, b)<0
  n=1;
  c=(a+b)/2;
  while c>esp
    if feval(fun, a)*feval(fun, c)<0
      b=c;c=(a+b)/2;
    elseif feval(fun, c)*feval(fun, b)<0
      a=c;c=(a+b)/2;
    else y=c;esp=10000;
    end
    n=n+1;
  end
  y=c;
elseif feval(fun, a)==0
  y=a;
elseif feval(fun, b)==0
  y=b;
else disp( 'these, may not be a root in the intercal');
end
n
```

【例 7.32】　用二分法求方程 $x^2-x-1=0$ 的正根，要求误差小于 0.05。

解：首先编制函数文件：

```
fc.m
function y=fc(x)
y=x^2-x-1
```

在 MATLAB 命令窗口中输入：

```
>>erfen('fc', 0, 10, 0.05)
n =
    56
ans =
    1.6180
```

说明　二分法在区间很大时，收敛接近根的速度很快，而当区间较小时，靠近速度变得相当缓慢，且计算量较大，对高精度要求的满足比较困难，因此，可以为其他各种迭代法提供迭代初值。

2. 不动点迭代

设一元函数 f 是连续的，要解的方程是 $f(x)=0$，为了进行迭代，变换方程形式为 $x=\varphi(x)$，于是构造迭代公式 $x_{k+1}=\phi(x_k)$。若 $\lim\limits_{k\to\infty}x_k=x^*$，则称此迭代为不动点迭代。易知构造不动点迭代的迭代公式不一定收敛，且收敛速度也受所构造的迭代公式好坏的影响。

● MATLAB 实现

```
iterate.m
function y=iterate(x)
x1=g(x);
n=1;
while (abs( x1-x)>=1.0e-6)&(n<=1000)
x=x1;
x1=g(x);n=n+1;
end
x1
n
```

【例 7.33】　对方程 $3x^2-e^x=0$，确定迭代函数 φ，使得 $x=\varphi(x)$，并求一根。

解：构造迭代函数 $\varphi=\ln(3x^2)$。编制函数文件。

```
g.m
function y=g(x)
y=log(3*x.^2)
```

若设初值为 0，则

```
>>iterate(0)
x1 =
    Inf
n =
    3
```

可见计算不收敛。变换初值，再设初值为 3。

```
>>iterate(3)
x1 =
    3.7331
n =
    22
```

为了观察初值对求解的影响，再尝试以下的几个初值求解。

```
>>iterate(-3)
```

```
x1 =
    3.7331
n =
    22
>>iterate(1000)
x1 =
    3.7331
n =
    25
```

说明　不动点迭代是一切迭代法的基础。

3. Newton 迭代（切线迭代）法

Newton 迭代法是最重要的，而且是应用最为广泛的一种迭代法。由于它广为人所知，在此不对它的推导进行介绍。Newton 法的迭代公式如下：

$$x_{k+1} = x_k - \frac{f(x_k)}{f'(x_k)}$$

易知，Newton 法迭代是超线性收敛的，因此，使用它计算更快捷。

编制的 Newton 法迭代的函数如下。

```
newton.m
function y=newton(x0)
x1=x0-fc(x0)/df(x0);
n=1;
while (abs( x1-x0)>=1.0e-6)&(n<=100000000)
x0=x1;
x1=x0-fc(x0)/df(x0);n=n+1;
end
x1
n
```

其中 fc 为原函数，df 为导函数。

【例 7.34】　对例 7.33，用 Newton 法迭代计算。

编制函数文件：

```
fc.m
function y=fc(x)
y=3*x.^2-exp(x)
df.m
function y=df(x)
y=6*x-exp(x)
```

在 MATLAB 命令窗口计算，当设初值为 0 时：

```
>>newton(0)
x1 =
  -0.4590
n =
  6
```

当设初值为 10 时：

```
>>newton(10)
x1 =
    3.7331
n =
    12
```

可见 Newton 法收敛得要快一些，且可得到不同的解。

由 Newton 法本身可知，当函数有重根时，收敛到重根的过程相当缓慢。因此，当方程有重根时，要改用重根条件下的改进型 Newton 迭代法，感兴趣的读者可依据有关书籍所给的公式对主程序稍做修改即可。

4. 割线法

Newton 法每步要计算导数值 $f'(x)$，有时导数计算比较麻烦，为了减少计算量，用 x_k, x_{k-1} 点上的差分代替 $f'(x_{k-1})$ 得

$$x_{k+1} = x_k - \frac{f(x_k)(x_k - x_{k-1})}{f(x_k) - f(x_{k-1})}$$

此为割线法的迭代公式。

● MATLAB 实现

```
ger.m
function y=ger(x0,x1)
x2=x1-fc(x1)*(x1-x0)/(fc(x1)-fc(x0));
n=1;
while (abs( x1-x0)>=1.0e-4)&(n<=100000000)
x0=x1;x1=x2;
x2=x1-fc(x1)*(x1-x0)/(fc(x1)-fc(x0));
n=n+1;
end
x2
n
```

【例 7.35】 用割线法求方程 $f(x)=x^3-3x-1=0$ 在 $x_0=2$ 附近的根。误差限为 10^{-4}，取 $x_0=2$，$x_1=1.9$。

解：编制函数文件：

```
fc.m
function y=fc(x)
y=x^3-3*x-1
```

在 MATLAB 命令窗口中计算：

```
>>ger(2,1.9)
x2 =
    1.8794
n =
     4
```

从计算中可看出，割线法的收敛也是相当快的。理论证明可知割线法具有超线性的收敛性。

7.4.2　方程组解法

1．不动点迭代

方程组的不动点迭代与方程的不动点迭代法基本相同，只是在程序设计中要注意数的计算和矩阵计算的区别。

编制的不动点迭代的函数如下：

```
iteratepro.m
function y=iteratepro(x)
x1=g(x);
n=1;
while (norm(x1-x)>=1.0e-6)&(n<=1000)
x=x1;
x1=g(x);n=n+1;
end
x1
n
```

说明　在函数中，矩阵的大小尺度判断用 norm 函数代替 abs。

【例 7.36】　构造不动点迭代求解如下方程组。

$$x_1 - 0.7\sin x_1 - 0.2\cos x_2 = 0$$
$$x_2 - 0.7\cos x_1 + 0.2\sin x_2 = 0$$

在（0.5, 0.5）附近的解，迭代至 10^{-3} 的精度。

解：编制函数文件：

```
g.m
function y=g(x)
y(1)=0.7*sin(x(1))+0.2*cos( x(2));
y(2)=0.7*cos(x(1))-0.2*sin(x(2));
```

计算得：

```
>> iteratepro([0.5 0.5])
n =                    %迭代次数
   23
ans =                  %方程的解
   0.5265
   0.5079
```

2．Newton 法

仿照求解非线性方程时的想法，构造迭代函数：

$$x^{k+1} = x^k - (f'(x^k))^{-1} f(x^k)$$

由此可编制以下通用迭代函数。

● MATLAB 实现

```
newtonpro.m
function y=newtonpro(x0)
```

```
x1=x0-dfc(x0)\fc(x0)';
n=1;
while (norm(x1-x0)>=1.0e-6)&(n<=100000000)
   x0=x1;
x1=x0-dfc(x0)\fc(x0)';
n=n+1;
end
y=x1;
n
```

【例 7.37】 若对例 7.36 进行迭代计算，则须编制原函数文件 fc.m 和导数文件 df.m。

```
fc.m
function y=fc(x)
y(1)=x(1)-0.7*sin(x(1))-0.2*cos( x(2));
y(2)=x(2)-0.7*cos( x(1))+0.2*sin(x(2));
y=[y(1) y(2)];
df.m
function y=dfc(x)
y=[1-0.7*cos( x(1)) 0.2*sin(x(2))
   0.7*sin(x(1)) 1+0.2*cos( x(2)))];
```

于是在 MATLAB 命令窗口中计算得：

```
>> x0=[0.5; 0.5];
newtonpro(x0)
n =
    4
ans =
   0.5265
   0.5079
```

可见 Newton 法要比一般迭代法收敛得快得多。

3. Broyden 法（秩 1 的拟 Newton 法）

与割线法的思想类似，为了减少因计算导数带来的大量的计算量，构造另一种迭代法——Broyden 迭代法。

$$x^{k+1} = x^k - A^{-1}f(x^k)$$
$$p^k = x^{k+1} - x^k, q^k = f(x^{k+1}) - f(x^k)$$
$$A_{k+1} = A_k + \frac{(q^k - A_k p^k)(p^k)^{\mathrm{T}}}{\| pk \|_2^2}$$

● MATLAB 实现

```
broyden.m
function y=broyden(x0)
%y=broyden(x0) x0 初值.
a=eye(length(x0));
x1=x0-a\fc(x0)';
n=1;
while (norm(x1-x0)>=1.0e-6)&(n<=100000000)
```

```
x0=x1;
x1=x0-a\fc(x0)';
p=x1-x0;q=fc(x1)-fc(x0);
a=a+(q'-a*p)*p'/norm(p);
n=n+1;
end
y=x1;
n
```

【例 7.38】　仍然计算例 7.36，其中 fc.m 函数不变。

```
>> broyden(x0)
n =
    22
ans =

    0.5265
    0.5079
```

由此例可看出虽然 Broyden 比 Newton 法收敛得慢一些，但在此方法中不必计算原函数的导函数值，使用方便。

7.4.3　非线性方程（组）的符号解法

在 MATLAB 的符号数学工具箱中提供了用于求解非线性方程（组）的函数 fsolve。有关 fsolve 的函数介绍可参见第 3 章，这里只给出一个例子予以说明。

【例 7.39】　仍对例 7.36 进行计算，编制相同的 fc.m 函数。

```
>> x0=[0.5 0.5]
>> fsolve('fc',x0)
ans =

    0.5265    0.5079
```

可见其计算极其简便。

7.5　特征值问题

物理、力学和工程技术中的很多问题在数学上都归结为求矩阵的特征值问题。例如，振动问题、物理学中的某些临界值的确定等。而且在各个层次的计算方法的书中，特征值问题的介绍都占有相当的地位。甚至于随着各版本数值分析层次的提高，特征值问题所占有的篇幅也越来越多，足见其重要性。

在 MATLAB 中，给出了几个求解特征值、特征向量以及相关变换的功能函数。鉴于 MATLAB 在此问题上已全面地、较彻底地给予解决，本节只对其实用的功能函数进行介绍。

7.5.1　特征值函数

在数值分析中，求解特征值、特征向量的算法很多，而且在不同情况下，也有不同的算法。在 MATLAB 中，eig 函数则集许多优秀算法于一身，而且此函数是算法自适应的，它会根据不同的已知条件选择合适的算法计算。

1. 数值特征值

- e = eig(x)　返回方阵 x 的特征值向量。
- [V, D]=eig(x)　产生一数值矩阵 D 为 x 的特征值矩阵，矩阵 V 为特征向量矩阵，且使得 X×V = V×D。
- [V, D] = eig(X, 'nobalance')　关闭平衡算法计算特征值。
- e = eig(A, B)　返回一包括矩阵 A 和 B 的广义特征值的向量。
- [V, D]=eig(A, B)　计算广义特征值矩阵 D 和全矩阵 V，且 V 的列是对应的特征向量 A×V = B×V×D。

2. 符号特征值

基本格式与数值特征值函数相同。这里只介绍不同之处。

- LAMBDA=eig(vpa(A))和[V, D]=eig(vpa(A))　此调用形式是，使用变量预测算法来计算数值特征值和特征向量。如果 A 无满秩特征向量，则 V 的列非线性独立。

【例如】

```
>>syms a b
>> [v,lambda] = eig([a,b; b,a])
v =
[ 1, -1]
[ 1,  1]
lambda =
[ a + b,    0]
[    0, a - b]
```

下面再介绍几个与特征值问题相关的分解方法。

7.5.2　广义特征值分解

- qz　广义特征值分解函数。
  - [AA, BB, Q, Z, V]=qz(A, B)　对于方阵 A 和 B，此函数生成各自的上三角矩阵 AA 和 BB、两矩阵共同的左右变换矩阵 Q 和 Z（即 Q×A×Z=AA 和 Q×B×Z = BB）及广义特征向量矩阵 V。

【例如】

```
>>a=rand(3,3);
>>b=rand(3,3);
>>[AA, BB, Q, Z, V] = qz(a,b)
AA =
    0.6484    0.6051    0.5836
    0.0000    0.8662    1.0480
    0.0000    0.0000   -0.1829
BB =
   -0.0591    0.6729    0.2785
        0    1.6082    0.7389
        0         0    0.3730
Q =
   -0.1842    0.9806    0.0673
    0.6828    0.0784    0.7263
```

```
   0.7070     0.1797    -0.6840
Z =
   0.5059     0.8139    -0.2857
  -0.7262     0.5807     0.3680
   0.4654     0.0213     0.8848
V =
   0.5059     0.5966    -0.6946
  -0.7262     0.7909    -0.1643
   0.4654    -0.1363     0.7004
```

7.5.3　其他分解

- Schur 分解
  - ➢ [U,T]=schur(x)　生成 Schur 矩阵 T 和单位正交矩阵 U 使得 x = U×T×U′和 U′×U = eye(size(U))。
  - ➢ T=schur(x)　生成 Schur 矩阵 T。
- Hessenberg 型
  - ➢ H = hess(A)　生成矩阵 A 的 Hessenberg 型。
  - ➢ [P，H] = hess(A)　生成正交矩阵 P 和 Hessenberg 矩阵 H，使得 A = P×H×P′和 P′×P = eye(size(P))。

【例 7.40】　将下面的矩阵转换为 Hessenberg 阵。

$$A = \begin{pmatrix} -4 & -3 & -7 \\ 2 & 3 & 2 \\ 4 & 2 & 7 \end{pmatrix}$$

```
>>a=[-4 -3 -7;2 3 2;4 2 7]
a=
  -4    -3    -7
   2     3     2
   4     2     7
>>hess(A)
ans =
  -4.0000    8.6026   -0.4472
  -4.4721    8.8000   -0.4000
   0        -0.4000    2.2000
```

- QR 分解
  - ➢ [Q, R] = qr(A)　生成正交矩阵 Q 和上三角矩阵 R，且使得 A = Q×R。
  - ➢ [Q, R, E] = qr(A)　其中 E 为置换矩阵，有 A×E = Q×R。
  - ➢ [Q, R] = qr(A, 0)　"经济"的 qr 分解，若 A 为 m×n 维的且 m > n，则只有前 n 列被计算。
  - ➢ [Q, R，E] = qr(A, 0)　其中 E 为置换矩阵。
  - ➢ R = qr(A)　只返回 R。注意 R = chol(A′×A)。
  - ➢ [Q, R] = qr(A)　返回的 Q 通常为满秩矩阵。
  - ➢ [C, R] = qr(A, B)　返回 C = Q'×B。
  - ➢ R = qr(A, 0)和[C, R] = qr(A, B, 0)　生成最小阶数的结果。

【例 7.41】 对 A 做 QR 分解。

$$A = \begin{pmatrix} 1 & 1 & 1 \\ 2 & -1 & -1 \\ 2 & -4 & 5 \end{pmatrix}$$

解:

```
>> a=[1 1 1;2 -1 -1;2 -4 5]
>> [Q, R]=qr(a)
q =
  -0.3333   -0.6667   -0.6667
  -0.6667   -0.3333    0.6667
  -0.6667    0.6667   -0.3333
r =
   -3    3   -3
    0   -3    3
    0    0   -3
```

7.6 常微分方程的解法

科学技术和工程中很多问题是用微分方程的形式建立数学模型的，因此微分方程的求解有很实际的意义。本章将讨论常微分方程初值问题在 MATLAB 中的解法。

7.6.1 欧拉方法

1. 简单欧拉法

对简单的一阶方程的初值问题：

$$y' = f(x, y)$$

其中

$$y(x_0) = y_0$$

由欧拉公式可得：

$$y_{n+1} = y_n + hf(x_n, y_n)$$

由此公式可编制一自适应法的欧拉函数。

```
euler.m
function [tout,yout] = euler(ypfun,t0,tfinal,y0,tol,trace)
% 初始化
pow = 1/3;
if nargin < 5,tol = 1.e-3; end
if nargin < 6,trace = 0; end
t = t0;
hmax = (tfinal - t)/16;
h = hmax/8;
y = y0(:);
chunk = 128;
tout = zeros( chunk,1);
yout = zeros( chunk,length(y));
k = 1;
tout(k) = t;
```

```
yout(k,:) = y.';
if trace                                           %绘图
   clc,t,h,y
end
while (t < tfinal) & (t + h > t)                   %主循环
   if t + h > tfinal,h = tfinal - t; end
   % compute the slopes
   f = feval(ypfun,t,y); f = f(:);
   % 估计误差并设定可接受误差
   delta = norm(h*f,'inf');
   tau = tol*max(norm(y,'inf'),1.0);
   % 当误差可接受时重写解
   if delta <= tau
      t = t + h;
      y = y + h*f;
      k = k+1;
      if k > length(tout)
         tout = [tout; zeros( chunk,1)];
         yout = [yout; zeros( chunk,length(y))];
      end
      tout(k) = t;
      yout(k,:) = y.';
   end
   if trace
      home,t,h,y
   end
   % update the step size
   if delta~= 0.0
      h = min(hmax,0.9*h*(tau/delta)^pow);
   end
end
if (t < tfinal)
   disp( 'singularity likely.')
   t
end
tout = tout(1:k);
yout = yout(1:k,:);
```

【例 7.42】　用欧拉法求 $y'=-y+x+1$，$y(0)=1$。

解：首先建立函数文件：

feuler.m
```
function f=feuler (x, y)
f=-y+x+1;
```

利用程序求解方程，在 MATLAB 命令窗口中输入：

```
>>[x, y]=euler('feuler',0,1,1);
```

将欧拉解和精确解进行比较。由此方程可得到其精确解为 $y(x)=x+\exp(-x)$。

```
>> y1=x+exp(-x)
>> plot(x, y,'-b',x, y1,'-r')
```

```
>> legend('欧拉法解', '精确解')
```

在同一图窗中分别画出两图，如图 7.9 所示。

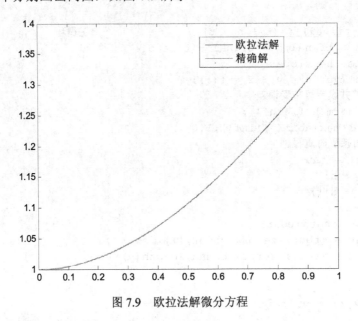

图 7.9 欧拉法解微分方程

从图中可以看出欧拉法和精确解几乎完全重合在一起。说明此方法是很有效的。

2. 改进的欧拉法

由基本常微分方程，可以得到改进的欧拉公式：

$$y_p = y_n + hf(x_n, y_n)$$
$$y_c = y_n + hf(x_{n+1}, y_p)$$
$$y_{n+1} = \frac{1}{2}(y_p + y_c)$$

由此公式得到改进的欧拉函数。

```
eulerpro.m
function [x, y]=eulerpro(fun,x0,xf,y0,h)
%改进的欧拉法
n=fix((xf-x0)/h);
y(1)=y0;
x(1)=x0;
x(n)=0;y(n)=0;
for i=1:(n-1)
x(i+1)=x0+i*h;
y1=y(i)+h*feval(fun,x(i),y(i));
y2=y(i)+h*feval(fun,x(i+1),y1);
y(i+1)=(y1+y2)/2;
end
```

【例 7.43】 对例 7.42，用改进欧拉法求解。

```
>> [x, y]=eulerpro('feuler',0,1,1,0.1);
```

```
>>%精确解
>>y1=x+exp( -x);
>>%两种解的比较
>>plot(x, y,'-b',x, y1,'-r');
>>legend('改进欧拉法','精确解');
```

结果如图 7.10 所示。

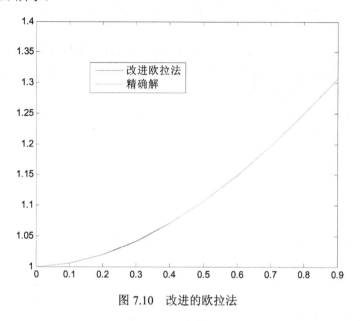

图 7.10　改进的欧拉法

如图 7.10 所示，改进的欧拉法和精确解之间几乎完全重合，说明此方法亦十分有效。

7.6.2　Runge-Kutta 方法

在 MATLAB 中，有几个专门用于解常微分方程的功能函数，如 ode23，ode45，ode23S 等，它们主要采用 Runge-Kutta 方法。其中 ode23 系列采用二阶、三阶 Runge-Kutta 法解，ode45 系列则采用四阶、五阶 Runge-Kutta 法解。一般来说，ode45 比 ode23 的积分段少，运算速度更快一些。

函数介绍

➢ ODE 解函数　ode23，ode45，ode113，ode15S，ode23S
➢ 参数选择函数　odeset，odeget
➢ 输出函数　odeplot，odephas2，odephas3，odeprint
➢ ODE 范例　orbt2ode，rigidode，vdpode

这里介绍几个常用的 ODE 解函数。

● 二阶、三阶 R-K 函数

ode23　求解非刚性微分方程的低阶方法。

➢ [T, Y]=ode23('F',TSPAN,Y0)　其中 F 定义此微分方程的形式 $y' = F(T, Y)$；函数 F(T, Y) 应当返回一列向量，TSPAN=[T0 TFINAL] 表示此微分方程的积分限是从 T0 到 TFINAL，它也可是一些离散的点，形式为 TSPAN=[T0 T1 … TFINAL]。Y0 为初始条件。

- ➤ [T, Y]=ode23('F',TSPAN,Y0,options)　其中 options 为积分参数，如设置积分的相对误差和绝对误差，请详查函数 odeset。

- ➤ [T, Y]=ode23('F',TSPAN,Y0,options,P1,P2,⋯)　其中 P1，P2，⋯为传递参数，可直接输入函数 F 中，如 F(T, Y,FLAG,P1,P2,⋯)。若 options 参数为空，要使用 options = [] 指明；如果 TSPAN 或 Y0 为空，则 ode23 调用 ode 文件[TSPAN, Y0, options]=F([], [], 'init')来得到 ode23 自变量表中的任何值。空自变量表将被忽略，如 ode23('F')。

- ➤ [T, Y, TE, YE, IE]=ode23('F', TSPAN, Y0, options)　按此型调用函数时，options 中的事件属性要设为 on，输出向量 TE 为一列向量，代表自变量点，YE 的行为对应点上的解，IE 则表示解的索引。

【例 7.44】 用经典的 R-K 方法求解 $y'=-2y+2x^2+2x$。其中（$0 \leqslant x \leqslant 0.5$），$y(0)=1$。

解： 编制函数文件：

```
fun.m
function f=fun(x, y)
f=-2*y+2*x.^2+2*x
```

在 MATLAB 命令窗口中输入：

```
>>[x, y]=ode23('fun',[0,0.5],1)          %图形如图 7.11 所示
x'=
 Columns 1 through 7
        0     0.0400    0.0900    0.1400    0.1900    0.2400    0.2900
 Columns 8 through 12
   0.3400    0.3900    0.4400    0.4900    0.5000
y'=
 Columns 1 through 7
   1.0000    0.9247    0.8434    0.7754    0.7199    0.6764    0.6440
 Columns 8 through 12
   0.6222    0.6105    0.6084    0.6154    0.6179
```

- 四阶、五阶 R-K 函数

ode45　求解非刚性微分方程的中阶方法。

- ➤ [T, Y] = ode45('F', TSPAN, Y0)

- ➤ [T, Y] = ode45('F', TSPAN, Y0)　其中 F 定义此微分方程的形式 $y' = F(T, Y)$；函数 F(T, Y)应当返回一列向量，TSPAN = [T0 TFINAL] 表示此微分方程的积分限是从 T0 到 TFINAL，也可是一些离散的点，形式为 TSPAN = [T0 T1 ⋯ TFINAL]。Y0 为初始条件。

- ➤ [T, Y] = ode45('F', TSPAN, Y0, options)　其中 options 为积分参数，如设置积分的相对误差和绝对误差，详细介绍可查阅函数 odeset。

- ➤ [T, Y] = ode45('F', TSPAN, Y0, options, P1, P2, ⋯)　其中 P1，P2，⋯为传递参数，可直接输入函数 F 中，如 F(T, Y, FLAG, P1, P2, ⋯)。若 options 参数为空，要使用 options = []指明；如果 TSPAN 或 Y0 为空，则 ode45 调用 ode 文件[TSPAN, Y0, options]= F([], [], 'init') 来得到 ode45 自变量表中的任何值。空自变量表将被忽略。如 ode45('F')。

> [T, Y, TE, YE, IE] = ode45('F', TSPAN, Y0, options)　按此型调用函数时，options 中的事件属性要设为 on，输出向量 TE 为一列向量，代表自变量点，YE 的行为对应点上的解，IE 则表示解的索引。

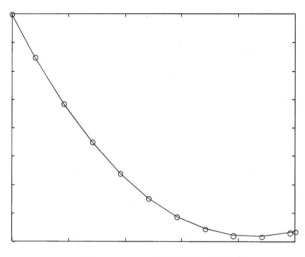

图 7.11　R-K 法解微分方程

【例 7.45】　对例 7.44，也可以将"23"变成"45"，得到的结果是相同的。下面对两种方法进行比较。

解：使用上例中的 fun.m

```
>> tic;[x,y]=euler(@fun,0,0.5,1);t1=toc
t1 =
    0.0269
>> tic;[x1,y1]=ode45(@fun,[0,0.5],1);t2=toc
t2 =
    0.0043
>> tic;[x2,y2]=ode23(@fun,[0,0.5],1);t3=toc
t3 =
    0.0228
```

显然，欧拉法要比这两种方法耗费更多时间。

值得注意的是，Runge-Kutta 方法的推导是基于 Taylor 展开的方法，因此，它要求所求的解具有较好的连续性；反之，如果解的连续性差，那么使用 Runge-Kutta 法求得的数值解，其精度可能反而不如改进的欧拉方法。实际计算时应当针对问题的具体特点选择合适的算法。

7.6.3　刚性问题的解

刚性问题因其在实际中的重要作用及数值求解中的特殊性而引起人们的重视。本书只在此处对几个刚性问题的具体例子进行介绍，给出求解刚性方程组及其刚性比的示范和需要注意的问题。

【例 7.46】　解如下刚性方程：

$$\begin{pmatrix} u' \\ v' \end{pmatrix} = \begin{pmatrix} -2 & 1 \\ 998 & -999 \end{pmatrix} \begin{pmatrix} u \\ v \end{pmatrix} + \begin{pmatrix} 2\sin x \\ 999(\cos x - \sin x) \end{pmatrix}$$

初始条件为：
$$\begin{pmatrix} u(0)=2 \\ v(0)=3 \end{pmatrix}$$

仍然可用 ode23 函数求解。

首先编制 f.m 文件：

```
function f=f(x,y)
f=[-2 1; 998 -999]*y+[2*sin(x); 999*(cos(x)-sin(x))]
```

求解对比：

```
>> tic;ode45(@f,[0 10],[2,3]);t1=toc
t1 =
    2.4988
>> tic;ode23(@f,[0 10],[2,3]);t1=toc
t1 =
    2.9039
>> tic;ode23s(@f,[0 10],[2,3]);t1=toc
t1 =
    0.3964
```

由 ode23s 得到的图形如图 7.12 所示。

检验可知此解和精确解相吻合。下面求此刚性方程的刚性比。

此方程的常数矩阵为：

$$\begin{pmatrix} -2 & 1 \\ 998 & -999 \end{pmatrix}$$

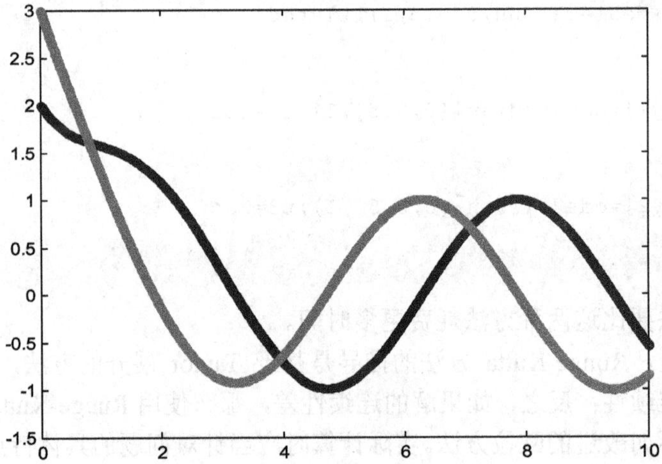

图 7.12　刚性方程的解

在 MATLAB 中求方程的刚性比为：

```
>>a=[-2 1;998 -999];
>>b1=max(abs( real(eig(a))));
>>b2=min(abs( real(eig(a))));
>>s=b1/b2
s =
    1000
```

如上求得刚性比为 1000，远大于 1。故原方程为刚性方程。

7.6.4 常微分方程的符号解

在 MATLAB 中，常微分方程的符号解可由符号数学工具箱中的函数 dsolve 求得，具体用法可参见第 3 章有关内容，此处仅举例说明。

【例 7.47】 常微分方程符号解演示。

```
>>dsolve('Df = f + sin(t)','f(pi/2) = 0')
ans =
    exp(t)/(2*exp(pi/2)) - sin(t)/2 - cos(t)/2
>>dsolve('D2y = -a^2*y','y(0) = 1,Dy(pi/a) = 0')
ans =
    1/(2*exp(a*t*i)) + exp(a*t*i)/2
>>S = dsolve('Dx = y','Dy = -x','x(0)=0','y(0)=1')
S =
    x: [1×1 sym]
    y: [1×1 sym]
```

查看解：

```
S.x=
    sin(t)
S.y=
    cos(t)
```

说明 对于形式简单的常微分方程求解，若能灵活地采用符号解法，可使计算速度大大提高。

习　题

1. 采用 Lagrange 插值方法，利用函数 $y = \sqrt{x}$ 在 $x = 0,1,4$ 的值计算 $\sqrt{3}$ 。

2. 给定 $f(x) = e^{-x} - x$ 的函数表如下：

x	0.5	0.55	0.6	0.65	0.7
$f(x)$	0.10653	0.02695	−0.05119	−0.12795	−0.20342

采用 Lagrange 插值方法，求方程 $f(x) = 0$ 解的近似值。

3. 给定概率积分 $f(x) = \dfrac{2}{\sqrt{\pi}} \displaystyle\int_0^x e^{-t^2} dt$ 的函数表如下：

x	0.46	0.47	0.48	0.49
$f(x)$	0.48466	0.49374	0.50275	0.51167

使用 Lagrange 插值方法，回答：
（1）当 $x = 0.473$ 时 $f(x)$ 为多少？
（2）当 x 为多少时 $f(x) = 0.5$？

4. 已知 $\sin(x)e^x$ 的函数表如下：

x	0	0.2	0.4	0.6
$f(x)$	0	0.24266	0.58094	1.0288
$f'(x)$	1	1.43971	1.95501	2.53271

采用 Lagrange 和 Hermite 插值法，画出插值函数图像，并计算 $x = 0.3$ 时的近似值，与精确值 0.39891 比较。

5. 给定正弦函数表如下：

x	0.4	0.5	0.6	0.7
$\sin(x)$	0.38942	0.47943	0.56464	0.64422

利用分段插值方法，计算 $\sin(0.55)$ 的近似值。尝试不同插值算法，并与精确值 0.52269 比较。

6. 已知函数表如下：

x	0	1	2	3
$f(x)$	0	3	4	6
$f'(x)$	2			1

采用三次样条插值方法，画出插值函数图像，并计算 $x = 1.2$ 时的近似值。

7. 已知函数表如下：

x	0	1	2	3
$f(x)$	0	3	4	6
$f''(x)$	0			0

采用三次样条插值方法，画出插值函数图像，并计算 $x = 1.2$ 时的近似值。

8. 编程实现正弦函数的周期样条插值。

9. 某次实验的数据如下：

x	1.35	1.48	1.75	1.83	1.92	2.15	2.32
y	14.01	15.12	16.93	17.44	18.35	19.89	21.02

试用最小二乘法，分别采取一次和二次多项式拟合表中数据。

10. 试用 $y = Ae^{bx}$ 形式拟合如下数据（提示：将问题转化为线性拟合问题）。

x	0	1	2	3	4
y	1.5	2.4	3.6	4.9	7.5

11. 一矿脉有 13 个相邻样本点，人为地设定一原点，现测得各样本点对原点的距离 x，与样本点处某种金属含量 y 的一组数据如下，画出散点图观察二者的关系，试建立合适的模型，如二次曲线、双曲线、对数曲线等。

x	2	3	4	5	7	8	10
y	106.42	109.20	109.58	109.50	110.00	109.93	110.49
x	11	14	15	15	18	19	
y	110.59	110.60	110.90	110.76	111.00	111.20	

12. 假定某天的气温变化记录如下表，试用最小二乘方法找出这一天的气温变化规律。

时刻 t(h)	0	2	4	6	8	10	12
温度 T(℃)	15	14	14	16	20	23	28
时刻 t(h)	14	16	18	20	22	24	
温度 T(℃)	32	29	25	22	18	16	

13. 取区间等分数为 40，分别用矩形求积公式、梯形求积公式、Simpson 公式求下面积分，并把结果与解析解进行比较，计算三种方法的误差。

$$I = \int_1^5 \sqrt{x}\,\mathrm{d}x$$

14. 当积分区间等分数分别为 $n = 1, 2, 4, 8, 16, 32$ 时，给出用 Simpson 公式计算下面积分的近似值，以及与精确解 1 之间的误差。

$$I = \int_0^{\pi/2} \cos(x)\,\mathrm{d}x$$

15. 用矩形求积公式、梯形求积公式、Simpson 公式求下面积分，要求误差小于 10^{-5}，三种方法各自需要将区间分为多少份？

$$I = \int_1^2 \frac{1}{x}\,\mathrm{d}x$$

16. 用 Simpson 公式计算定积分：

$$I = \int_0^{\pi/2} \frac{x\sin(2x)}{2\cos^2(x) + \sin^2(x)}\,\mathrm{d}x$$

使其误差小于 10^{-7}（此积分准确值为 $\pi\ln\frac{\sqrt{2}+1}{2}$）。给出积分的近似值和划分区间的个数。

17. 用 Romberg 加速法计算下面的定积分：

（a）$\int_0^2 x^2\mathrm{e}^{-x}\,\mathrm{d}x$

（b）$\int_1^2 \frac{x}{5-x^2}\,\mathrm{d}x$

18. 已知飞机在高度 h 的上升速度 $v(h)$ 如下表：

h/km	0	2	4	6	8
v/(km/h)	40	36	30	22.5	12.7

求从地面上升到 8km 高度所需的时间 $T = \int_0^8 \frac{1}{v(h)}\,\mathrm{d}h$。

19. 求下列二重积分的数值解：

（a）$\iint\limits_D (x^4 + y^4)\,\mathrm{d}y\mathrm{d}x, \quad D: x^2 + y^2 \leqslant 1$

（b）$\iint\limits_D (1 + x + y^2)\,\mathrm{d}y\mathrm{d}x, \quad D: x^2 + y^2 \leqslant 2x$

20. 用积分法计算下列椭圆的周长：

$$\frac{x^2}{4} + \frac{y^2}{9} = 1$$

21. 试求下列积分，出现什么问题？分析原因，设法求出正确的解。

$$I = \int_{-1}^1 x^{0.2}\cos(x)\,\mathrm{d}x$$

22. 考虑积分 $I(k) = \int_0^{k\pi} |\sin(x)| \, \mathrm{d}x = 2k$，试分别用 trapz（取步长 $h=0.1$ 或 π），quad 和 quad1 求解 $I(8)$ 和 $I(32)$。发现什么问题？

23. 用矩阵除法求解线性方程组：

$$\begin{pmatrix} 6 & 2 & 1 & -1 \\ 2 & 4 & 1 & 0 \\ 1 & 1 & 4 & -1 \\ -1 & 0 & -1 & 3 \end{pmatrix} \begin{pmatrix} x_1 \\ x_2 \\ x_3 \\ x_4 \end{pmatrix} = \begin{pmatrix} 6 \\ 1 \\ 5 \\ -5 \end{pmatrix}$$

24. 用矩阵除法解下列线性方程组，并判断解的意义。

（a）$\begin{pmatrix} 4 & 1 & -1 \\ 3 & 2 & -6 \\ 1 & -5 & 3 \end{pmatrix} \begin{pmatrix} x_1 \\ x_2 \\ x_3 \end{pmatrix} = \begin{pmatrix} 9 \\ -2 \\ 1 \end{pmatrix}$

（b）$\begin{pmatrix} 4 & 1 \\ 3 & 2 \\ 1 & -5 \end{pmatrix} \begin{pmatrix} x_1 \\ x_2 \end{pmatrix} = \begin{pmatrix} 1 \\ 1 \\ 1 \end{pmatrix}$

（c）$\begin{pmatrix} 2 & 1 & -1 & 1 \\ 1 & 2 & 1 & -1 \\ 1 & 1 & 2 & 1 \end{pmatrix} \begin{pmatrix} x_1 \\ x_2 \\ x_3 \\ x_4 \end{pmatrix} = \begin{pmatrix} 1 \\ 2 \\ 3 \end{pmatrix}$

25. 将第 19 题中的系数矩阵作 LU 分解和 Cholesky 分解。

26. 用 Jacobi 迭代法解方程组：

$$\begin{pmatrix} 6 & -1 & -1 & -1 \\ -1 & 10 & -1 & -1 \\ -1 & -1 & 5 & -1 \\ -1 & -1 & -2 & 10 \end{pmatrix} \begin{pmatrix} x_1 \\ x_2 \\ x_3 \\ x_4 \end{pmatrix} = \begin{pmatrix} -3 \\ 12 \\ 8 \\ 31 \end{pmatrix}$$

并与准确解 $x = \begin{pmatrix} 1 & 2 & 3 & 4 \end{pmatrix}^{\mathrm{T}}$ 进行比较。

27. 分别用 Jacobi 迭代法和 Gauss-Seidel 迭代法求解下列方程组，取初值 $x^{(0)} = \begin{pmatrix} 0 & 0 & 0 \end{pmatrix}^{\mathrm{T}}$，比较计算结果，分析其收敛性。

（a）$\begin{pmatrix} 10 & -1 & 0 \\ -1 & 10 & -2 \\ 0 & -2 & 10 \end{pmatrix} \begin{pmatrix} x_1 \\ x_2 \\ x_3 \end{pmatrix} = \begin{pmatrix} 9 \\ 7 \\ 6 \end{pmatrix}$

（b）$\begin{pmatrix} 1 & -9 & -10 \\ -9 & 1 & 5 \\ 8 & 7 & 1 \end{pmatrix} \begin{pmatrix} x_1 \\ x_2 \\ x_3 \end{pmatrix} = \begin{pmatrix} 1 \\ 0 \\ 4 \end{pmatrix}$

28. 对 n 阶方阵（$n = 10, 20, 40$）

$$A = \begin{pmatrix} 5 & 6 & & & \\ 1 & 5 & 6 & & \\ & 1 & 5 & \ddots & \\ & & \ddots & \ddots & 6 \\ & & & 1 & 5 \end{pmatrix}$$

分别用 Jacobi 和 SOR 迭代法（取 $w=1,1.25,1.5,1.75$）解方程组 $Ax=0$，取初值 $x^{(0)} = \begin{pmatrix} 0 & 0 & \cdots & 0 \end{pmatrix}^{\mathrm{T}}$，比较迭代次数，分析方法的收敛速度。

29. 创建如下稀疏矩阵，查看其信息，并将其还原成全元素矩阵。

（a）$\begin{pmatrix} 1 & 0 & 2 & 0 & 0 \\ 0 & 1 & 0 & 2 & 0 \\ 4 & 0 & 1 & 0 & 2 \\ 0 & 4 & 0 & 1 & 0 \\ 0 & 0 & 4 & 0 & 1 \end{pmatrix}$

（b）$\begin{pmatrix} 1 & 0 & -1 & 0 & 1 & 0 & 0 \\ 0 & 2 & 0 & -2 & 0 & 1 & 0 \\ 0 & 0 & 3 & 0 & -3 & 0 & 1 \\ 0 & 0 & 0 & 4 & 0 & -4 & 0 \end{pmatrix}$

30. 用二分法求方程 $x^2 - x - 3 = 0$ 的正根，要求准确到小数点后第三位。

31. 分析方程 $x^2 - e^x = 0$ 的根的分布情况，用二分法求出所有根，要求准确到小数点后第三位。

32. 公元 1225 年，比萨数学家斐波那契得到了方程 $x^3 + 2x^2 + 10x - 20 = 0$ 的一个根 1. 368 808 107，没人知道他是怎样求解的。试用二分法求解此根。要准确到小数点后第九位，需要二分多少次？

33. 用迭代法求解方程 $x^3 - x^2 - 3 = 0$ 的正根，要求准确到小数点后第三位。初值取 $x_0 = 2$，采用下列三种迭代格式，并讨论三种格式的收敛性和收敛速度。

（a）　$x_{k+1} = \dfrac{\sqrt{3}}{\sqrt{x_k - 1}}$

（b）　$x_{k+1} = 1 + \dfrac{3}{x_k^2}$

（c）　$x_{k+1} = \sqrt[3]{3 + x_k^2}$

34. 应用牛顿法求解方程 $x^3 - 2x - 1 = 0$ 在 $x = 2$ 附近的根，要求精确到小数点后第三位。

35. 应用牛顿法和割线法求解方程 $3x^3 - e^x = 0$ 在 $x = 1$ 附近的根，要求精确到小数点后第七位，比较两种方法的计算量。

36. 求函数 $f(x) = e^{-x} \ln x$ 的拐点，要求保留 4 位有效数字。

37. 对非线性方程组

$$\begin{cases} 3x^2 - y^2 = 0 \\ 3xy^2 - x^3 - 2 = 0 \end{cases}$$

（1）在 xy 平面上画出两个方程所表示的曲线。

（2）用 Newton 法和 Broyden 法求方程组的解，取初值 $x^{(0)} = (1 \quad 1)^{\mathrm{T}}$，精确到小数点后第三位。

38. 求下列矩阵的特征值和特征向量。

（a）$\begin{pmatrix} 4 & 1 & -1 \\ 3 & 2 & -6 \\ 1 & -5 & 3 \end{pmatrix}$

（b）$\begin{pmatrix} 5 & 7 & 6 & 5 \\ 7 & 10 & 8 & 7 \\ 6 & 8 & 10 & 9 \\ 5 & 7 & 9 & 10 \end{pmatrix}$

（c）$\begin{pmatrix} 5 & 1 & & & \\ 1 & 4 & 2 & & \\ & 2 & 3 & 3 & \\ & & 3 & 2 & 4 \\ & & & 4 & 1 \end{pmatrix}$

39. （1）判断第 32 题是否可以相似对角化，如果是，求出对角矩阵和对应的相似变换矩阵。

（2）对第 32 题进行 QR 分解。

（3）判断第 32 题是否为正定矩阵。

40. 用 Euler 方法和求解常微分方程的初值方法，列出与解析解的误差。

（a）$y' = 1 + \dfrac{y}{x}$，$1 \leqslant x \leqslant 5$，$y(1) = 2$，取步长为 0.2。（解析解：$y = x \ln x + 2x$）

（b）$y' = \cos(2x) + \sin(x)$，$0 \leqslant x \leqslant 4$，$y(0) = 1$，取步长为 0.2。（解析解：$y = \dfrac{1}{2}\sin(2x) - \cos(x) + 2$）

41. 用改进的 Euler 方法解第 34 题中的问题，并列出数值解与相应解析解的误差。

42. 用改进的 Euler 方法和四阶 Runge-Kutta 方法求解如下常微分方程的初值问题：

$$\begin{cases} y'(x) = (x + 2x^3)y^3(x) - xy(x) \\ y(0) = \dfrac{1}{3} \end{cases}$$

步长取 0.05，$0 \leqslant x \leqslant 3$，与解析解 $y = (3 + 2x^2 + 6e^{x^2})^{-\frac{1}{2}}$ 进行比较，对比两种方法的精度。

第8章 MATLAB 在复变函数中的应用

从根本上讲，复变函数的运算是以上所讲的所有实变函数运算的延伸，但由于其自身的一些特殊的性质而有所不同，特别是当它引进了"留数"的概念，且在引入了数学上的 Taylor 级数展开和三大变换（Laplace 变换、Fourier 变换和 Zeta 变换）之后而使其显得更为重要了。

本章将重点介绍使用 MATLAB 来进行复变函数的各种运算，介绍留数的概念及 MATLAB 的实现，介绍在复变函数中有重要应用的 Taylor 展开（Laurent 展开）、Laplace 变换和 Fourier 变换。

8.1　复数和复矩阵的生成

在 MATLAB 中，复数单位为 i = j = sqrt(-1)，其值在工作空间中都显示为 0+1.0000i。

8.1.1　复数的生成

复数可由 z = a+b*i 语句生成，也可简写成 z = a+bi；另一种生成复数的语句是 z = r*exp(i*theta)，也可简写成 z = r*exp(theta i)，其中 theta 为复数辐角的弧度值，r 为复数的模。

8.1.2　创建复矩阵

创建复矩阵的方法有两种。
- 同一般的矩阵一样以前面介绍的几种方式输入矩阵。

【例如】

```
>> A=[3+5*i,-2+3i,9*exp(i*6),23*exp(33i)];
```

- 可将实虚矩阵分开创建，再写成和的形式。

【例如】

```
>> re=rand(3,2);
>> im=rand(3,2);
>> com=re+i*im
com=
    0.6602+0.3093i    0.3412+0.3704i
    0.3420+0.8385i    0.5341+0.7027i
    0.2897+0.5681i    0.7271+0.5466i
```

注意　实虚矩阵应阶数相同。

8.2 复数的运算

8.2.1 复数的实部和虚部

复数的实部和虚部的提取可由函数 real 和 imag 实现。调用形式如下：

➢ real(x)　返回复数 x 的实部；

➢ imag(x)　返回复数 x 的虚部。

8.2.2 共轭复数

复数的共轭可由函数 conj 实现。调用形式如下：

➢ conj(x)　返回复数 x 的共轭复数。

8.2.3 复数的模和辐角

复数的模和辐角的求解由函数 abs 和 angle 实现。调用形式如下：

➢ abs(x)　复数 x 的模；

➢ angle(x)　复数 x 的辐角。

【例 8.1】 求下列复数的实部与虚部、共轭复数、模与辐角。

（1）$\dfrac{1}{3+2i}$　　（2）$\dfrac{1}{i}-\dfrac{3i}{1-i}$　　（3）$\dfrac{(3+4i)(2-5i)}{2i}$　　（4）$i^8-4i^{21}+i$

在 MATLAB 命令窗口中输入：

```
>> a=[1/(3+2i),1/i-3i/(1-i),(3+4i)*(2-5i)/2i,i^9-4*i^21+i]
a =
   0.2309-0.1538i   1.5000-2.5000i   -3.5000-13.0000i   1.0000-3.0000i
>> real(a)              %实部
ans =
   0.2308    1.5000   -3.5000    1.0000
>> imag(a)              %虚部
ans =
  -0.1538   -2.5000   -13.0000   -3.0000
>> conj(a)              %共轭复数
ans =
   0.2308+0.1538i   1.5000+2.5000i   -3.5000+13.0000i   1.0000+3.0000i
>> abs(a)               %模
ans =
   0.2774    2.9155   13.4629    3.1623
>> angle(a)             %辐角
ans =
  -0.5880   -1.0304   -1.8338   -1.2490
```

8.2.4 复数的乘除法

复数的乘除法运算由 "/" 和 "*" 实现。

【例 8.2】 复数的乘除法演示。

```
>> x=4*exp(pi/3i)
x =
   2.0000 - 3.4641i
>> y=3*exp(pi/5i)
y =
   2.4271 - 1.7634i
>> y1=3*exp(pi/5*i)
y1 =
   2.4271 + 1.7634i
>> x/y
ans =
   1.2181 - 0.5423i
>> x/y1
ans =
  -0.1394 - 1.3260I
```

可见，(…)/5i 相当于(…)/(5*i)。

8.2.5　复数的平方根

复数的平方根运算由函数 sqrt 实现。调用形式如下：

➢ sqrt(x)　返回复数 x 的平方根值。

8.2.6　复数的幂运算

复数的幂运算的形式为 x^n，结果返回复数 x 的 n 次幂。

【例 8.3】　复数的幂运算演示。

```
>> (-1)^(1/6)
ans =
   0.8660 + 0.5000i
```

8.2.7　复数的指数和对数运算

复数的指数和对数运算分别由函数 exp 和 log 实现。调用形式如下：

➢ exp(x)　返回复数 x 的以 e 为底的指数值；

➢ log(x)　返回复数 x 的以 e 为底的对数值。

【例 8.4】　求下列各式的值。

（1）log(–i)　　　（2）log(–3 + 4i)

在 MATLAB 命令窗口中输入：

```
>> log(-i)
ans =
   0-1.5708i
>> log(-3+4i)
ans =
   1.6094+2.2143i
```

8.2.8　复数的三角函数运算

复数的三角函数运算函数见表 8.1。

表8.1 复数三角函数表

函 数 名	函 数 功 能	函 数 名	函 数 功 能
sin(x)	返回复数 x 的正弦函数值	asin(x)	返回复数 x 的反正弦值
cos(x)	返回复数 x 的余弦函数值	acos(x)	返回复数 x 的反余弦值
tan(x)	返回复数 x 的正切函数值	atan(x)	返回复数 x 的反正切值
cot(x)	返回复数 x 的余切函数值	acot(x)	返回复数 x 的反余切值
sec(x)	返回复数 x 的正割函数值	asec(x)	返回复数 x 的反正割值
csc(x)	返回复数 x 的余割函数值	acsc(x)	返回复数 x 的反余割值
sinh(x)	返回复数 x 的双曲正弦值	coth(x)	返回复数 x 的双曲余切值
cosh(x)	返回复数 x 的双曲余弦值	sech(x)	返回复数 x 的双曲正割值
tanh(x)	返回复数 x 的双曲正切值	csch(x)	返回复数 x 的双曲余割值

8.2.9 复数方程求根

复数方程求根或实方程的复数根求解也由函数 solve 实现。见下面的例子。

【例 8.5】 求方程 $x^3 + 8 = 0$ 所有的根。

```
>> solve('x^3+8=0')
ans =
            -2
 1 - 3^(1/2)*i
 3^(1/2)*i + 1
```

8.3 留　　数

1. 留数定义

设 a 是 $f(z)$ 的孤立奇点，C 是 a 的充分小的邻域内一条把 a 点包含在其内部的闭路，积分 $\dfrac{1}{2\pi i} \oint_C f(z)\mathrm{d}z$ 称为 $f(z)$ 在 a 点的留数或残数，记做 $\mathrm{Res}[f(z),\ a]$。在 MATLAB 中，可由函数 residue 实现。

residue　留数函数（部分分式展开）。

➤ [R,P,K] = residue(B,A)　函数返回留数、极点和两个多项式比值 B(s)/A(s) 的部分分式展开的直接项。

$$\frac{B(s)}{A(s)} = \frac{R(1)}{s - P(1)} + \frac{R(2)}{s - P(2)} + \cdots + \frac{R(n)}{s - P(n)} + K(s)$$

如果没有重根，则向量 B 和 A 为分子、分母以 s 降幂排列的多项式系数，留数返回为向量 R、极点在向量 P 的位置，直接项返回到向量 K。极点的数目 n = length(A)−1 = length(R) = length(P)。如果 length(B) < length(A)，则直接项系数为 s 空；否则，length(K) = length(B)−length(A) + 1。如果存在 M 重极点即有 P(j) = ⋯ = P(j+m−1)，则展开项包括以下形式：

$$\frac{R(j)}{s - P(j)} + \frac{R(j+1)}{(s - P(j))^2} + \cdots + \frac{R(j+m-1)}{(s - P(j))^m}$$

> ➢ [B,A] = residue(R,P,K) 有三个输入变量和两个输出变量，函数转换部分因式展开还
> 为系数为 B 和 A 的多项式比的形式。

注意　从数值上讲，分式多项式的部分因式展开实际上代表了一类病态问题。如果分母多项式 A(S)是一个近似有重根的多项式，则在数值上的一点微小变化，包括舍入误差都可能造成极点和留数结果上的巨大变化。因此，使用状态空间和零点-极点表述的方法是可取的。

2. 示例

【例 8.6】　求如下函数的奇点处的留数。

$$\frac{z+1}{z^2-2z}$$

在 MATLAB 命令窗口中输入：

```
>> [r,p,k]=residue([1,1],[1,-2,0])
r =
    1.5000
   -0.5000
p =
    2
    0
k =
    []
```

所以，可得 Res[*f*(*z*),2]=1.5，Res[*f*(*z*),0]= −0.5。

【例 8.7】　计算下面的积分

$$\oint_C \frac{z}{z^4-1}\mathrm{d}z$$

其中 *C* 为正向圆周，$|z|=2$。

解：先求被积函数的留数。

```
>> [r,p,k]=residue([1,0],[1,0,0,0,-1])
r =
  0.2500
  0.2500
 -0.2500 - 0.0000i
 -0.2500 + 0.0000i
p =
 -1.0000
  1.0000
  0.0000 + 1.0000i
  0.0000 - 1.0000i
k =
    []
```

可见在圆周 $|z|=2$ 内有四个极点，所以积分值等于 $2\times\mathrm{pi}\times(0.25+0.25-0.25-0.25)=0$。

8.4　Taylor 级数展开

Taylor 级数展开在复变函数中有很重要的地位，如分析复变函数的解析性等。

函数 $f(x)$ 在 $x = x_0$ 点的 Taylor 级数展开如下:

$$f(x) = x_0 + f(x_0)(x - x_0) + \frac{f'(x_0)(x - x_0)^2}{2!} + \frac{f''(x_0)(x - x_0)^3}{3!} + \cdots$$

在 MATLAB 中可由函数 taylor 来实现。

- taylor   泰勒级数展开。
  - taylor(f)   返回 f 函数的五次幂多项式近似。此功能函数可有三个附加参数。
  - taylor(f,n)   返回 n-1 次幂多项式。
  - taylor(f,a)   返回 a 点附近的幂多项式近似。
  - taylor(f,x)   使用独立变量代替函数 findsym(f)。

【例 8.8】 求下列函数在指定点的泰勒展开式。

（1） $\dfrac{1}{z^2}$, $z_0 = -1$ （2） tg(z) , $z_0 = $ pi/4

- MATLAB 实现

```
>> taylor(1/x^2,-1)
ans=
    2*x + 3*(x + 1)^2 + 4*(x + 1)^3 + 5*(x + 1)^4 + 6*(x + 1)^5 + 3
>> taylor(tan(x),pi/4)
ans=
  2*x - pi/2 + 2*(pi/4 - x)^2 - (8*(pi/4 - x)^3)/3 + (10*(pi/4 - x)^4)/3 -
          (64*(pi/4 - x)^5)/15 + 1
```

【例 8.9】 再看下面的展开式。

```
>> taylor(sin(x)/x,0)
ans =
    x^4/120 - x^2/6 + 1
```

展开式说明 x = 0 是此函数的伪奇点。

注意   这里的 taylor 展开式运算实质上是符号运算，因此，在 MATLAB 中执行此命令前应先定义符号变量 syms x,z,…,否则，MATLAB 将给出出错信息。

8.5 Laplace 变换及其逆变换

1. Laplace 变换

- L=laplace(F)   返回默认独立变量 T 的符号表达式 F 的拉普拉斯变换。函数返回默认为 S 的函数。如果 F=F(s)，则拉普拉斯函数返回 t 的函数 L=L(t)。其中定义 L 为对 t 的积分 L(s)= int(F(t)*exp(-s*t),0,inf)。
- L=laplace(F,t)   以 t 代替 s 为变量的拉普拉斯变换。laplace(F,t)等价于 L(t)= int(F(x)* exp(-t*x) ,0,inf)。
- L=laplace(F,w,z)   以 z 代替 s 的拉普拉斯变换（相对于 w 的积分）。laplace(F,w,z)等价于 L(z) = int(F(w)*exp(-z*w),0,inf)。

【例如】

```
>> syms a s t w x
>> laplace(x^5)
ans =
  120/s^6
>> laplace(exp(a*s))
ans =
  -1/(a - t)
>> laplace(sin(w*x),t)
ans =
    w/(t^2+w^2)
>> laplace(cos(x*w),w,t)
ans =
    t/(t^2+x^2)
>> laplace(x^sym(3/2),t)
ans =
    (3*pi^(1/2))/(4*t^(5/2))
>> laplace(diff(sym('F(x)')))
ans =
    s*laplace(F(x), x, s) - F(0)
```

2. Laplace 逆变换

➢ F=ilaplace(L)　返回以默认独立变量 s 的符号表达式 L 的拉普拉斯变换，默认返回 t 的函数。如果 L=L(t)，则 ilaplace 返回 x 的函数 F=F(x)。F(x)定义为对 s 的积分 F(t)=int(L(s)*exp(s*t),s,c-i*inf,c+i*inf)，其中 c 为选定的实数，使得 L(s)的所有奇点都在直线 s = c 的左侧。

➢ F=ilaplace(L,y)　以 y 代替默认的 t 的函数，且有 ilaplace(L,y)等价于 F(y)=int(L(y)* exp(s*y),s,c-i*inf,c+i*inf)。这里 y 是个数量符号。

➢ F=ilaplace(L,y,x)　以 x 代替 t 的函数，有 ilaplace(L,y,x)等价于 F(y)=int(L(y)* exp(x*y),y,c-i*inf,c+i*inf)，对 y 取积分。

【例如】

```
>> syms s t w x y
>> ilaplace(1/(s-1))
ans =
    exp(t)
>> ilaplace(1/(t^2+1))
ans =
sin(x)
>> ilaplace(t^(-sym(5/2)),x)
ans =
 4/3/pi^(1/2)*x^(3/2)
>> ilaplace(y/(y^2 + w^2),y,x)
ans =
   cos(w*x)
>> ilaplace(sym('laplace(F(x),x,s)'),s,x)
ans =
    F(x)
```

8.6 Fourier 变换及其逆变换

1. Fourier 积分变换

➤ F=fourier(f) 返回以默认独立变量 x 的数量符号 f 的 Fourier 变换，默认返回为 w 的函数。如果 f=f(w)，则 fourier 函数返回 t 的函数 F=F(t)。定义 F(w)=int(f(x)* exp(-i*w*x),x,-inf,inf)为对 x 的积分。

➤ F=fourier(f,v) 以 v 代替默认变量 w 的 Fourier 变换，且 fourier(f,v)等价于 F(v)=int(f(x)* exp(-i*v*x),x,-inf,inf)。

➤ fourier(f,u,v) 以 v 代替 x 且对 u 积分，且有 fourier(f,u,v) 等价于 F(v) = int(f(u)*exp (-i*v*u),u ,-inf,inf)。

【例如】

```
>> syms t v w x
>> fourier(1/t)
ans =
    pi*i*(2*heaviside(-w) - 1)
>> fourier(exp(-x^2),x,t)
ans =
pi^(1/2)/exp(t^2/4)
```

2. Fourier 逆变换

➤ f=ifourier(F) 返回默认独立变量 w 的符号表达式 F 的 Fourier 逆变换，默认返回 x 的函数。如果 F=F(x)，则 Ifourier 函数返回 t 的函数 f=f(t)。一般来说 f(x)=1/(2*pi)* int(F(w)*exp(i*w*x),w,-inf,inf)，对 w 积分。

➤ f=ifourier(F,u) 以变量 u 代替 x，且 Ifourier(F,u)等价于 f(u)=1/(2*pi) *int(F(w)* exp(i*w*u,w,-inf,inf)，对 w 积分。

➤ f=ifourier(F,v,u) 以 v 代替 w 的 Fourier 逆变换，且有 ifourier(F,v,u)等价于 f(u) = 1/(2* pi)* int(F(v)*exp(i*v*u),v,-inf,inf)，积分针对 v。

【例如】

```
>> syms t u w x v
>> ifourier(1/(1 + w^2),u)
ans=
    ((pi*heaviside(u))/exp(u) + pi*heaviside(-u)*exp(u))/(2*pi)
>> ifourier(v/(1 + w^2),v,u)
ans=
        (i*dirac(-u, 1))/(w^2 + 1)
>> ifourier(w*exp(-3*w)*sym('Heaviside(w)'))
ans=
    1/2/pi/(3-i*t)^2
>> ifourier(sym('fourier(f(x),x,w)'),w,x)
ans=
        f(x)
```

习　题

1. 求下列复数的实部、虚部、共轭复数、模和辐角。

 （1） $\dfrac{1-i}{1+3i}$
 （2） $\dfrac{1+i}{1-i}+\dfrac{1-i}{1+i}$
 （3） $(1-i)^{10}$
 （4） $i^{20}-i^{15}+i^3$

 （5） $e^{(1+2i)}$
 （6） $(i^2-i+1)e^i$

2. 计算 $\sqrt[3]{-8}$ ，MATLAB 给出的结果是唯一解吗？如何能得到所有的解？

3. 计算 $\ln(i)$ 的全部可能取值。

4. 计算下列表达式的一个值。

 （1） $\sqrt{-i}$
 （2） $\sqrt{1+i}$
 （3） $\ln(2+3i)$
 （4） $\ln(\sqrt{5-3i}+2i)$

5. 计算下列复数的三角函数。

 （1） $\sin(-i)$
 （2） $\tan(i^4-i-1)$
 （3） $\cot(3i-2)$
 （4） $\sinh(e^{i-1})$

6. 计算下列复数的反三角函数。

 （1） $\arcsin(i)$
 （2） $\arccos(e^{i+1})$

 （3） $\arctan\left(\dfrac{6i}{i-1}\right)$
 （4） $\text{arccot}\left(\dfrac{1}{i+1}\right)$

7. 解下列方程。

 （1） $z^3+z+1=0$
 （2） $\dfrac{z^2+i}{z-1}=i$
 （3） $\sqrt{1-z}=i-1$
 （4） $e^z=i$

8. 解下列方程。

 （1） $\sin(z)=\dfrac{3}{4}+\dfrac{i}{4}$
 （2） $\cos(z)=3$

 （3） $\tan(z)=1+i$
 （4） $\cosh^2(z)-3\cosh(z)+2=0$

9. 计算积分。

 （1） $\displaystyle\int_0^1 e^{(i+t)}\,dt$
 （2） $\displaystyle\int_0^1 \sin(it+1)\,dt$

10. 计算积分 $\displaystyle\int_C (z^2-iz)\,dz$ ，积分路径 C 是由 0 连接到 $1+i$ 的直线段。

11. 计算积分 $\displaystyle\int_C \dfrac{1}{z^2+1}e^{iz}\,dz$ ，积分路径 C 分别为：

 （1） $|z|=3$
 （2） $|z+i|=1$

12. 计算下列积分：

 （1） $\displaystyle\oint_{|z|=3} \dfrac{\cos(z)}{z}\,dz$
 （2） $\displaystyle\oint_{|z|=2} \dfrac{z^2}{z^2+1}\,dz$

13. 求下列函数的极点和留数。

 （1） $f(z)=\dfrac{1}{z^3-z^4}$
 （2） $f(z)=\dfrac{z+1}{2z^4+3z^3+6z}$
 （3） $f(z)=\dfrac{1}{(1+z^2)^5}$

14. 应用留数定理，计算下列积分。

（1）$\oint_{|z|=1} \dfrac{1}{z} \mathrm{d}z$　　　　（2）$\oint_{|z-1|=1} \dfrac{1}{1+z^4} \mathrm{d}z$　　　　（3）$\oint_{|z-1|=3} \dfrac{1}{1+z^4} \mathrm{d}z$

（4）$\oint_{|z|=2} \dfrac{1}{z^3(z^8-2)} \mathrm{d}z$　　　　（5）$\oint_{|z|=2} \dfrac{z^2+1}{z^2-1} \mathrm{d}z$　　　　（6）$\oint_{|z|=3} \dfrac{1}{z^2(z^2+16)} \mathrm{d}z$

15．求下列函数在原点的 Taylor 展开式。

（1）$\dfrac{1}{1+z+z^2}$　　　　（2）$\sin(z)$　　　（3）$\dfrac{\sin(z)}{1-z}$，$z_0=0$　　　（4）$\mathrm{e}^{\frac{1}{1+z}}$

16．求下列函数在给定点的 Taylor 展开式。

（1）$1-z^2$，$z_0=1$　　　（2）$\sin(z)$，$z_0=\pi$　　　（3）$\ln(z)$，$z_0=\mathrm{i}$

17．求下列函数的 Laplace 变换。

（1）t^2　　　　（2）$\cos(t)$　　　　（3）$\dfrac{\sin(t)}{t}$

18．求下列函数的 Laplace 变换。

（1）t^n，$n=0,1,2,\cdots$　　（2）$\mathrm{e}^{\lambda t}\sin(\omega t)$，$\lambda>0,\omega>0$　　（3）$\dfrac{1-\sin(\omega t)}{t^2}$，$\omega>0$

19．求下列函数的 Laplace 逆变换。

（1）$\dfrac{\omega}{s(s^2+\omega^2)}$，$\omega>0$　（2）$\dfrac{\mathrm{e}^{-\omega s}}{s^2}$，$\omega>0$　　（3）$\dfrac{s^2+\omega^2}{(s^2-\omega^2)^2}$，$\omega>0$

20．求下列函数的 Fourier 变换。

（1）t^2　　　　（2）$\dfrac{1}{1+t^2}$　　　　（3）$\sin(t)$　　　　（4）e^t

21．求下列函数的 Fourier 变换。

（1）t^n，$n=0,1,2,\cdots$　　（2）$\mathrm{e}^{-\lambda t}\sin(\omega t)$，$\lambda>0,\omega>0$　　　（3）$\mathrm{e}^{\mathrm{i}\omega t}$，$\omega>0$

22．求下列函数的 Fourier 逆变换。

（1）$\dfrac{\sin(s)}{s}$　　　　（2）$\sin(\omega s)$，$\omega>0$　　（3）$\delta(s+\omega)+\delta(s-\omega)$，$\omega>0$

第9章 MATLAB 在概率统计中的应用

概率统计的应用十分广泛，几乎遍及所有科学技术领域以及工农业生产和国民经济的各个部门。例如，使用概率统计方法可以进行气象预报、水文预报、地震预报以及产品的抽样验收；在研制新产品时，为寻找最佳生产方案可用概率统计方法进行试验设计和数据处理；在可靠性的工程中，使用概率统计方法可以给出元件或系统的使用可靠性及平均寿命的估计；在自动控制中可用它给出数学模型以便通过计算机控制工业生产；在通信工程中可用它来提高信号的抗干扰性和分辨率等。

MATLAB 提供了专门的统计工具箱（Statistics Toolbox），包括的功能函数就多达三百多个，功能已足以赶超任何其他专用统计软件。而且，在应用上 MATLAB 还具有其他软件不可比拟的操作简单、接口方便、扩充能力强等优势，再加上众多的 MATLAB 爱好者已对 MATLAB 的使用方法比较熟悉，MATLAB 必将在概率统计领域中占据极其重要的地位。

在本章中，将对 MATLAB 在统计变量计算、常用统计分布、常用随机数的产生、参数估计、区间估计、假设检验、方差分析和回归诊断及统计图的绘制等方面的应用做较为全面的介绍。

9.1 统计量的数字特征

9.1.1 简单数学期望和几种均值

数学期望是概率统计中的重要概念，通常可以表示为：

$$E(x) = \sum_{k=1}^{\infty} x_k p_k$$

其中 p_k 是对应的 x_k 的权。求数学期望的最直接的函数是求和函数 sum，其参数是 X 向量与权函数向量的点积。

在给定一组样本值 $x=[x_1,x_2,\cdots,x_n]$ 时，最简单的情况下的数学期望值可由下式计算。

$$E(x) = \frac{1}{n} \sum_{k=1}^{n} x_k$$

此时期望值等于各元素的算术平均值。MATLAB 提供了函数 mean，用来求这种简单期望值。

● mean 算术平均值

对于向量 x，mean(x)得到它的元素的平均值；对于矩阵 X，mean(X)得到一列向量，此向量每一行值为矩阵行元素的平均值，对于 N 维数组 X，mean(X)得到沿 X 第一个非独立维的元素的平均值。

> mean(X,DIM)　得到 X 的 DIM 维数的平均值

【例 9.1】 随机地取 8 只活塞环，测得它们的直径为（以 mm 计）74.001，74.005，74.003，74.001，74.000，73.998，74.006，74.002。试求样本的均值。

在 MATLAB 命令窗口中输入：

```
>> d=[74.001  74.005  74.003  74.001  74.000  73.998  74.006  74.002];
>> mean(d)
ans =
    74.0020
```

对于有些情况下，各样本值还有与其相对应的权，这时只要先把样本值数组与权数组做点乘或样本值向量与权向量做点积，再把结果做简单期望运算即可。

【例 9.2】 设随机变量 X 的分布律见表 9.1，求 $E(X)$ 和 $E(3X^2+5)$ 的值。

表 9.1　数据表

x	−2	0	2
P_k	0.4	0.3	0.3

解：
● $E(X)$ 的值

```
>> x=[-2 0 2];
>> Pk=[0.4 0.3 0.3];
>> sum(x.*pk)
ans =
    -0.2000
```

● $E(3X^2+5)$ 的值

```
>> z=3*y+5
z =
      17     5     17
>> sum(z.*pk)
ans =
     13.4000
```

MATLAB 还提供了其他几个求平均数的函数，如下：

> nanmean　去掉 NaN 元素的算术均值
> geomean　几何平均值
> harmmean　调和平均值
> trimmean　截断平均值

9.1.2　数据比较

在给定的一组数据中，还常要对它们进行最大、最小、中值的查找或对它们排序等操作。在 MATLAB 中也有这样的函数。

> max：最大值元素

- ➢ min：最小值元素
- ➢ median：中值元素
- ➢ nanmax：忽略 NaN 之后的最大值元素
- ➢ nanmin：忽略 NaN 之后的最小值元素
- ➢ nanmedian：忽略 NaN 之后的中值元素
- ➢ mad：偏离均/中值的绝对值的均/中值
- ➢ sort：变量由小到大排序
- ➢ .sortrows：以指定列的值升序排列行
- ➢ range：变量的值范围，即最大值与最小值的差。

9.1.3　累积与累和

求向量或矩阵的元素累积或累和运算是比较常用的两类运算，在 MATLAB 中可由以下函数实现。

- ➢ sum：向量元素值求和
- ➢ nansum：非 NaN 向量元素值求和
- ➢ cumsum：向量元素值累和
- ➢ cumtrapz：向量元素值梯形累和
- ➢ cumprod：向量元素值累积

9.1.4　方差和标准差

对于一组采样数据，有时只从其累和或均值中还不能判断它们的质量好坏，为了表征随机变量与其均值的偏离程度，我们引入了方差或标准差。

方差表示为 $D(x) = Var(x) = E\{[x-E(x)]^2\}$

标准差表示为 $\sigma(x) = \sqrt{D(x)}$

对于样本来说，样本方差为 $s^2 = \dfrac{1}{n-1}\sum_{i=1}^{n}(x_i - \overline{x})^2$

样本标准差为 $s = \sqrt{\dfrac{1}{n-1}\sum_{i=1}^{n}(x_i - \overline{x})^2}$

在 MATLAB 中可由以下函数计算。

- ● var　方差函数。
  - ➢ var(x)　若 x 为向量则返回向量的样本方差值，若 x 为矩阵则返回矩阵列向量的方差行向量。
  - ➢ var(x,1)　函数返回向量（矩阵）x 的简单方差（即置前因子为 1/n 的方差）。
  - ➢ var(x,w)　函数返回向量（矩阵）x 以 w 为权的方差。

nanvar　忽略 NAN 的方差函数，函数调用形式同 var。

- ● std　标准差函数。
  - ➢ std(x)　函数返回向量或矩阵 x 的样本标准差（置前因子为 1/n-1）。
  - ➢ std(x,1)　函数返回向量或矩阵 x 的标准差（置前因子为 1/n）。
  - ➢ std(x,0)　函数同 std(x)。

> std(x,flag,dim)　函数返回向量（矩阵）中维数为 dim 的标准差值，其中 flag=0 时，置前因子为 1/n-1；否则，置前因子为 1/n。

● Nanstd　函数同 std。

【例 9.3】　对例 9.1 中的样本值 d，求其方差值、样本方差值、标准差、样本标准差的值。

```
>> d=[74.0010,74.0050,74.0030,74.0010,74.0000,73.9980,74.0060,74.0020];
>> var(d,1)              %方差
ans =
  6.0000e-006
>> var(d)               %样本方差
ans =
  6.8571e-006
>> std(d,1)             %标准差
ans =
   0.0024
>> std(d)              %样本标准差
ans =
   0.0026
```

9.1.5　偏斜度和峰度

为描述随机变量分布的形状与对称形式或正态分布型的偏离程度，引入了特征量的偏斜度和峰度。

1．偏斜度

偏斜度的定义为
$$v_1 = E\left[\left(\frac{x - E(x)}{\sqrt{D(x)}}\right)^3\right]$$

此函数表征分布形状偏斜对称的程度，若 v_1=0 则可以认为分布是对称的，若 v_1>0 则称为右偏态，此时位于均值右边的值比位于左边的值多一些；反之，则称为左偏态即位于均值左边的值比位于右边的值多一些。

此函数在 MATLAB 中由功能函数 skewness 实现。其调用形式为：

● skewness　随机分布的偏斜度函数。

> skewness(x)　若 x 为向量则函数返回此向量的偏斜度，若 x 为矩阵则返回矩阵列向量的偏斜度行向量。

2．峰度

峰度的定义为
$$v_2 = E\left[\left(\frac{x - E(x)}{\sqrt{D(x)}}\right)^4\right]$$

若 v_2>0，表示分布有沉重的"尾巴"，即数据中含有较多偏离均值的数据，对于正态分布，v_2=0，故 v_2 的值也可看成数据偏离正态分布的尺度。在 MATLAB 中此函数由 kurtosis 实现。

● kurtosis　随机分布的峰度函数。

> kurtosis(x)　若 x 为向量则函数返回此向量的峰度，若为矩阵则返回矩阵列向量的峰度行向量。

【例 9.4】　有 15 名学生的体重（单位为 kg）为 75.0，64.0，47.4，66.9，62.2，62.2，58.7，63.5，66.6，64，57.0，61.0，56.9，50.0，72.0。计算此 15 名学生体重的均值、标准差、偏斜度和峰度。

解：在 MATLAB 命令窗口中输入：

```
>> w=[75.0, 64.0, 47.4, 66.9, 62.2, 62.2, 58.7, 63.5, 66.6, 64, 57.0, 61.0,
    56.9, 50.0, 72.0];
>> mean1=mean(w)
mean1 =
    61.8267
>> std1=std(w)
std1 =
    7.2905
>> sk1=skewness(w)
sk1 =
    -0.2512
>> ku1=kurtosis(w)
ku1 =
    2.8762
```

9.1.6　协方差和相关系数

对于变量 (X,Y)，除了讨论 X 与 Y 的数学期望和方差以外，还要讨论描述 X 与 Y 之间相互关系的数学特征，这里将介绍协方差和相关系数。

引入以下定义：

协方差　　　　　　　　$\text{cov}(x,y) = \text{E}\{[x - \text{E}(x)][y - \text{E}(y)]\}$

相关系数　　　　　　　$\text{cof}(x,y) = \dfrac{\text{cov}(x,y)}{\sqrt{\text{D}(x)}\sqrt{\text{D}(y)}}$

在 MATLAB 中这两个量分别由功能函数 cov 和 corrcoef 来实现。

➢ cov(x)　x 为向量时，函数返回此向量的方差，x 为矩阵时，函数返回此矩阵的协方差矩阵，其中协方差矩阵的对角元素是 x 矩阵的列向量的方差值。

➢ cov(x,y)　函数返回向量 x，y 的协方差矩阵，且 x，y 的维数必须相同。

➢ cov(x)　返回向量 x 的样本协方差（矩阵），即置前因子为 1/n-1，也可写成 cov(x, 0)。

➢ cov(x,1)　返回向量的协方差（矩阵），置前因子为 1/n。

cov(x,y) 与 cov(x,y,1) 的区别同上。

➢ corrcoef(x,y)　函数返回列向量 x，y 的相关系数。

➢ corrcoef(x)　函数返回矩阵 x 的列元的相关系数矩阵。

【例 9.5】　协方差矩阵函数和相关系数函数应用示例。

● 对向量

```
>> a=[1,2,1,2,2,1];
>> var(a)
ans =
    0.3000
>> cov(a)
ans =
    0.3000
```

- 对矩阵

```
>> d=rand(2,6)
d =
    0.8318    0.7095    0.3046    0.1934    0.3028    0.1509
    0.5028    0.4289    0.1897    0.6822    0.5417    0.6979
>> cov1=cov(d);
>> covzhi=cov1(2)
covzhi =
    0.0462
```

9.1.7 协方差矩阵

对于二维随机变量(X,Y)，定义协方差矩阵

$$\text{cov}(X,Y) = \begin{pmatrix} C_{11} & C_{12} \\ C_{21} & C_{22} \end{pmatrix}$$

其中

$$C_{11} = \text{E}\{[x - \text{E}(x)]^2\}$$
$$C_{12} = \text{E}\{[x - \text{E}(x)][y - \text{E}(y)]\}$$
$$C_{21} = \text{E}\{[y - \text{E}(y)][x - \text{E}(x)]\}$$
$$C_{22} = \text{E}\{[y - \text{E}(y)]^2\}$$

在 MATLAB 中实现协方差矩阵的函数与实现协方差的函数一样，参看 9.1.6 节。

【例如】

```
>> c=rand(3,3)
c =
    0.4447    0.9218    0.4057
    0.6154    0.7382    0.9355
    0.7919    0.1763    0.9169
>> cov(c)
ans =
    0.0301   -0.0649    0.0441
   -0.0649    0.1509   -0.0780
    0.0441   -0.0780    0.0904
>> corrcoef(c)
ans =
    1.0000   -0.9623    0.8451
   -0.9623    1.0000   -0.6678
    0.8451   -0.6678    1.0000
```

9.2 常用的统计分布量

常用的统计分布量包括各种统计分布的期望和方差、各种分布的概率密度函数、概率累积函数和分值点函数及常用的随机数等。

9.2.1 给定分布下的期望和方差

期望和方差是统计分布量中最重要的两个分布量，若给定分布类型，可以通过 MATLAB 内部函数计算其给定参数下的期望和方差。为了读者使用方便，现将其归纳为表 9.2。

表 9.2　期望和方差表

函数名	调用形式	参数说明	函数注释
betastat	[M,V] = betastat (A,B)	M 为期望值 V 为方差值 A，B 为 β 分布参数	β 分布的期望和方差
binostat	[M,V] = binostat (N,P)	N 为试验次数 P 为二次分布概率	二项式分布的期望和方差
chi2stat	[M,V] = chi2stat (nu)	nu 为卡方分布参数	卡方分布的期望和方差
expstat	[M,V] = expstat (mu)	mu 为指数分布特征参数	指数分布的期望和方差
fstat	[M,V] = fstat (v1,v2)	v1，v2 为 F 分布的两个自由度	F 分布的期望和方差
gamstat	[M,V] = gamstat (A,B)	A，B 为 γ 分布的参数	γ 分布的期望和方差
geostat	[M,V] = geostat (P)	P 为几何分布的几何概率参数	几何分布的期望和方差
hygestat	[MN,V] = hygestat (M,K,N)	M，K，N 为超几何分布的分布参数	超几何分布期望和方差
lognstat	[M,V] = lognstat (mu,sigma)	mu 为对数分布的均值，sigma 为标准差	对数分布的期望和方差
poisstat	[M,V] = poisstat (LAMBDA)	LAMBDA 为泊松分布的参数	泊松分布的期望和方差
normstat	[M,V] = normstat (mu,sigma)	mu 为正态分布的均值，sigma 为标准差	正态分布的期望和方差
tstat	[MN,V] = tstat (nu)	nu 为 T 分布的参数	（学生）t 分布的期望和方差
unifstat	[M,V] = unifstat (A,B)	A，B 为均匀分布的分布区间端点值	均匀分布的期望和方差

有了上面的表格，各函数的用法也就一目了然了。下面举几个例子。

【例 9.6】（1）求参数为 0.12 和 0.34 的 β 分布的期望和方差；（1）求参数为 6 的泊松分布的期望和方差。

解：（1）

```
>> [m,v]=betastat(0.12,0.34)
m =
    0.2609
v =
    0.1321
```

（2）

```
>> [m,v]=poisstat(6)
m =
    6
v =
    6
```

【例 9.7】　按规定，某型号的电子元件的使用寿命超过 1500 小时为一级品，已知一样品 20 只，一级品率为 0.2，问样品中一级品元件的期望和方差为多少？

解：考虑一级品的概率满足二项式分布，则

```
>> [m,v]=binostat(20,.2)
m =
    4
v =
    3.2000
```

由此可见泊松分布参数的值与它的期望和方差是相同的。

由上面的例子可以看出，求期望和方差的函数都是以 stat 结尾的，几乎所有的分布都可以找到对应的函数，输入输出参数直观，调用方便。

9.2.2 概率密度函数

1. 通用函数介绍

MATLAB 求给定分布的概率密度有一个通用函数 pdf，通过此函数可以求常用给定分布的概率密度函数，此函数的调用格式如下。

● pdf　计算指定分布类型（name）的概率密度函数，调用格式为：
  ➤ Y = pdf(name,X,A)；
  ➤ Y = pdf(name,X,A,B) 或 Y = pdf(name,X,A,B,C)

返回由 name 指定的分布类型，X 值的参数为 A，B，C 的概率密度，name 的值见表 9.3。

表 9.3　name 可能值及解释

name 可能值	解　释	name 可能值	解　释
beta	Beta 分布	ncf	非中心 F 分布
bino	二项式分布	nct	非中心 T 分布
chi2	卡方分布	ncx2	非中心卡方分布
exp	指数分布	norm	正态高斯分布
f 或 F	F 分布	poiss	泊松分布
gam	GAMMA 分布	rayl	瑞利分布
geo	几何分布	t 或 T	T 分布
hyge	超几何分布	unif	均匀分布
logn	对数分布	unid	离散均匀分布
nbin	负二项式分布	weib	Weibull 分布

2. 专用函数列表

表 9.4 列出了 MATLAB 的专用函数。

表 9.4　专用函数表

函　数　名	调　用　形　式	函　数　注　释
betapdf	Y = betapdf(X,A,B)	β 分布的概率密度函数
binopdf	Y = binopdf(X,N,P)	二项分布的概率密度函数
chi2pdf	Y = chi2pdf(X,v)	卡方分布的概率密度函数
exppdf	Y = exppdf(X,mu)	指数概率密度函数
fpdf	Y = fpdf(X,v1,v2)	F 概率密度函数
gampdf	Y = gampdf(X,A,B)	γ 概率密度函数
geopdf	Y = geopdf(X,P)	几何概率密度函数
hygepdf	Y = hygepdf(X,M,K,N)	超几何概率密度函数
lognpdf	Y = lognpdf(X,mu,sigma)	对数概率密度函数
nbinpdf	Y = nbinpdf(X,R,P)	负二项式概率密度函数
ncfpdf	Y = ncfpdf(X,nu1,nu2,delta)	非中心 F 概率密度函数
nctpdf	Y = nctpdf(X,v,delta)	非中心 T 概率密度函数
ncx2pdf	Y = ncx2pdf(X,v,delta)	非中心卡方概率密度函数
normpdf	Y = normpdf(X,mu,sigma)	正态概率密度函数
poisspdf	Y = poisspdf(X,LAMBDA)	泊松概率密度函数
raylpdf	Y = raylpdf(X,B)	瑞利概率密度函数

函　数　名	调　用　形　式	函　数　注　释
tpdf	Y = tpdf(X,v)	T（学生）分布概率密度函数
unidpdf	Y = unidpdf(X,N)	均匀分布（离散）概率密度函数
unifpdf	Y = unifpdf(X,A,B)	均匀分布（连续）概率密度函数
weibpdf	Y = weibpdf(X,A,B)	韦伯概率密度函数

说明

➢ 其他参数与"期望和方差"表中的相同。

➢ 输入对应向量参数的维数必须相等，否则，给出出错信息。

【例 9.8】 计算正态分布 $N(0,1)$ 下的在点 0.7733 的概率密度值。

```
>> pdf('norm',0.7733,0,1)              %利用通用函数
ans =
    0.2958
>> normpdf(0.7733,0,1)                 %利用专用函数来求解
ans =
    0.2958
```

可见两种方法计算得到的结果是一致的。

【例 9.9】 绘制卡方分布密度函数在 n 分别等于 1，5，15 的图。

```
>> clf
>> x=0:0.1:30;
>> y1=chi2pdf(x,1);
>> plot(x,y1,':')
>> hold on
>> y2=chi2pdf(x,5);
>> plot(x,y2,'+')
>> y3=chi2pdf(x,15);
>> plot(x,y3,'o')
>> axis([0,30,0,0.2])
```

得到的图形如图 9.1 所示。

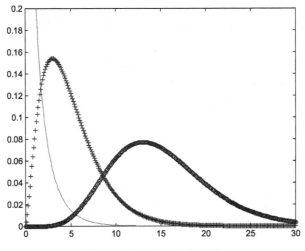

图 9.1　卡方分布密度函数

9.2.3 概率值函数 (概率累积函数)

在概率统计计算中, 常常要做这样的计算, 即给出分布类型、分布参数及计算点, 需要得到在计算点的概率值。在 MATLAB 中, 这种计算由概率累积函数 (cdf) 来实现。

1. 函数列表 (表 9.5)

表 9.5 概率值函数表

函　数　名	调 用 形 式	函 数 注 释
binocdf	Y=binocdf(X,N,P)	二项式累积分布函数
betacdf	P = betacdf(X,A,B)	β累积分布函数
cdf	P = cdf(name,X,A1,A2,A3)	选定的累积分布函数
chi2cdf	P = chi2cdf(X,v)	卡方累积分布函数
expcdf	P = expcdf(X,mu)	指数累积分布函数
fcdf	P = fcdf(X,v1,v2)	F 累积分布函数
gamcdf	P = gamcdf(X,A,B)	γ累积分布函数
geocdf	Y=geocdf(X,P)	几何累积分布函数
hygecdf	P=hygecdf(X,M,K,N)	超几何累积分布函数
logncdf	P=logncdf(X,mu,sigma)	对数累积分布函数
nbincdf	Y=nbincdf(X,R,P)	负二项式累积分布函数
ncfcdf	P=ncfcdf(X,nu1,nu2,delta)	非中心 F 累积分布函数
nctcdf	P=nctcdf(X,nu,delta)	非中心 T 累积分布函数
ncx2cdf	P=ncx2cdf(X,v,delta)	非中心卡方累积分布函数
Normcdf	P=normcdf(X,mu,sigma)	正态累积分布函数
poisscdf	P=poisscdf(X,LAMBDA)	泊松累积分布函数
raylcdf	P=raylcdf(X,B)	瑞利累积分布函数
tcdf	P=tcdf(X,v)	T 累积分布函数
unidcdf	P=unidcdf(X,N)	均匀分布 (离散) 累积分布函数
weibcdf	P=weibcdf(X,A,B)	韦伯累积分布函数
unifcdf	P=unifcdf(X,A,B)	均匀分布 (连续) 累积分布函数

2. 应用举例

【例 9.10】 某一公安局在长度为 t 的时间间隔内收到的紧急呼救次数服从参数为 $t/2$ 的泊松分布, 而与时间间隔的起点无关 (时间以小时计)。

求：(1) 在某一天中午 12 时至下午 3 时没有收到呼救的概率;

(2) 求某一天中午 12 时至下午 5 时至少收到 1 次紧急呼救的概率。

解：此问题要用函数 poisscdf 来解决。

在 MATLAB 中输入：

```
>> poisscdf(0,1.5)
ans=
    0.2231
```

此结果说明中午 12 时到下午 3 时没有收到紧急呼救的概率为 0.2231。

```
>> poisscdf(0,2.5)
ans=
    0.0821
```

那么，中午 12 时至下午 5 时至少收到 1 次紧急呼救的概率为(1−0.0821)= 0.9179。

【例 9.11】　设 $X \sim N(3, 2^2)$，

（1）求 $P\{2 < X < 5\}$，$P\{-4 < X < 10\}$，$P\{|X| > 2\}$，$P\{X > 3\}$；

（2）确定 c 使得 $P\{X > c\} = P\{X < c\}$。

解：可以用概率累积函数求解（1）。（2）将在下面的逆概率累积函数中得到解答。

● $P\{2 < X < 5\}$的求解

```
>> a1=normcdf(2,3,2)
a1 =
    0.3085
>> a2=normcdf(5,3,2)
a2 =
    0.8413
>> p=a2-a1
p =
    0.5328
```

● $P\{-4 < X < 10\}$的求解

```
>> p=normcdf(10,3,2)-normcdf(-4,3,2)
p =
    0.9995
```

● $P\{|X| > 2\}$的求解

```
>> p=1-normcdf(2,3,2)+normcdf(-2,3,2)
p =
    0.6977
```

● $P\{X > 3\}$的求解

```
>> p=1-normcdf(3,3,2)
p =
    0.5000
```

9.2.4　分值点函数（逆概率累积函数）

已知分布及分布中的一点值，求此点处的概率值要用到概率累积函数（cdf）；当已知概率值而需要求对应该概率的分布点时，就要用到逆概率累积函数（inv）。分值点函数可查表 9.6。

表 9.6　分值点函数表

函　数　名	调　用　形　式	函　数　注　释
betainv	X = betainv(P,A,B)	β分布逆累积分布函数
binoinv	X = binoinv(Y,N,P)	二项式逆累积分布函数
chi2inv	X = chi2inv(P,v)	卡方逆累积分布函数
expinv	X = expinv(P,mu)	指数逆累积分布函数
finv	X = finv(P,v1,v2)	F 逆累积分布函数
gaminv	X = gaminv(P,A,B)	γ逆累积分布函数
geoinv	X = geoinv(Y,P)	几何逆累积分布函数
hygeinv	X = hygeinv(P,M,K,N)	超几何逆累积分布函数
icdf	X = icdf(name,P,A,B,C)	指定分布的逆累积分布函数

函 数 名	调 用 形 式	函 数 注 释
logninv	X = logninv(P,mu,sigma)	对数逆累积分布函数
nbininv	X = nbininv(Y,R,P)	负二项式逆累积分布函数
ncfinv	X = ncfinv(P,nu1,nu2,delta)	非中心 F 逆累积分布函数
nctinv	X = nctinv(P,nu,delta)	非中心 T 逆累积分布函数
ncx2inv	X = ncx2inv(P,v,delta)	非中心卡方逆累积分布函数
norminv	X = norminv(P,mu,sigma)	正态逆累积分布函数
poissinv	X = poissinv(P,LAMBDA)	泊松逆累积分布函数
raylinv	X = raylinv(P,B)	瑞利逆累积分布函数
tinv	X = tinv(P,v)	T 逆累积分布函数
unidinv	X = unidinv(P,N)	均匀分布（离散）逆累积分布函数
weibinv	X = weibinv(P,A,B)	韦伯逆累积分布函数
unifinv	X = unifinv(P,A,B)	均匀分布（连续）逆累积分布函数

【例 9.12】 求例 9.11 的第（2）问。

解： 若要 $P\{X>c\}=P\{X<c\}$，则 $P\{X>c\}=P\{X<c\}=0.5$。

在 MATLAB 中实现为：

```
>> norminv(0.5,3,2)
ans =
     3
```

【例 9.13】 在假设检验中常用到求分值点的问题，如当 $\alpha=0.05$ 时，求 $Z(0.05/2)$ 和 $T(0.05/2,10)$。

解：

```
>> norminv(0.025,0,1)
ans =
  -1.9600
>> tinv(0.025,10)
ans =
  -2.2281
```

9.2.5　随机数生成函数

随机数生成的通用函数为 random，其调用格式为：

➢ R=random(name, A, …)

➢ R=random(name, A, [M, N, …])

返回以 name 表征的分布下的随机数（表 9.3），其中 A,…是分布参数，[M, N, …]是随机数维数。其他专用函数见表 9.7。

表 9.7　随机数生成函数表

函 数 名	调 用 形 式	函 数 注 释
betarnd	R = betarnd（A,B）	β分布的随机矩阵
binornd	R = binornd（N,P,MM,NN）	二项式分布的随机矩阵
chi2rnd	R = chi2rnd（v）	卡方分布的随机矩阵
frnd	R = frnd（v1,v2）	F 分布的随机矩阵
geornd	R = geornd（P）	几何分布的随机矩阵

函　数　名	调　用　形　式	函　数　注　释
hygernd	R = hygernd (M,K,N)	超几何分布的随机矩阵
mvnrnd	R = mvnrnd (mu,sigma,CASES)	多元正态分布的随机矩阵
normrnd	R = normrnd (mu,sigma)	正态分布的随机矩阵
trnd	R = trnd (v)	T（学生）分布的随机矩阵
unifrnd	R = unifrnd (A,B)	连续均匀分布的随机矩阵

9.3　参　数　估　计

利用样本对总体进行统计推断，主要有两大类，一类是参数估计，另一类是检函数假设检验/估计。估计的问题是多种多样的，如总体参数的估计、分布函数和密度函数的估计等。估计的方法也很多，如最大似然方法、矩估计法、最小二乘法等。本节主要以最大似然法为主介绍 MATLAB 中的实现。在 MATLAB 中用于参数估计的函数参见表 9.8。

说明

- 各函数返回已给数据向量的参数的最大似然估计值和$(1-\alpha)$的置信区间，α的默认值为 0.05，即置信度为 95%。
- 在 mle 函数中，参数 disp 可为各种分布名，可实现各分布的最大似然估计。

下面重点对正态分布参数估计函数和指数分布参数估计函数做以介绍，读者可触类旁通，很容易地掌握其他函数的使用方法。

表 9.8　参数估计函数表

函　数　名	调　用　形　式	函　数　注　释
betafit	betafit(X) [PHAT,PCI]=betafit(X,ALPHA)	返回β分布的最大似然估计；返回最大似然估计值和α水平的置信区间
binofit	binofit(X,N) [PHAT,PCI]=binofit(X,N,ALPHA)	二项分布的最大似然估计；α水平的参数估计和置信区间
expfit	expfit(X) [MUHAT,MUCI]=expfit(X,ALPHA)	指数分布的最大似然估计；α水平的参数估计和置信区间
gamfit	gamfit(X) [PHAT,PCI]=gamfit(X,ALPHA)	返回γ分布的最大似然估计；返回最大似然估计值和α水平的置信区间
mle	PHAT =mle(DIST,DATA) [PHAT,PCI]=MLE(DIST,DATA,ALPHA,P1)	指定分布的最大似然估计；返回最大似然估计值和α水平的置信区间
normfit	normfit(X,ALPHA) [MUHAT,SIGMAHAT,MUCI,SIGMACI]=normfit(X,ALPHA)	正态分布的最大似然估计；α水平的期望，方差值和区间的估计
poissfit	poissfit(X) [LAMBDAHAT,LAMBDACI] = POISSfit(X,ALPHA)	泊松分布的最大似然估计；α水平的λ参数和区间估计
unifit	unifit(X,ALPHA) [AHAT,BHAT,ACI,BCI] = unifit(X,ALPHA)	均匀分布的最大似然估计；α水平的参数及其区间估计
weibfit	weibfit(DATA,ALPHA) [PHAT,PCI] = weibfit(DATA,ALPHA)	韦伯分布的最大似然估计；α水平的参数及其区间估计

9.3.1　正态分布参数估计

【例 9.14】　假设某种清漆的 9 个样品，其干燥时间（以小时计）分别为 6.0，5.7，5.8，

6.5，7.0，6.3，5.6，6.1，5.0。设干燥时间总体服从正态分布 $N(\mu,\ \sigma^2)$，求 μ 和 σ 的置信度为 0.95 的置信区间（σ 未知）。

解：

```
>> time=[6.0 5.7 5.8 6.5 7.0 6.3 5.6 6.1 5.0];
>> [MUHAT,SIGMAHAT,MUCI,SIGMACI]=normfit(time,0.05)
MUHAT =
     6
SIGMAHAT =
    0.5745
MUCI =
    5.5316
    6.4684
SIGMACI =
    0.3880
    1.1005
```

说明： μ 的估计值为 6，其 95% 的置信区间为[5.5584 6.4416]，σ 的估计值为 0.5745，其 95% 的置信区间为[0.3880 1.1005]。

【例 9.15】 分别使用金球和铂球测定引力常数。

（1）用金球测定观察值为：6.683，6.681，6.676，6.678，6.679，6.672。

（2）用铂球测定观察值为：6.661，6.661，6.667，6.667，6.664。

设测定值总体为 $N(\mu,\sigma^2)$，μ 和 σ 为未知。对（1），（2）两种情况分别求 μ 和 σ 的置信度为 0.9 的置信区间。

解：

```
>> j=[6.683 6.681 6.676 6.678 6.679 6.672];
>> b=[6.661 6.661 6.667 6.667 6.664];
>> [MUHAT,SIGMAHAT,MUCI,SIGMACI]=normfit(j,0.1)
MUHAT =
      6.6782
SIGMAHAT =
      0.0039
MUCI =
    6.6747
    6.6817
SIGMACI =
    0.0026
    0.0081
```

金球测定数据的置信度为 0.9 的 μ 和 σ 置信区间为：

$$\mu \quad [6.6747,6.6817]$$
$$\sigma \quad [0.0026,0.1181]$$

```
>> [MUHAT,SIGMAHAT,MUCI,SIGMACI]=normfit(b,0.1)
MUHAT =
    6.6640
SIGMAHAT =
    0.0030
```

```
MUCI =
    6.6608
    6.6672
SIGMACI =
    0.0019
    0.0071
```

铂球测定数据的置信度为 0.9 的 μ 和 σ 置信区间为：

$$\mu\ [6.6608, 6.6672]$$
$$\sigma\ [0.0019, 0.0071]$$

讨论： 结果说明使用铂球测量值的方差小于金球的，对于本组测量值来说，铂球的测量值较好。测量值较少，须加大测量次数。

9.3.2　指数最大似然参数估计

【例 9.16】 已知以下数据为指数分布，求它的置信度为 0.05 的参数的估计值和区间估计。数据为 1，6，7，23，26，21，12，3，1，0。

解：

```
>> a=[1,6,7,23,26,21,12,3,1,0];
>> [MUHAT,MUCI] =expfit(a,0.05)
MUHAT =
    10
MUCI =
    4.7954
   17.0848
```

9.4　区　间　估　计

9.4.1　Gauss-Newton 法的非线性最小二乘数据拟合

Gauss-Newton 法的非线性最小二乘数据拟合在 MATLAB 中由函数 nlinfit 实现，其调用格式如下。

● nlinfit　Gauss-Newton 法的非线性最小二乘数据拟合。

➢ nlinfit(X,Y,MODELFUN,BETA0)

函数返回 MODELFUN 描述类型的非线性方程的系数。MODELFUN 为用户提供形如 y=f(beta,x) 的函数。MODELFUN 返回给定初始参数的 y，beta 和独立变量 x 的预测值。

➢ [BETA,R,J,COVB,MSE]=nlinfit(X,Y,MODELFUN,BETA0)

返回拟合系数 BETA、残差 R 和 Jacobi 矩阵 J，估计协方差矩阵 COVB，以及误差项变量的均方差 MSE。调用 nlintool 还可查到预测的误差估计。

9.4.2　非线性拟合和预测的交互图形工具

● nlintool　非线性拟合和预测的交互图形工具。

➢ nlintool(X,Y,FUN,BETA0)

返回(X,Y)数据的非线性曲面拟合的预测图。它把预测值的 95%置信度区间绘制成两个红曲面。BETA0 为参数的初始猜测值向量。

> nlintool(X,Y,MODEL,BETA0,'PARAM1',val1,'PARAM2'val2,...)

PARAM 可以用来设置置信度（'alpha'），坐标轴变量名（'xname'或'yname'）或切换是否保留原始数据在图中（'plotdata' 设为'on'或'off'）。

9.4.3 非线性最小二乘预测的置信区间

- nlpredci 非线性最小二乘预测的置信区间。
> [YPRED, DELTA] = NLPREDCI(MODELFUN,X,BETA,RESID,'covar',SIGMA)

返回在给定残差 RESID 和 Jacobi 矩阵的 X 点的最小二乘预测值 YPRED 和 95%的置信区间。但 RESID 的维数大于 X 的维数，且 J 在 X 处为满列时，置信区间的计算是有效的。nlpredci 还可以使用 nlinfit 函数的输出作为输入值。

9.4.4 非线性模型的参数置信区间

- nlparci 非线性模型的参数置信区间。
> CI=nlparci(X,F,J)

返回在给定残差 F 和在解处的 Jacobi 矩阵最小二乘法计算的参数估计 X 的 95%的置信区间 CI。当 J 的行数超过 X 的长度时，置信区间的计算是有效的。nlparci 可以以 nlinfit 函数的输出作为输入。

9.4.5 非负最小二乘

- nnls 非负最小二乘。
> x=nnls(A,b)

函数返回在 $x \geqslant 0$ 的条件下使得 norm(Ax-b) 最小的向量 x。其中 A 和 b 必须为实矩阵或向量。A 的默认精度为 tol=max(size(A))*norm(A,1)*eps，用来判定 x 的元素是否小于零。当以 x=nnls(A,b,tol) 输入时，则误差以 to 的输入值为准。

> [x,w]=nnls(A,b)

同时返回向量 w，当 $x(i) = 0$ 时；$w(i) < 0$；当 $x(i) > 0$ 时；$w(i)$ 近似为 0。

9.5 假 设 检 验

统计推断的另一类重要问题是假设检验问题。在总体的分布函数完全未知或只知其形式但不知其参数的情况下，为了推断总体的某些性质，提出某些关于总体的假设。例如，提出总体服从泊松分布的假设，又如对于正态总体提出数学期望等于 μ_0 的假设等。假设检验就是根据样本对所提出的假设做出判断，是接收还是拒绝。这就是所谓的假设检验问题。

假设检验首先提出假设，然后检验这组数据是否支持这个假设。根据这组数据计算检验统计量以及显著性概率（P 值）。如果 P 值很小，则所提出的假设是非常可疑的，并提供否定这个假设的证据。例如，P 值小于 0.05，则认为在 0.05 的显著水平上否定所提出的假设。如果 P 值较大，找不到足够的证据否定所提出的假设，认为所提出的这个假设是相容的。在实际情况中，假设检验有以下几种形式。

9.5.1　单个总体 $N(\mu,\sigma^2)$ 均值 μ 的检验

1. σ 已知时的 μ 检验（U 检验法）

在 MATLAB 中 U 检验法由函数 ztest 来实现。

● ztest　假设检验，（正态）样本均值与一常数比较。

➢ [H,P] = ztest(X,M,Sigma,Alpha,Tail)

当标准差 Sigma 已知时，判断数据按照正态分布假设的样本期望是否与估计值 M 符合，默认的判断为"拒绝"的标准为 Alpha=0.05，拒绝之后的备选假设由 TAIL 指定：

● 当 TAIL=0 时，备择假设为"期望值不等 M"；

● 当 TAIL=1 时，备择假设为"期望值大于 M"；

● 当 TAIL=-1 时，备择假设为"期望值小于 M"。

默认时，TAIL=0，原假设为"期望值等于 M"。

ALPHA 为设定的显著水平（默认为 0.05）。

P 是当原假设为真时得到的观察值的概率，当 P 为小值时表示对原假设提出质疑。

H=0　表示"在显著水平为 ALPHA 的情况下，不能拒绝原假设"。

H=1　表示"在显著水平为 ALPHA 的情况下，可以拒绝原假设"。

【例 9.17】 设某车间用一台包装机包装葡萄糖，包得的袋装糖重量是一个随机变量，它服从正态分布。当机器正常时，其均值为 0.5 公斤，标准差为 0.015。某日开工后检验包装机是否正常，随机地抽取它所包装的糖 9 袋，称得净重为（千克）0.497，0.506，0.518，0.524，0.498，0.511，0.52，0.515，0.512，问机器是否正常？

解：

总体 μ 和 σ 已知，则可设样本的 σ =0.015，于是 $X \sim N(\mu,0.015^2)$，问题就化为根据样本值来判断 μ =0.5 还是 $\mu \neq 0.5$。为此提出假设：

原假设　　H$_0$：$\mu = \mu_0$ =0.5

备择假设　H$_1$：$\mu \neq \mu_0$

● MATLAB 实现

```
>> x=[0.497,0.506,0.518,0.524,0.498,0.511,0.52,0.515,0.512]
>> [H,P]=ztest(x,0.5,0.015,0.05,0)
H =
    1
P =
    0.0248
```

结果 H=1，说明在 0.05 的水平下，拒绝原假设，即认为这天包装机工作不正常。

2. σ 未知时的 μ 检验（t 检验法）

在 MATLAB 中 t 检验法由函数 ttest 来实现。

● ttest　假设检验，（t 分布）样本均值与一常数比较。

➢ [H,P]=ttest(X,M,ALPHA,TAIL)

函数执行检验来判断是否来自一正态分布的样本的期望值可用 M 来估计。默认值 M=0，ALPHA=0.05，TAIL=0。原假设为"期望值等于 M"。

- 当 TAIL=0 时，备择假设为"期望值不等 M"。
- 当 TAIL=1 时，备择假设为"期望值大于 M"。
- 当 TAIL=-1 时，备择假设为"期望值小于 M"。

默认时，TAIL=0。ALPHA 为设定的显著水平（默认为 0.05）。

P 是当原假设为真时得到的观察值的概率，当 P 为小值时表示对原假设提出质疑。

H=0　表示在显著水平为 ALPHA 的情况下，不能拒绝原假设。

H=1　表示在显著水平为 ALPHA 的情况下，可以拒绝原假设。

【例 9.18】 某种电子元件的寿命 X（以小时计）服从正态分布，μ，σ^2 均未知。现测得 16 只元件的寿命如下所示。

159	280	101	212	224	379	179	264
222	362	168	250	149	260	485	170

问是否有理由认为元件的平均寿命大于 225（小时）？

解： 按题意做如下假设。

$$H_0: \mu < \mu_0 = 225$$
$$H_1: \mu > 225$$

取 $\alpha = 0.05$。

- 在 MATLAB 中实现

```
>> x=[159 280 101 212 224 379 179 264 222 362 168 250 149 260 485 170];
%注意，此处 x 为一向量而非矩阵
>> [H,sig]=ttest(x,225,0.05,1)
H =
     0
sig =
   0.2570
```

结果表明，H=0，即在显著水平为 0.05 的情况下，不能拒绝原假设。即认为元件的平均寿命不大于 225 小时。

9.5.2　两个正态总体均值差的检验（t 检验）

还可以用 t 检验法检验具有相同方差的两正态总体均值差的假设。在 MATLAB 中由函数 ttest2 来实现。

- ttest2　假设检验，比较两（正态）样本均值（等方差）。

➤ [H,P] = TTEST2(X,Y,ALPHA,TAIL)

函数执行 t 检验来判断是否来自两正态总体的样本的期望值可用相同的值来估计，原假设为"期望值相等"。

- 当 TAIL=0 时，备择假设为"期望值不等"。
- 当 TAIL=1 时，备择假设为"X 的期望大于 Y 的期望"。
- 当 TAIL=-1 时，备择假设为"X 的期望小于 Y 的期望"。

默认时 TAIL=0。

ALPHA 为设定的显著水平（默认为 0.05）。

P 为当原假设为真时得到观察值的概率，当 P 为小概率时则对原假设提出质疑。

- H=0　表示在显著水平为 ALPHA 的情况下，不能拒绝原假设。
- H=1　表示在显著水平为 ALPHA 的情况下，可以拒绝原假设。

【例 9.19】　在平炉上进行一项试验以确定改变操作方法的建议是否会增加钢的得率，试验是在同一只平炉上进行的。每炼一炉钢时除操作方法外，其他条件都尽可能做到相同。先用标准方法炼一炉，然后用建议的新方法炼一炉，以后交替进行，各炼 10 炉，其得率分别为：

（1）标准方法　78.1，72.4，76.2，74.3，77.4，78.4，76.0，75.5，76.7，77.3

（2）新方法　79.1，81.0，77.3，79.1，80.0，79.1，79.1，77.3，80.2，82.1

设这两个样本相互独立，且分别来自正态总体 $N(\mu_1,\sigma^2)$ 和 $N(\mu_2,\sigma^2)$，μ_1，μ_2，σ^2 均未知。问建议的新操作方法能否提高得率（取 $\alpha=0.05$）？

解： 需要建立假设

$$H_0:\ \mu_1-\mu_2=0$$
$$H_1:\ \mu_1-\mu_2<0$$

- 问题为典型双正太均值差检验，MATLAB 实现为

```
>> x=[78.1, 72.4, 76.2, 74.3, 77.4, 78.4, 76.0, 75.5, 76.7, 77.3];
>> y=[79.1, 81.0, 77.3, 79.1, 80.0, 79.1, 79.1, 77.3, 80.2, 82.1];
>> [H,P]=ttest2(x,y,0.05,1)
H =
    0
P =
    0.9998
```

讨论： H=0 说明可以接受 x 期望小于 y 期望的假设，即新方法可以提高钢产率。

9.5.3　秩和检验

以上所介绍的假设检验方法都是针对正态总体的，而对于一般的连续型总体，我们引入一种新的检验方法——秩和检验，也称 Wilcoxon 秩和检验。在 MATLAB 中，秩和检验由函数 ranksum 实现，其调用格式为：

➤ [P,H]=ranksum(X,Y,Alpha)

- X,Y 可以是不同长度的向量。
- 默认假设为两向量中值相等。
- 返回值 H=0，认为在标准 alpha 的条件下可以接受假设；H=1 则认为不可以接受假设。
- P 返回可以接受假设的概率。

【例 9.20】　某商店为了确定向公司 A 或公司 B 购买某种商品，将 A，B 公司以往的各次进货的次品率进行比较，数据如下，设两样本独立。问两公司的商品的质量有无显著差异。设两公司商品次品的密度最多只差一个平移，取 $\alpha=0.05$。

A　7.0　3.5　9.6　　8.1　6.2　5.1　9.4　4.0　2.0　10.5

B　5.7　3.2　4.2　11.0　9.7　6.9　3.6　4.8　5.6　8.4　10.1　5.5　12.3

分别以 μ_a、μ_b 记公司 A，B 的商品次品率总体的均值。所需检验的假设为

$$H_0:\ \mu_a=\mu_b$$
$$H_1:\ \mu_a\neq\mu_b$$

- MATLAB 实现

```
>> a=[7.0, 3.5, 9.6, 8.1, 6.2, 5.1, 9.4, 4.0, 2.0, 10.5];
>> b=[5.7, 3.2, 4.2, 11.0, 9.7, 6.9, 3.6, 4.8, 5.6, 8.4, 10.1, 5.5, 12.3];
>> [P,H]=ranksum(a,b,0.05)
P =
    0.7330
H =
    0
```

讨论：结果说明，两样品总体均值相等的概率为 0.7330，并不很接近零，且 H=0 说明可以接受原假设，即认为两家公司的产品质量无明显差别。

9.6 方差分析和回归诊断

9.6.1 方差分析

在科学试验和生产实践中，影响一事物的因素往往是很多的。例如，在化工生产中，有原料成分、原料剂量、催化剂、反应温度、压力、溶液浓度、反应时间、机器设备及操作人员的水平等因素。每一因素的改变都有可能影响产品的数量和质量。有些因素影响较大，有些则较小。为了使生产过程稳定、保证优质、高产，就有必要找出对产品质量有显著影响的那些因素。为此，须进行试验。方差分析就是根据试验的结果进行分析，鉴别各个有关因素对试验结果影响的有效方法。

在试验中，把要考察的指标称为试验指标，影响试验指标的条件称为因素。因素可分为两类，一类是人们可以控制的（可控因素）；一类是人们不能控制的。例如，反应温度、原料剂量、溶液浓度等是可以控制的，而测量误差、气象条件等一般是难以控制的。以下所说的因素都是指可控因素。因素所处的状态，称为该因素的水平。

1. 单因素试验的方差分析

如果在一项试验中只有一个因素在改变，则称为单因素试验，如果多于一个因素在改变，则称为多因素试验。在 MATLAB 中，单因素试验的方差分析可由函数 anova1 来实现。

● anova1 单因素试验的方差分析（anova）

anova1 执行单因素试验的方差分析来比较两组或多组数据的均值，它返回原假设均值相等的几率值。

➤ P=anova1(X) 对于矩阵 X，把矩阵的列看成独立的一组数据，函数判断这些列总体均值是否相等，当各组数据个数相等时，这种输入方法十分有效。

➤ P=anova1(x,GROUP) x 和 GROUP 为向量输入。输入向量 GROUP 要与 x 的元素相对应，但输入向量间无严格的向量元素个数相等的约束。

【例 9.21】 设有三台机器，用来生产规格相同的铝合金薄板。取样、测量薄板的厚度精确至千分之一厘米。得结果如下：

机器 1   0.236 0.238 0.248 0.245 0.243
机器 2   0.257 0.253 0.255 0.254 0.261
机器 3   0.258 0.264 0.259 0.267 0.262

检验各台机器所生产的薄板的厚度有无显著的差异？

解：此问题为单因素试验检验问题。

● MATLAB 实现

```
>> x=[0.236 0.238 0.248 0.245 0.243;
      0.257 0.253 0.255 0.254 0.261;
      0.258 0.264 0.259 0.267 0.262];
>> anova1(x')
ans =
    1.3431e-005
```

讨论：结果概率值很小，表明原假设"均值相等"值得怀疑，即不能认为各台机器生产的薄板厚度无明显差异。另外，函数还在图窗中给出数据结构结果，如图 9.2 所示。

ANOVA Table				
Source	SS	df	MS	F
Columns	0.001053	2	0.0005267	32.92
Error	0.000192	12	1.6e-005	
Total	0.001245	14		

图 9.2　anova1 函数的数据结构结果

2. 双因素试验的方差分析

在 MATLAB 中，双因素试验的方差分析可由函数 anova2 来实现。

● anova2　双因素试验的方差分析。

> anova2(X,REPS)　执行平衡的双因素试验的方差分析来比较 X 中两个或多个列或行的均值。不同列的数据代表某一因素的差异，不同行的数据代表另一因素的差异。如果每行列对有多于一个的观察点，则变量 REPS 指出每一单元观察点的数目，每一单元包含 REPS 行。

【例 9.22】　一火箭使用了 4 种燃料，3 种推进器做射程试验，每种燃料与每种推进器的组合各发射火箭两次，得到结果如下。

推进器（B）	B1	B2	B3
A1	58.2000	56.2000	65.3000
	52.6000	41.2000	60.8000
A2	49.1000	54.1000	51.6000
燃料 A	42.8000	50.5000	48.4000
A3	60.1000	70.9000	39.2000
	58.3000	73.2000	40.7000
A4	75.8000	58.2000	48.7000
	71.5000	51.0000	41.4000

考察推进器和燃料这两个因素对射程是否有显著的影响？

解：应用 anova2 函数来解决此问题。

```
>> a=[58.2000   56.2000   65.3000
```

```
         52.6000    41.2000    60.8000
         49.1000    54.1000    51.6000
         42.8000    50.5000    48.4000
         60.1000    70.9000    39.2000
         58.3000    73.2000    40.7000
         75.8000    58.2000    48.7000
         71.5000    51.0000    41.4000];
>> anova2(a,2)
ans =
      0.0035     0.0260     0.0001
```

函数给出分析结果，如图 9.3 所示。

ANOVA Table

Source	SS	df	MS	F
Columns	371	2	185.5	9.394
Rows	261.7	3	87.23	4.417
Interaction	1769	6	294.8	14.93
Error	236.9	12	19.75	
Total	2638	23		

图 9.3　anova2 函数的分析结果

由结果可知，各试验均值相等的概率都为小概率，故可拒绝概率相等假设，即认为不同燃料或不同推进器下的射程有显著差异，也就是说，燃料和推进器对射程的影响都是显著的。

9.6.2　回归分析

在客观世界中普遍存在着变量之间的关系。变量之间的关系一般来说可分为确定性的与非确定性的两种。确定性关系是指变量之间的关系可以用函数关系来表达的。另一种非确定性的关系即所谓相关关系。例如，人的身高与体重之间存在着关系，一般来说，人高一些，体重要重一些，但同样高度的人的体重往往不相同。人的血压与年龄之间也存在着关系，但同年龄的人的血压往往不相同。气象中的温度与湿度之间的关系也是这样。这是因为涉及的变量（如体重、血压、湿度）是随机变量。上面所说的变量关系是非确定性的。回归分析是研究相关关系的一种数学方法。使用这种方法可以由一个变量取得的值去估计另一个变量所取的值。

在 MATLAB 中，统计回归问题主要由函数 polyfit 实现，此函数已在前一章中详细介绍过，读者可参见上一章。下面仅对它在回归问题中的应用举一些例子。

【例 9.23】 为了研究某一化学反应过程中，温度 X 对产品得率 Y 的影响，测得数据如下。

温度 x	100	110	120	130	140	150	160	170	180	190
得率 y	45	51	54	61	66	70	74	78	85	89

试做 $y = a + bx$ 型的回归。

解： 在 MATLAB 中实现：

```
>> x =[100   110   120   130   140   150   160   170   180   190];
```

```
>> y =[45     51     54     61     66     70     74     78     85     89]
>> [a,b]=polyfit(x,y,1)
a =
    0.4830   -2.7394
b =
        R: [2×2 double]
       df: 8
    normr: 2.6878
```

且得到拟合曲线，如图 9.4 所示。

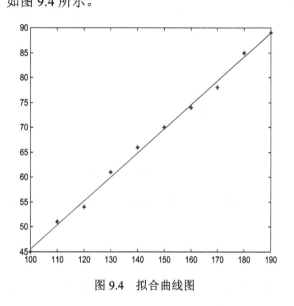

图 9.4　拟合曲线图

结果说明回归直线为 $y = -2.7394 + 0.4830x$。

9.7　统　计　图

9.7.1　直方图

直方图是比较常用的统计图，其绘制方法在第 4 章中曾做过介绍，由函数 hist 实现。具体的使用方法参见第 4 章有关章节。

9.7.2　角度扇形图

角度扇形图由函数 rose 实现，可参见第 4 章。

9.7.3　正态分布图

➤ H=normplot(X)　绘制数据 X 的正态分布概率图，对于矩阵 X，函数绘制每一列的正态图。

【例如】

```
>> x=normrnd(0,1,100000,1);
>> normplot(x)
```

得到的正态分布图如图 9.5 所示。

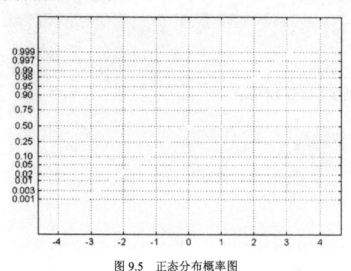

图 9.5　正态分布概率图

正态分布概率图的目的：用图形来评估是否 X 内的数据来自正态分布。如果数据来自正态分布，则图形为线性。

9.7.4　参考线

利用函数 refline 可以对离散点图加一条参考直线。调用形式如下：

➢ refline(SLOPE,INTERCEPT)
➢ refline(SLOPE)
➢ H=refline(SLOPE,INTERCEPT)

refline 函数无输入时，对当前图增加一参考直线（除非线型为-，--，.-）。

9.7.5　显示数据采样的盒图

绘制显示数据采样的盒图可应用函数 boxplot。

➢ boxplot(X,NOTCH,SYM,VERT,WHIS)　产生 X 矩阵列的盒图。

当 NOTCH = 1 时绘制一凹盒图。当 NOTCH = 0（此为默认）生成一矩箱图。SYM 为绘图符号，默认值为+。VERT = 0 生成水平盒图，默认 VERT=1，为竖直盒图。WHIS 定义 "须" 图的长度，默认值为 1.5。如果 WHIS = 0 则 boxplot 函数通过绘制 SYM 符号图来显示盒外的所有数据值。

【例如】

```
>> x=normrnd(0,1,10000,1);
>> boxplot(x,1,'+',1)
```

图形如图 9.6 所示。

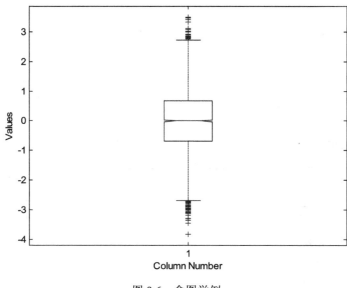

图 9.6　盒图举例

9.7.6　对离散图形加最小二乘法直线

若当前图线型非-、--或.-，则 lsline 函数可对当前图增加最小二乘法直线。

【例如】

```
>> a=[0.1,0.3,0.4,0.55,0.7,0.8,0.95];
>> b=[15,18,19,21,22.6,23.8,26];
>> plot(a,b,'*');lsline
```

图形如图 9.7 所示。

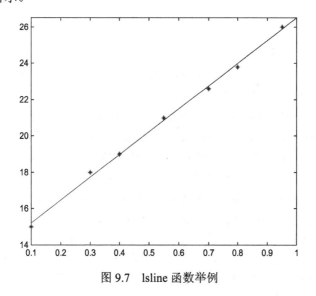

图 9.7　lsline 函数举例

9.7.7　QQ 图

➢ qqplot(X,Y)　生成 X 对数据 Y 的 QQ 图。

【例如】

```
>> plot(a,b,'*')
>> qqplot(a,b)
ans =
    1.0013
    3.0023
    4.0011
```

图形如图 9.8 所示。

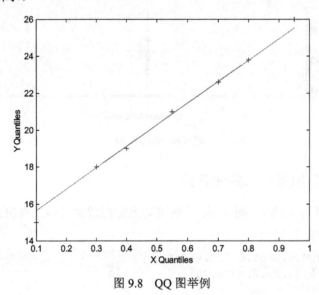

图 9.8　QQ 图举例

习　　题

1. 以下是 100 次刀具故障记录，即故障出现时该刀具完成的零件数。分析这批数据是否服从正态分布，并求其均值和均方差。注意，由于记录失误，其中可能有些数据是错误的,要对此进行适当处理。

   459, 362, 624, 542, 509, 584, 433, 748, 815, 505, 612, 452, 434, 982, 640, 782, 742, 565, 706, 593, 680, 926, 653, 164, 487, 734, 608, 428, 1153, 593, 844, 527, 552, 513, 781, 474, 388, 824, 538, 862, 659, 775, 859, 755, 649, 697, 515, 628, 954, 771, 609, 2, 960, 885, 610, 292, 837, 473, 677, 358, 638, 699, 634, 555, 570, 84, 416, 606, 1062, 484, 120, 447, 654, 564, 339, 280, 246, 687, 539, 790, 581, 621, 724, 531, 512, 577, 496, 468, 499, 544, 645, 764, 558, 378, 765, 666, 763, 217, 715, 310, 851

2. 下表给出了 1930 年各国人均年消耗的烟数以及 1950 年男子死于肺癌的死亡率。注：研究男子的肺癌死亡率是因为在 1930 年左右几乎极少有妇女吸烟，记录 1950 年的肺癌死亡率是因为考虑到吸烟的效应要有一段时间才能显现。

   （a）画出该数据散点图；

   （b）该散点图是否表明在吸烟多的人中间肺癌死亡率较高？

   （c）计算两列数据的相关系数。

各国烟消耗量与肺癌人数

国　　家	1930 年人均烟消耗量	1950 年每百万男子死于肺癌人数
澳大利亚	480	180
加拿大	500	150
丹麦	380	170
芬兰	1100	350
英国	1100	460
荷兰	490	240
冰岛	230	60
挪威	250	90
瑞典	300	110
瑞士	510	250
美国	1300	200

3. 下图中的 6 个散点图分别具有如下相关系数：

　　　 −0.85, −0.38, −1.00, 0.06, 0.60, 0.97

请将相关系数与散点图相配。

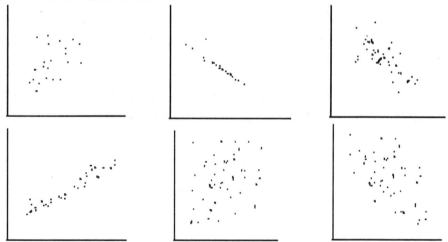

4. 考虑将一枚均匀硬币掷 N 次，当 N 很大时，正面出现的概率接近 0.5，设计一个随机模拟试验显示这一现象。

5. 如何用最基本的随机数函数 rand 产生二项分布 $B(n, p)$ 的一个随机数呢？先考虑 Bernoulli 试验，为此产生一个 (0,1) 上均匀分布随机数，若这个数小于 p，则试验结果记为 1，否则记为 0，那么试验结果服从 0-1 分布，n 个独立 0-1 分布随机数的和便是一个二项分布随机数。试根据这样的思路编写 $B(n, p)$ 随机数生成函数。

6. Demorvie-Laplace 中心极限定理指出，若 $\eta \sim B(n, p)$，n 很大，则规范化随机变量 $\dfrac{\eta - np}{\sqrt{np(1-p)}}$ 近似服从 $N(0,1)$。用计算机实验进行验证。

7. 用蒙特卡洛法计算积分。

$$\int_0^1 \frac{\exp\left(-\dfrac{x^3}{2}\right)}{\sqrt{2\pi}}\,\mathrm{d}x\ ,\qquad \int_0^{2\pi} \exp(x^2/2)\sin^2(x)\,\mathrm{d}x\ ,\qquad \int_0^\pi \int_0^{\sin(x)} \exp(-x^2 - y^2)\,\mathrm{d}x\mathrm{d}y$$

8. 分别用蒙特卡洛法和 fminsearch 求下列二元函数最大值，并通过图形作出评论。

$$f(x,y)=(x^2+y^2+xy)\exp(-x^2-y^2), |x|<1.5, |y|<1.5$$

9. "任何二阶方阵都是可逆的" 很明显是一个错误命题。例如 $\begin{pmatrix} 1 & 2 \\ 0 & 0 \end{pmatrix}$，$\begin{pmatrix} 1 & 2 \\ -2 & -4 \end{pmatrix}$ 都是不可逆的。现在若使用蒙特卡洛法，设计如下试验：在 realmin 和 realmax 之间随机任取一个 2×2 矩阵，检查其行列式，若行列式等于 0，则找到反例，停止；否则重新取一个；若取了 10000 个矩阵仍然找不到，则认为全部可逆。编写程序实现上述试验，看出什么问题？考虑怎样改造实验，才可找到不可逆二阶方阵？

10. 怀孕妇女分娩开始时间在一天 24 小时内是一致的吗？为揭示该问题研究人员记录了 1186 名孕妇的分娩时间，他们考虑到从半夜开始共 24 个小时的观察值列在下表中。数据是否表明分娩开始时间在一天 24 小时内一致？

孕妇分娩开始时间

小时	频数	小时	频数	小时	频数	小时	频数
1	52	7	58	13	21	19	47
2	73	8	47	14	31	20	34
3	89	9	48	15	40	21	36
4	88	10	53	16	24	22	44
5	68	11	47	17	37	23	78
6	47	12	34	18	31	24	59

11. 设 $x_1, x_2, \cdots, x_m$ 为来自正态总体 ξ（均值 μ_1，方差 σ_1^2）样本，$y_1, y_2, \cdots, y_n$ 为来自正态总体 η 样本（均值 μ_2，方差 σ_2^2）（μ_1, μ_2, σ_1, σ_2 未知），且相互独立，m, n 足够大。检验问题

$$H_0:\ \mu_1=\mu_2,\quad H_1:\ \mu_1 \neq \mu_2\ (或 \mu_1 > \mu_2,\ \mu_1 < \mu_2)$$

检验统计量 $U = \dfrac{\bar{x} - \bar{y}}{\sqrt{\dfrac{s_x^2}{m} + \dfrac{s_y^2}{n}}} \sim N(0,1)$，写出拒绝域并编写假设检验的 MATLAB 程序。

12. 某保健食品商声称学生服用该保健食品一个月后能提高他们的数学能力和成绩，为了查明此保健食品是否真的那么神，设计了一次实验，随机地选取 500 名学生，并将他们随机地均分为两个组，甲组服用保健食品，乙组服用模样与品味与保健食品一样的葡萄糖丸，两组同学以为自己在服用保健食品，一个月后进行一次数学考试，结果甲组的平均分是 74 分，标准差为 19 分，乙组的平均分是 71 分，标准差为 17 分，其间的差异是由于机会变异引起还是保健食品真的起了作用？

13. 布朗运动是英国植物学家在观察液体中浮游微粒的运动发现的随机现象，现在已成为随机过程理论最重要的概念之一。下列 M 函数 brwnm.m 给出了一维布朗运动（或称维纳过程），使用格式

$$[t,w]=\text{brwnm}(t0,tf,h)$$

其中[t0,tf]为时间区间，h 为采样步长，w(t)为布朗运动。

```
function [t,w]=brwnm(t0,tf,h)
t=t0:h:tf;
```

```
x=randn(size(t))*sqrt(h);
w(1)=0;
for k=1:length(t)-1,
    w(k+1)=w(k)+x(k);
end
```

若 $w_1(t)$, $w_2(t)$ 都是一维布朗运动且相互独立，那么 $(w_1(t), w_2(t))$ 是一个二维布朗运动。试给出二维布朗运动模拟作图程序。

14. 一个便利店晚上两名职工值班，顾客不太多，是开一个出口，一人收款一人装袋好？还是开两个出口，一人既收款又装袋好？假定：收款和装袋都是 1 分钟；顾客到达出口是随机的，服从泊松分布；平均每分钟 40%没有顾客，30%一个顾客，30%两个以上顾客。试设计一个随机模拟实验分析这个问题。

15. 大型超级市场有 4 个收款台，每个顾客的货款计算时间与顾客所购的商品数成正比（每件 1 秒）。20%的顾客用支票或银行卡支付，每人需要 1.5 分钟；现金支付则仅需 0.5 分钟。有人提议设一个快速服务台专为购买 8 件以下商品的顾客服务，并指定两个收款台为现金支付柜台。试建模比较现有的收款方式和建议方式的运行效果。假设顾客到达的平均间隔时间是 0.5 分钟。顾客购买的商品数按下列的频率表分布。

件数	<8	9-19	20-29	30-39	40-49	>50
频率	0.12	0.10	0.18	0.28	0.20	0.12

16. 分别绘制 (μ, σ^2) 为(-1,1), (0, 0.2), (1,1), (0,1)时，正态分布的概率密度和分布函数曲线。

17. 分别绘制 $n=3, 7, 15$ 时，卡方分布和 T 分布的概率密度和分布函数曲线。

18. 描绘以下样本数组的频数直方图，并求样本均值、标准差、中位数、极差和方差。

6.7, 28.5, 33.6, 38.9, 45.2, 50.1, 74.9, 77.8, 60.5, 81.2, 95.6, 112.3, 134.5, 150.6, 170.2

19. 某一办公高层楼房里的工作人员乘坐电梯从一层到顶层上班，电梯于每个整点的第 5 分钟、15 分钟、25 分钟、35 分钟、45 分钟和 55 分钟从一层起行。假设一工作人员在早上 7 点过 X 分钟到达一层的电梯入口，且 X 在[0 60]上均匀分布，求该工作人员的平均等候时间。

20. 从一批零件中抽取 10 个样品，测得其长度（mm）为：
19.7，20.1，19.8，19.9，20.1，20.0，20.2，20.3，20.0，19.8
设零件长度服从正态分布 $N(\mu, \sigma^2)$，求这批零件的长度平均值 μ，方差 σ 的矩估计值，极大似然估计值及置信水平为 0.95 和 0.99 的置信区间。

21. 有一大批糖果，现在从中随机抽取 20 包，称得重量（g）分别如下：
405，402，399，398，403，401，402，400，399，404
396，400，401，397，398，399，404，401，400，396
假设包装糖果的重量近似地服从正态分布，试求总体均值 μ，方差 σ 的矩估计值，极大似然估计值及置信水平为 0.95 的置信区间。

22. 某食品加工厂生产甲、乙两种咖啡，现在分别对它们的蛋白质含量（g/份）进行 8 次测定，得到样本观测值如下。
甲：0.30，0.31，0.29，0.30，0.33，0.28，0.29，0.32
乙：0.31，0.33，0.34，0.32，0.27，0.28，0.30，0.29

假设这两种咖啡的蛋白质含量都服从正态分布且方差相等，请问这两种咖啡的蛋白质含量有无显著差异（$\alpha=0.05$）。

23. 假设某随机变量 X 的概率密度为：

$$f(x) = \begin{cases} \dfrac{1}{2}\cos\dfrac{x}{2}, & 0 \leqslant x \leqslant \pi \\ 0, & \text{其他} \end{cases}$$

求随机变量 X 的期望和方差。

24. 求解下列二项分布的期望和方差：

（a）$n=2015$，$p=0.2$

（b）$n=[1, 3, 5, 7, 9]$，$p=0.1$

25. 假设某随机变量 Y 的概率密度为：

$$f(y) = \begin{cases} \dfrac{2}{\pi}\cos 2y, & |y| \leqslant \dfrac{\pi}{2} \\ 0, & \text{其他} \end{cases}$$

求随机变量 Y 的期望和方差。

26. 下面的数据是某大学的某学院的 50 名研究生新生入学英语测试的成绩：

78，77，96，85，88，74，65，46，58，66

85，89，90，92，95，94，75，74，63，65

99，54，49，70，45，67，76，54，87，88

36，43，77，82，81，80，90，91，92，95

57，89，87，76，74，73，96，90，81，88

将这些数据分成 6~8 个组，并画出频率直方图，求出样本的期望和方差，以及偏度和峰度。

27. 从某工厂生产的某型号航空发动机的主轴中任意取 20 个，测量得到其直径的数据（cm）如下：

30.11，30.00，29.89，29.99，29.78，30.15，30.20，29.82，29.89，29.95

30.01，30.03，30.04，30.11，30.14，30.08，29.97，29.87，29.68，30.05

求这些数据的样本期望，中位数，0.25 分位数；样本方差，样本标准差，极差，偏度，峰度；变异系数，二阶、三阶和四阶中心矩，并将数据中心化和标准化。

28. 对某种型号战斗机的飞行速度进行 15 次试验，测量得到的最大飞行速度（km/h）如下：

622.2, 617.2, 625.6, 620.3, 625.8, 623.1, 618.7, 628.2

638.2, 634.0, 612.3, 631.5, 613.5, 641.3, 623.0

假设战斗机的最大飞行速度服从正态分布，试求其总体平均值的置信区间（$\alpha=0.10$）。

29. 某种二极管元件的寿命 x（小时）服从正态分布，期望和方差均未知，现在测量得到 16 只二极管元件的寿命如下：

259，380，201，312，324，479，279，364

322，462，268，350，249，360，585，270

请问是否有理由认为这批二极管的平均寿命大于 325 小时？

30. 某种磁铁矿的磁化率近似服从正态分布。从中取出容量为 42 的样本测试，计算样本期望为 0.133，样本的标准差为 0.0528，求磁化率期望的区间估计（α=0.05）。

31. 下表列出了 18 名 8~10 岁儿童的体重（容易测得的量）和体积（较难测得的量）。

体重 x(kg)	37.1	30.5	33.8	35.7	31.9	30.4	35.0	36.0	37.8
体积 y(dm³)	26.7	20.4	23.5	25.7	21.6	20.2	24.5	25.8.	27.6
体重 x(kg)	35.8	35.1	32.1	38.4	37.1	36.7	36.5	35.1	35.1
体积 y(dm³)	25.2	24.8	21.9	28.3	26.7	26.6	25.9	25.1	24.5

（a）绘制出散点图；

（b）求 y 关于 x 的线性回归方程 $y = a + bx$，并作回归分析；

（c）求 x=34.0 时 y 的置信水平为 0.95 的预测区间。

32. 在钢丝含碳量对于电阻影响的实验测试研究中，得到以下的数据。

碳含量 x(%)	0.10	0.30	0.40	0.6	0.70	0.80	0.9
电阻 y(20℃, μΩ)	25	28	29	34	32.6	33.8	36

试求 y 对 x 的经验回归直线方程，并作简单分析。

33. 酶催化反应的反应速度主要取决于反应底物的浓度，根据它们之间的数学依赖关系一般包括一级反应和零级反应，但二者之间有一个过渡情况，此时描述反应速度的一种模型是 Michaelis-Menten 模型：

$$y = \frac{\beta_1 x}{\beta_2 + x}$$

式中 x 为反应底物的浓度，y 为反应速率，β_1 和 β_2 为待定参数。

在某一酶催化反应试验中，得到底物浓度和反应速度之间的数据如下表所示：

底物浓度	0.03		0.07		0.12		0.21		0.57		1.11
反应速度	69	53	86	88	100	118	130	120	146	160	162	-

34. 今有某种型号的耳机三批，它们分别是甲、乙、丙三个厂家生产的。为评比其质量，各随机抽取 6 只耳机为样品，经试验得其寿命如下（单位：hr）。

甲	140	142	148	145	138	141
乙	126	128	134	132	130	131
丙	139	150	140	150	143	145

试在显著性水平 0.05 下检验耳机的平均寿命有无显著的差异。

35. 为考察水温（单位：℃）对某种固体材料膨胀率（单位：%）的影响，在 4 种不同水温下各做了 4 次试验，得到了下表中的数据：

水　温	膨　胀　率			
30	4.5	3.8	6.4	2.8
40	1.5	3.3	3.6	3.2
50	5.0	4.8	1.4	4.6
60	4.3	3.9	2.2	5.1

试问，水温对该种固体材料的膨胀率有无显著影响。

第 *10* 章 MATLAB 在运筹优化问题中的应用

在工程设计、经济管理和科学研究等诸多领域中，人们常常会遇到这样的问题，如何从一切可能的方案中选择最好、最优的方案，在数学上把这类问题称为最优化问题，在运筹学中称其为规划问题。这类问题很多，例如，当设计一个机械零件时如何在保证强度的前提下使重量最轻或用料最省（当然偷工减料除外）；如何确定参数，使其承载能力最高；在安排生产时，如何在现有的人力、设备的条件下，合理安排生产，使其产品的总产值最高；在确定库存时如何在保证销售量的前提下，使库存成本最小；在物资调配时，如何组织运输使运输费用最少。这些都属于最优化问题所研究的对象。如何解决这些问题，在当今商品经济的环境下，是一个关系到国计民生的极其重要的问题。在大多数人的头脑中，特别是现在的高科技人才中，很多人只注意新方法新问题的发明、发现，其实如何对已有的方法的优化同样是一个很重要、很艰巨的问题。

在数学上，所谓的优化问题就是求解如下形式的最优解：

$$\text{Min} \qquad \text{fun(x)}$$
$$\text{Sub. to} \qquad \text{[C.E.]}$$
$$\text{[B.C.]}$$

其中 fun(x)称为目标函数，"Sub. to"为"subject to"的缩写，由其引导的部分称为约束条件。[C.E.]表示 Condition Equations，即条件方程，可为等式方程，也可为不等式方程；[B.C.]表示 Boundary Conditions，即边界条件，用来约束自变量的求解域，以 vlb≤x≤vub 的形式给出。当[C.E.]为空时，此优化问题称为自由优化或无约束优化问题；当[C.E.]不为空时，称为有约束优化或强约束优化问题。

在优化问题中，根据变量、目标函数和约束函数的不同，可以将问题大致分为：

➢ 线性优化：目标函数和约束函数均为线性。
➢ 二次优化：目标函数为二次函数，而约束条件为线性方程；线性优化和二次优化统称简单优化。
➢ 非线性优化：目标函数为非二次的非线性函数，或约束条件为非线性方程。
➢ 多任务目标优化：目标函数并非一个时，称为多任务优化问题。

本章将对以上几类优化问题在 MATLAB 中的实现做比较详细的讲解。另外，还将介绍两个利用优化方法解非线性方程的函数。

通过本章的介绍，可以不必掌握晦涩的各种优化算法，就轻易地解决一些常用的最优化问题了。

10.1　线　性　优　化

线性优化问题即目标函数和约束条件均为线性的问题,在运筹学中还称为一次规划问题。

其标准形式为：

$$\text{最小化(Min.)} \quad f^{\mathrm{T}}x \quad\quad x \in \mathbf{R}_n$$

$$\text{Sub.to}\begin{cases} A \cdot x \leqslant b \\ A_{\text{eq}} \cdot x = b_{\text{eq}} \\ \text{lb} \leqslant x \leqslant \text{ub} \end{cases}$$

其中 $A, A_{\text{eq}} \in \mathbf{R}_{m \times n}$，$m \leqslant n$（通常 $m < n$），$b, b_{\text{eq}} \in \mathbf{R}_n$，$f \in \mathbf{R}_n$，均为数值矩阵。

标准形式的线性优化问题简称 LP（Linear Programming）问题。其他形式的线性优化问题经过适当变换均可以转化为标准型。由于形式简单、易用，线性优化/规划问题在工农业及其他生产部门中应用十分广泛。

在 MATLAB 中，线性优化问题由 linprog 函数求解。

1. 函数介绍

● linprog　线性优化/规划函数

函数的简单调用形式包括：

> x= linprog(f, A, b)
> x = linprog(f, A, b, Aeq, beq)
> x = linprog(f, A, b, Aeq, beq, lb, ub)
> x = linprog(f, A, b, Aeq, beq, lb, ub, x0)
> x = linprog(f,A,b,Aeq,beq, lb,ub,x0,options)

其中：

f 即线性优化目标函数的系数向量/矩阵。

A 和 b 是线性不等式约束条件的系数矩阵和不等式右端向量。

Aeq 和 beq 是线性等式约束条件的系数矩阵和等式右端向量。

Lb 和 ub 分别是自变量值的下限（lower boundary）和上限（upper boundary）。

X0 是初值点（只对于 active set 算法适用）。

Options 是优化参数的数据结构（Structure）。

X 是返回的优化解，若还要察看其他优化信息，可以使用如下调用格式：

> [x,fval] = linprog(…)
> [x,fval,exitflag] = linprog(…)
> [x,fval,exitflag,output] = linprog(…)
> [x,fval,exitflag,output,lambda] = linprog(…)

其中：

fval 是在优化解处的目标函数值。

Exitflag 返回一整数值，代表优化算法结束的原因，对应关系如下：

1	优化成功，函数最终收敛到优化解点上
0	迭代次数超过了设置的 options.MaxIter 值
−2	没有找到合适解
−3	问题无界
−4	在算法求解过程中遇到了 NaN 数
−5	问题不可实现

−7   搜索方向变得过小，进一步求解过程无法进行

output 返回优化信息的 structure 数据，对应关系如下：

  iterations   优化使用的迭代次数

  algorithm   使用的优化方法

  cgiteration   0（只对大规模算法适用，包括向后相容性）

  constrviolation 最大约束函数

  message   退出信息

lambda 返回在解点处的 Lagrange 积的 structure 数据，对应关系如下：

  lower   下边界 lb

  upper   上边界 ub

  ineqlin   线性不等式

  eqlin   线性等式

如果该对应点的值不等于 0，则说明在解点处该边界或约束起了作用。

2. 应用举例

【例 10.1】 求下面的优化问题。

$$\text{Min} - 5x_1 + 4x_2 + 2x_3$$
$$\text{Sub.to}\quad 6x_1 - x_2 + x_3 \leqslant 8$$
$$x_1 + 2x_2 + 4x_3 \leqslant 10$$
$$3 \geqslant x_1 \geqslant -1$$
$$2 \geqslant x_2 \geqslant 0$$
$$x_3 \geqslant 0$$

此问题即为线性优化的标准型问题。

解：

● MATLAB 实现

```
>> f=[-5 4 2];
>> a=[6 -1 1; 1 2 4];
>> b=[8 10];
>> lb=[-1 0 0];
>> ub=[3 2];
>> [x,fval,exitflag,output,lambda]=linprog(f,a,b,[],[],lb,ub);
```

查看优化解：

```
x =
    1.3333
    0.0000
    0.0000
```

优化时的函数值：

```
fval =
   -6.6667
>> lambda.ineqlin
ans =
```

```
  0.8333
  0.0000
```

由此可以看出第一个不等式条件方程发挥了作用。

下面再看一个实际中的应用问题。

【例 10.2】　某车间生产 A 和 B 两种产品。为了生产 A 和 B，所需的原料分别为 2 个和 3 个单位，而所需的工时分别为 4 个和 2 个单位，现在可以应用的原料为 100 个单位，工时为 120 个单位，每生产一台 A 和 B 分别可获得利润 6 元和 4 元，应当安排生产 A，B 各多少台，才能获得最大的利润？

分析：此问题的数学表达式为，设该车间应安排生产的 A，B 的数量分别为 x_1 台、x_2 台，求解最大值函数 $z=6x_1+4x_2$。

x_1、x_2 应满足如下条件：

原材料方面　　$2x_1+3x_2 \leqslant 100$

工时方面　　$4x_1+2x_2 \leqslant 120$

非负条件　　$x_1,\ x_2 \geqslant 0$

解：总结该问题的数学描述为

$$\text{Max}:\quad 6x_1+4x_2 \qquad\qquad \text{Min}:\quad -6x_1-4x_2$$
$$\text{Sub.to}\ 2x_1+3x_2 \leqslant 100 \qquad \text{Sub.to}\ 2x_1+3x_2 \leqslant 100$$
$$4x_1+2x_2 \leqslant 120 \qquad\qquad 4x_1+2x_2 \leqslant 120$$
$$x_1,x_2 \geqslant 0 \qquad\qquad\qquad x_1,x_2 \geqslant 0$$

经过此变换化为标准形式，即可使用 MATLAB 的函数直接求解。

● MATLAB 实现

```
>> f=[-6 -4];
>> a=[2 3;4 2];
>> b=[100 120];
>> lb=[0 0];
>> [x,fval]=linprog(f,a,b,[],[],lb,[])
x =
  20.0000
  20.0000
fval =
  -200.0000
```

说明：为了获益最大，可安排生产 A 和 B 各 20 个，最大收益是 200 元。

10.2　二　次　优　化

二次优化问题简称为 QP（Quadratic Programming）问题。标准形式如下：

$$\text{Min}\quad \frac{1}{2}x^{\mathrm{T}}Hx+f^{\mathrm{T}}x$$

$$\text{sub.to}\qquad Ax \leqslant b$$

$$A_{\mathrm{eq}}x=b_{\mathrm{eq}}$$

$$\mathrm{lb} \leqslant x \leqslant \mathrm{ub}$$

其中 $x \in \mathbf{R}_n$，$H \subset \mathbf{R}_{n \times n}$ 为对称阵，$f \in \mathbf{R}_n$。若 H 正定，则问题为凸二次规划问题，它有唯一的全局解。在实际问题中遇到的绝大多数都是此类问题。

在 MATLAB 中，二次优化问题可由函数 quadprog 求解。

1. 函数介绍

● quadprog 二次规划函数

函数的调用形式包括：

x = quadprog(H,f,A,b)

x = quadprog(H,f,A,b,Aeq,beq)

x = quadprog(H,f,A,b,Aeq,beq,lb,ub)

x = quadprog(H,f,A,b,Aeq,beq,lb,ub,x0)

x = quadprog(H,f,A,b,Aeq,beq,lb,ub,x0,options)

x = quadprog(problem)　%problem 为 structure 型数据，可以包含所有优化信息

[x,fval] = quadprog(…)

[x,fval,exitflag] = quadprog(…)

[x,fval,exitflag,output] = quadprog(…)

[x,fval,exitflag,output,lambda] = quadprog(…)

与线性优化函数（linprog）不同的是存在两个优化目标函数的表达参数 H 和 f，且有要求 H 对称且正定，对于不直接满足条件的目标函数，还要做适当变换。

2. 应用举例

【例 10.3】 求解如下二次优化问题。

$$\min f(x) = \frac{1}{2}(x_1 \quad x_2)\begin{pmatrix} 1 & -1 \\ -1 & 2 \end{pmatrix}\begin{pmatrix} x_1 \\ x_2 \end{pmatrix} - (2 \quad 6)\begin{pmatrix} x_1 \\ x_2 \end{pmatrix}$$

Sub.to
$$x_1 + x_2 \leqslant 2$$
$$-x_1 + 2x_2 \leqslant 2$$
$$2x_1 + x_2 \leqslant 3$$
$$x_1, x_2 \geqslant 0$$

解：此即为二次优化的标准型。

● MATLAB 实现

```
>> h=[1,-1;-1,2];
>> c=[-2;-6];
>> a=[1 1;-1 2;2 1];
>> b=[2;2;3];
>> [x,l]=quadprog(h,c,a,b)
x =
    0.6667
    1.3333
l =
    -8.2222
```

当所给函数并非标准型时，需要做一些变换，看下面的例子。

【例 10.4】　求解如下二次优化问题。

$$\text{Min}: f(x) = x_1^2 + x_2^2 - 4x_1 + 4$$
$$\text{Sub.to}: x_1 - x_2 + 2 \geq 0$$
$$-x_1 + x_2 - 1 \geq 0$$
$$x_1, x_2 \geq 0$$

可以看出目标函数并非标准型，需要做以下变换：

$$f(x) = \frac{1}{2} \begin{pmatrix} x_1 & x_2 \end{pmatrix} \begin{pmatrix} 2 & 0 \\ 0 & 2 \end{pmatrix} \begin{pmatrix} x_1 \\ x_2 \end{pmatrix} - \begin{pmatrix} 4 & 0 \end{pmatrix} \begin{pmatrix} x_1 \\ x_2 \end{pmatrix} + 4$$

其中常数项与优化计算无关。

● MATLAB 实现

```
>> h=[2 0;0 2];
>> f=[-4 0];
>> a=[-1 1;1 -1];
>> b=[2;-1];
>> [x,fval,exitflag,output,lambda]=quadprog(h,f,a,b,[],[],[0 0],[]);
>> x
x =
    0.5000
    1.5000
```

10.3　非线性无约束优化问题

无约束优化问题可用来解决简单函数的最小值点问题，MATLAB 中由三个功能函数实现，即函数 fminbnd、fminunc 和 fminsearch，下面将分别介绍这三个函数。

10.3.1　fminbnd

1．函数介绍

● fminbnd　求解单变量函数无约束优化问题，其简单调用格式为：

　➢ x= fminbnd (fun,x1,x2)
　➢ x = fminbnd(fun,x1,x2,options)
　➢ [x,fval] = fminbnd(…)

函数返回自变量 x 在区间 x1<x<x2 上函数最小值时的自变量 x 值，以及此时的函数值 fval。Fun 为目标函数。优化求解过程按 options 结构指定的优化参数进行，options 结构的参数可以通过函数 optimset 来设置，其中 options 结构中简单的常用字段对应说明如下：

Display　　　设置结果的显示方式：off——不显示任何结果，iter——显示每步迭代后的结果，final——只显示最后的结果，notify——只有当求解不收敛的时候才显示结果。

FunValCheck　检查目标函数值是否可接受：on——当目标函数值为复数或 NaN 时显示出错信息，off——不显示任何错误信息。

MaxFunEvals 最大的目标函数检查步数。

MaxIter	最大的迭代步数。
OutputFcn	用户自定义的输出函数,它将在每个迭代步调用。
PlotFcns	用户自定义的绘图函数,它将在每个迭代步调用。
TolX	自变量的精度。

2. 简例

【例 10.5】 求 π 的近似值。

```
>> fminbnd('cos',3,4)              %以默认小数位计算 π
ans =
    3.1416
```

【例 10.6】 计算函数式 $\dfrac{x^3 + \cos x + x \log x}{e^x}$ 在 $(0,1)$ 范围内的最小值点。

● MATLAB 实现

```
>> fminbnd('(x^3+cos(x)+x*log(x))/exp(x)',0,1)
ans =
    0.5223
```

10.3.2 fminsearch

1. 函数介绍

● fminsearch 求解多变量最小值问题,其调用格式为:

　　➢ x = fminsearch(fun,x0)
　　➢ x = fminsearch(fun,x0,options)
　　➢ [x,fval] = fminsearch(…)
　　➢ [x,fval,exitflag] = fminsearch(…)
　　➢ [x,fval,exitflag,output] = fminsearch(…)

其中 fun 为需要最小化的目标函数,且 fun(x)应为向量变量的数值函数。x0 为初始值,options 为控制参数。

2. 简例

【例 10.7】 求 $100(x_2 - x_1^2)^2 + (1 - x_1)^2$ 以及 $3x_1^2 + 2x_1 x_2 + x_2^2$ 的最小值点。

解:
对第一个函数的 MATLAB 实现,可直接在命令窗口中定义函数如下:

```
>> banana = @(x)100*(x(2)-x(1)^2)^2+(1-x(1))^2;
>> [x,fval,exitflag] = fminsearch(banana,[-1.2, 1])
x =
    1.0000    1.0000
fval =
  8.1777e-010
exitflag =
    1
```

对第二个函数,我们尝试使用函数文件的定义方法,即编制函数式 M 文件 myfun.m。

```
function f = myfun(x)
f = 3*x(1)^2 + 2*x(1)*x(2) + x(2)^2;
```

然后在命令窗口中实现优化：

```
x0 = [1,1];
>> [x,fval] = fminsearch(@myfun,x0)
x =
  1.0e-004 *
   -0.0675    0.1715
fval =
  1.9920e-010
```

说明：若优化中需要给定梯度，则不能用 fminsearch 处理，可以使用 fminunc 函数。

10.3.3　fminunc

1．函数介绍

● fminunc　多变量函数最小值问题，其调用格式为：

➢ x= fminunc(fun,x0)

➢ x = fminunc(fun,x0,options)

➢ [x,fval] = fminunc(…)

➢ [x,fval,exitflag] = fminunc(…)

➢ [x,fval,exitflag,output] = fminunc(…)

➢ [x,fval,exitflag,output,grad] = fminunc(…)

➢ [x,fval,exitflag,output,grad,hessian] = fminunc(…)

注意　对于简单优化函数，可直接借鉴前面两个函数的简单定义法，即字符串定义法以及@(x)定义法；若需要给定优化函数的梯度，则需对 options 中的 GradObj 选项设为'on'，即

```
options=optimset('GradObj','on')
```

同时，函数需要使用 M 文件定义，且在输出的第二个变量中输出其梯度值 g，其中 g 的列向量定义为目标函数对变量 x 点的偏导数 $\partial f/\partial x_i$。Grad 返回在解点处目标函数的梯度值，Hassian 返回目标函数在解点处的 Hessian 值。

2．应用举例

【例 10.8】　求函数 $f(x) = e^{x_1}(4x_1^2 + 2x_2^2 + 4x_1x_2 + 2x_2 + 1)$ 的最小值。

解： MATLAB 实现

```
>> fun='exp(x(1))*(4*x(1)^2+2*x(2)^2+4*x(1)*x(2)+2*x(2)+1)';
>> x0=[-1 1];
>> [x,fval]=fminunc(fun,x0)
Warning: Gradient must be provided for trust-region algorithm;
  using line-search algorithm instead.
> In fminunc at 347
Local minimum found.
Optimization completed because the size of the gradient is less than
the default value of the function tolerance.
<stopping criteria details>
```

```
x =
    0.5000   -1.0000
fval =
  3.6609e-015
```

说明： 由于没有指定目标函数的梯度，优化采用了线性搜索的算法，找到了局域最小值点。

【例 10.9】 分别用 BFGS 方法和 DFP 方法求解如下的 Powell 奇异函数的最小值点。

$$f = (x_1 + x_2)^2 + 5(x_3 - x_4)^2 + (x_2 - 2x_3)^4 + 10(x_1 - x_4)^4$$

解： 可以看出，最小值点即为[0 0 0 0]点。此例只是为比较各方法的应用，并无大的实际意义。

首先编制 M 文件：

```
pfun.m
function f=pfun(x)
f=(x(1)+10*x(2))^2+5*(x(3)-x(4))^2+(x(2)-2*x(3))^4+10*(x(1)-x(4))^4;
```

在 MATLAB 命令窗口中设置初值：

```
>> x0=[3, -1, 0, 1];
```

● 采用 BFGS 法求解问题

由于 **bdgs** 方式是默认方法，若首次调用可不做任何设置，也可以用如下语句设置：

```
>> options=optimset('HessUpdate','bfgs');
>> fminunc('pfun',x0,options)
Warning: Gradient must be provided for trust-region algorithm;
  using line-search algorithm instead.
> In fminunc at 347


Local minimum found.

Optimization completed because the size of the gradient is less than
the default value of the function tolerance.

<stopping criteria details>

ans =

    0.0015   -0.0002   -0.0031   -0.0031
```

说明： 从输出信息及结果看，MATLAB 已经找到了局域最小值点。

● 若采用 DFP 方法解决相同问题

```
>> options=optimset('HessUpdate','dfp');
>> fminunc('pfun',x0,options)
Warning: Gradient must be provided for trust-region algorithm;
  using line-search algorithm instead.
> In fminunc at 347


Solver stopped prematurely.
```

```
fminunc stopped because it exceeded the function evaluation limit,
options.MaxFunEvals = 400 (the default value).


ans =

  -0.0287   0.0034   -0.0234   -0.0303
```

说明：从输出信息看，MATLAB 并未得到最小值点，优化过程的停止是因为超过了默认的最大运算次数。为了得到正确结果，需要增大运算次数，例如增大到 10000：

```
>> options=optimset('MaxFunEvals',10000);
>> fminunc('pfun',x0,options)
Warning: Gradient must be provided for trust-region algorithm;
 using line-search algorithm instead.
> In fminunc at 347

Local minimum found.

Optimization completed because the size of the gradient is less than
the default value of the function tolerance.

<stopping criteria details>


ans =

   0.0015   -0.0002   -0.0031   -0.0031
```

说明：增大运算次数限制之后，MATLAB 终于得到了局域最小值点。对比不同方法得到的结果，完全符合。除了 BFGS 和 DFP 之外，MATLAB 还提供了 Steepdesc 算法。调用方法完全相似，此处不再演示。

10.3.4　options 选项

从上面的例子可以看出优化选项（options）对优化过程甚至对优化结果都会产生不可忽略的影响，因此在使用优化函数的时候要对它的相应选项作细致的了解，为了便于读者学习，本书给出对各选项的简单解释，见表 10.1。对于具体应用，读者还要参考函数本身的详细说明，选择合适的选项，以便得到准确的结果。

表 10.1　常用 options 选项及解释

选 项 名	功 能 描 述
Algorithm	选择算法
AlwaysHonorConstraints	默认选项为'bounds'，用来保证每次迭代都满足边界约束；若关闭可设置成'none'
DerivativeCheck	将用户提供的解析式导数与有限差分得到的数值倒数作对比
Diagnostics	显示诊断信息
DiffMaxChange	作有限差分时变量的最大变化量

选 项 名	功 能 描 述
DiffMinChange	作有限差分时变量的最小变化量
Display	设置结果的显示方式：'off'则不显示任何结果；'iter'则显示每次迭代的输出，并给出退出信息；'iter-detailed'则显示每次迭代的输出，并给出退出的技术信息；'notify'则只显示函数不收敛时的输出，并给出退出信息；'notify-detailed'则只显示函数不收敛时的输出，并给出退出的技术信息；'final'则显示最终输出，并给出退出信息；'final-detailed'则显示最终输出，并给出退出的技术信息
FinDiffType	估算梯度时的有限差分格式，默认设置为向前差分：'forward'，还可以设为中心差分 'central'，中心差分具有较高精度
FunValCheck	检查目标函数或约束条件值是否有效。若设置为'on'，则当目标函数或约束值为复数、NaN 或 Inf 时报错
GoalsExactAchieve	指定目标函数等于"目标"的个数
GradConstr	非线性约束中的用户指定梯度
GradObj	目标函数中的用户指定梯度
Hessian	若设置为'user-supplied'则使用用户指定的 Hessian 或 Hessian 信息，若设置为'off'则函数使用有限差分近似 Hessian 值
HessUpdate	准牛顿更新格式
InitBarrierParam	初始分界值
InitialHessMatrix	初始准牛顿矩阵
InitialHessType	初始准牛顿矩阵类型
InitTrustRegionRadius	初始信任区间半径
Jacobian	若设置为'on'则函数使用目标函数的用户自定义的 Jacobian 或 Jacobian 信息，若为'off'则使用有限差分法近似其值
JacobMult	用户定义的 Jacobian 积函数
JacobPattern	有限差分 Jacobian 的稀疏模式
LargeScale	尽可能使用大规模算法
MaxFunEvals	函数估值的最大次数
MaxIter	最大迭代次数
MaxNodes	最大节点数
MaxPCGIter	PCG 方法的最大迭代次数
MaxRLPIter	线性规划松弛算法的最大迭代次数
MaxSQPIter	SQ 规划的最大迭代次数
MaxTime	算法的最大时间（秒）
ObjectiveLimit	若目标函数小于 ObjectiveLimit 且迭代仍然可执行，则迭代中止
OutputFcn	指定优化函数在每次迭代都运行的一个或多个用户定义函数
PlotFcns	用户自定义绘图函数
RelLineSrchBnd	给出线性搜索步长的相对限度
ScaleProblem	对于 fmincon 中的 interior-point 以及 sqp 算法，设置为'obj-and-constr'则所有约束和目标函数都以其初值归一化，关闭此行可以设置为默认的'none'
Simplex	若设置为'on'则函数采用复数算法
SubproblemAlgorithm	确定迭代步数算法
TolCon	用约束控制优化结束时的误差限
TolConSQP	内部 SQP 迭代的约束误差限
TolFun	用目标函数控制优化结束时的误差限
TolPCG	PCG 迭代的误差限
TolProjCG	投影共轭梯度算法的相对误差限，适用于内部迭代而非算法迭代
TolProjCGAbs	投影共轭梯度算法的绝对误差限

选 项 名	功 能 描 述
TolRLPFun	线性规划松弛问题的函数值误差限
TolX	用自变量控制优化结束时的误差限

对 structure 数据 options 选项的设定可使用 optimset 函数完成，其调用格式为：

options = optimset('param1',value1,'param2',value2,...)

optimset

options = optimset

options = optimset(optimfun)

options = optimset(oldopts,'param1',value1,...)

options = optimset(oldopts,newopts)

具体调用的例子可以参考例 10.9。

10.4　最小二乘优化问题

非线性最小二乘问题，简称 LS（Least Sqaures）问题，它的标准形式如下：

$$\text{Min} \quad F(x) = \sum r_i(x) = r'r, \quad x \in \mathbf{R}_n, \quad m \leqslant n$$

其中 $r = r(x) = (r_1(x), r_2(x), \cdots, r_m(x))'$ 称为剩余量，某些 $r_i(x)$ 为非线性函数。

最小二乘问题大量应用于实际拟合问题中，它固然可以用无约束优化的方法解，然而，由于此问题目标函数的特殊结构，因此可以对某些方法进行改造，使之更简单或更有效。另外，也可由此构造一些针对此问题的特殊方法。

在 MATLAB 中，最小二乘问题的求解可由函数 lsqlin、lsqnonlin 以及 lsqnonneg 实现。

10.4.1　最小二乘优化

1. 线性最小二乘问题优化

此类问题主要是想解决形如

$$\min_x \frac{1}{2}\|C \cdot x - d\|_2^2 \text{ such that } \begin{cases} A \cdot x \leqslant b \\ A_{eq} \cdot x = b_{eq} \\ lb \leqslant x \leqslant ub \end{cases}$$

的问题。在 MATLAB 中主要由函数 lsqlin 来实现，其标准调用格式为：

```
x = lsqlin(C,d,A,b)
x = lsqlin(C,d,A,b,Aeq,beq)
x = lsqlin(C,d,A,b,Aeq,beq,lb,ub)
x = lsqlin(C,d,A,b,Aeq,beq,lb,ub,x0)
x = lsqlin(C,d,A,b,Aeq,beq,lb,ub,x0,options)
x = lsqlin(problem)
[x,resnorm] = lsqlin(...)
[x,resnorm,residual] = lsqlin(...)
[x,resnorm,residual,exitflag] = lsqlin(...)
[x,resnorm,residual,exitflag,output] = lsqlin(...)
[x,resnorm,residual,exitflag,output,lambda] = lsqlin(…)
```

其中 C 和 d 分别对应目标函数中的系数，resnorm 返回残差的二阶矩，residual 返回残差值，其他参数与 linprog 函数中参数意义相同。

2. 非线性最小二乘问题优化

此类问题主要是想解决形如

$$\min_x \|f(x)\|_2^2 = \min_x \left(f_1(x)^2 + f_2(x)^2 + \cdots + f_n(x)^2 \right)$$

的问题。在 MATLAB 中主要由函数 lsqnonlin 来实现，其标准调用格式为：

```
x = lsqnonlin(fun,x0)
x = lsqnonlin(fun,x0,lb,ub)
x = lsqnonlin(fun,x0,lb,ub,options)
x = lsqnonlin(problem)
[x,resnorm] = lsqnonlin(...)
[x,resnorm,residual] = lsqnonlin(...)
[x,resnorm,residual,exitflag] = lsqnonlin(...)
[x,resnorm,residual,exitflag,output] = lsqnonlin(...)
[x,resnorm,residual,exitflag,output,lambda] = lsqnonlin(...)
[x,resnorm,residual,exitflag,output,lambda,jacobian] = lsqnonlin(...)
```

其中 x0 是初值点，fun 是优化函数名，需要注意的是：此函数需要返回一向量而非向量元素的平方和。

【例 10.10】 试求 x 使得 $\sum\limits_{k=1}^{10} \left(2 + 2k - e^{kx_1} - e^{kx_2} \right)^2$ 最小，初始点设为（0.3, 0.4）。

解：编制目标函数的 M 文件 myfun.m。

```
function F = myfun(x)
k = 1:10;
F = 2 + 2*k-exp(k*x(1))-exp(k*x(2));
```

在 MATLAB 命令窗口中设置初值点：

```
>> x0 = [0.3 0.4];
```

最小二乘优化为：

```
>> [x,resnorm] = lsqnonlin(@myfun,x0)
x =
    0.2578    0.2578
resnorm =

    124.362
```

3. 非负最小二乘问题优化

此类问题主要是想解决形如

$$\min_x \|C \cdot x - d\|_2^2, \qquad x \geq 0$$

的问题。在 MATLAB 中主要由函数 lsqnonneg 来实现，其标准调用格式为：

```
x = lsqnonneg(C,d)
x = lsqnonneg(C,d,x0)
```

```
x = lsqnonneg(C,d,x0,options)
x = lsqnonneg(problem)
[x,resnorm] = lsqnonneg(...)
[x,resnorm,residual] = lsqnonneg(...)
[x,resnorm,residual,exitflag] = lsqnonneg(...)
[x,resnorm,residual,exitflag,output] = lsqnonneg(...)
[x,resnorm,residual,exitflag,output,lambda] = lsqnonneg(...)
```

与前面两个函数对照，没有需要说明的输入输出参数。下面通过一个例子对比最小二乘法的解与非负最小二乘优化的解的区别：

```
>> C = [
   0.0372    0.2869
   0.6861    0.7071
   0.6233    0.6245
   0.6344    0.6170];
>> d = [
   0.8587
   0.1781
   0.0747
   0.8405];
>> [C\d, lsqnonneg(C,d)]      %超定方程除法即最小二乘法拟合解

ans =

  -2.5627         0
   3.1108    0.6929

>> [norm(C*(C\d)-d), norm(C*lsqnonneg(C,d)-d)]

ans =

   0.6674    0.9118
```

由此可见非负最小二乘优化的结果没有最小二乘法得到的结果好，但是 lsqnonneg 得到的解没有负元素。

10.4.2　最小二乘曲线/面拟合

优化工具箱还提供了最小二乘曲线/面拟合的功能，主要是想解决形如

$$\min_{x}\|F(x,\text{xdata})-\text{ydata}\|_{2}^{2}=\min_{x}\sum_{i}\left(F(x,\text{xdata}_{i})-\text{ydata}_{i}\right)^{2}$$

的问题。MATLAB 里由函数 lsqcurvefit 实现，其标准调用格式为：

```
x = lsqcurvefit(fun,x0,xdata,ydata)
x = lsqcurvefit(fun,x0,xdata,ydata,lb,ub)
x = lsqcurvefit(fun,x0,xdata,ydata,lb,ub,options)
x = lsqcurvefit(problem)
[x,resnorm] = lsqcurvefit(...)
[x,resnorm,residual] = lsqcurvefit(...)
[x,resnorm,residual,exitflag] = lsqcurvefit(...)
```

```
[x,resnorm,residual,exitflag,output] = lsqcurvefit(...)
[x,resnorm,residual,exitflag,output,lambda] = lsqcurvefit(...)
[x,resnorm,residual,exitflag,output,lambda,jacobian] = lsqcurvefit(...)
```

该函数从初始点 x0 出发搜寻系数 x，使得非线性函数 fun(x,xdata)在最小二乘的规则下可以最佳拟合 ydata。显然该函数在数据拟合方面有非常重要的应用背景和价值，本书中不做过多介绍。

10.5　非线性约束问题优化

除了自由优化问题外，还有一种带有约束条件的优化问题。事实上，在实际应用中，带有约束的优化问题占了大多数。本节将主要介绍求解非线性约束问题优化的 MATLAB 实现。此问题主要由 fmincon 函数来实现。

10.5.1　函数介绍

fmincon 函数主要用来求解如下形式的优化问题：

$$\text{Min.} \quad f(x)$$

$$\text{sub.to} \quad \begin{cases} c(x) \leqslant 0 \\ c_{eq}(x) = 0 \\ Ax \leqslant b \\ A_{eq}x = b_{eq} \\ lb \leqslant x \leqslant ub \end{cases}$$

其中目标函数 $f(x)$，约束不等式函数 $c(x)$ 和约束等式函数 $c_{eq}(x)$ 都可以是非线性函数。fmincon 函数的标准调用格式为：

```
x = fmincon(fun,x0,A,b)
x = fmincon(fun,x0,A,b,Aeq,beq)
x = fmincon(fun,x0,A,b,Aeq,beq,lb,ub)
x = fmincon(fun,x0,A,b,Aeq,beq,lb,ub,nonlcon)
x = fmincon(fun,x0,A,b,Aeq,beq,lb,ub,nonlcon,options)
x = fmincon(problem)
[x,fval] = fmincon(...)
[x,fval,exitflag] = fmincon(...)
[x,fval,exitflag,output] = fmincon(...)
[x,fval,exitflag,output,lambda] = fmincon(...)
[x,fval,exitflag,output,lambda,grad] = fmincon(...)
[x,fval,exitflag,output,lambda,grad,hessian] = fmincon(...)
```

其中 A,b,Aeq,beq 都用来指定线性约束，而多出来的 nonlcon 用来指定非线性约束。options 用来指定优化参数，例如指定优化算法等，具体参数可以参见表 10-1。 对于同一问题，若优化过程需要用到 KNITRO 第三方库，则可以调用函数 ktrlink，其调用格式与 fmincon 几乎一致，唯一差别即可使用 knitrooptions 定义 KNITRO 参数选项。

10.5.2　应用举例

【例 10.11】 考虑例 10.8 加上两个约束条件的问题。

目标函数和约束条件为：

$$\operatorname{Min} f(x) = e^{x_1}(4x_1^2 + 2x_2^2 + 4x_1x_2 + 2x_2 + 1)$$
$$\text{Sub.to} \quad 1.5 + x_1x_2 - x_1 - x_2 \leqslant 0$$
$$-x_1x_2 \leqslant 0$$

解：首先在 MATLAB 中编制目标函数 objfun.m：

```
function f = objfun(x)
f = exp(x(1))*(4*x(1)^2 + 2*x(2)^2 + 4*x(1)*x(2) + 2*x(2) + 1);
```

以及约束函数 confun.m：

```
function [c, ceq] = confun(x)
% Nonlinear inequality constraints
c = [1.5 + x(1)*x(2) - x(1) - x(2);
    -x(1)*x(2) - 10];
% Nonlinear equality constraints
ceq = [];
```

然后在命令窗口中设置初值并优化：

```
>> x0 = [-1,1];      % 初值
>> options = optimset('Algorithm','active-set');
>> [x,fval] = fmincon(@objfun,x0,[],[],[],[],[],[],@confun,options);
>> x,fval
x =
  -9.5474    1.0474
fval =
   0.0236
```

【例 10.12】　边界问题。考虑例 10.10 附加两个边界，则目标函数和约束如下。

$$\operatorname{Min} f(x) = e^{x_1}(4x_1^2 + 2x_2^2 + 4x_1x_2 + 2x_2 + 1)$$
$$\text{Sub. to} \quad 1.5 + x_1 x_2 - x_1 - x_2 \leqslant 0$$
$$-x_1x_2 \leqslant 10$$
$$x_1 \geqslant 0$$
$$x_2 \geqslant 0$$

解：依然使用上例中的目标函数和约束条件 M 文件，在命令窗口做优化：

```
>> [x,fval] = fmincon(@objfun,x0,[],[],[],[],[0 0],[],@confun,options);
Local minimum found that satisfies the constraints.
Optimization completed because the objective function is non-decreasing in
feasible directions, to within the default value of the function tolerance,
and constraints were satisfied to within the default value of the constraint tolerance.
<stopping criteria details>
Active inequalities (to within options.TolCon = 1e-006):
  lower     upper     ineqlin   ineqnonlin
   1                             1
>> x,fval
x =
        0    1.5000
fval =
   8.5000
```

【例 10.13】 等式约束条件问题。对例 10.12 加上等式约束条件，则目标函数和约束如下。

$$\text{Min } f(x) = e^{x_1}(4x_1^2 + 2x_2^2 + 4x_1x_2 + 2x_2 + 1)$$

$$\text{Sub.to } \quad x_1 + x_2 = 0$$

$$1.5 + x_1 x_2 - x_1 - x_2 \leq 0$$

$$-x_1 x_2 \leq 10$$

解： 依然使用上例中的目标函数和约束条件 M 文件，在命令窗口做优化：

```
>> x0 = [-1,1];
>> [x,fval] = fmincon(@objfun,x0,[],[],[1 1],[0],[],[],@confun,options);

Local minimum found that satisfies the constraints.

Optimization completed because the objective function is non-decreasing in
feasible directions, to within the default value of the function tolerance,
and constraints were satisfied to within the default value of the constraint tolerance.

<stopping criteria details>

Active inequalities (to within options.TolCon = 1e-006):
  lower      upper      ineqlin   ineqnonlin
                                     1
>> x,fval

x =

  -1.2247    1.2247

fval =

  1.8951
```

10.6 多任务 "目标-达到" 问题的优化

在优化问题中还有一类重要的问题，在控制系统中有广泛的应用，即为所谓的 "目标-达到" 问题优化。其数学问题可以简单描述为：找到在各种约束条件下的最佳 x，使得 $F_i(x)$ 达到目标(goal) F_i^*，在现实问题中二者可能不能精确相等，为了 "达到目标"，我们实质上希望二者尽可能地接近，即使得加权误差 $\gamma = \dfrac{F_i(x) - F_i^*}{w_i}$ 的最大值最小，由此可以写出优化方程：

$$\underset{x,\gamma}{\text{minimize }} \gamma \text{ such that} \begin{cases} F(x) - \text{weight} \cdot \gamma \leq \text{goal} \\ c(x) \leq 0 \\ c_{eq}(x) = 0 \\ A \cdot x \leq b \\ A_{eq} \cdot x = b_{eq} \\ lb \leq x \leq ub \end{cases}$$

在 MATLAB 中主要由函数 fgoalattain 来实现此优化问题，其标准调用格式为：

```
x = fgoalattain(fun,x0,goal,weight)
x = fgoalattain(fun,x0,goal,weight,A,b)
x = fgoalattain(fun,x0,goal,weight,A,b,Aeq,beq)
x = fgoalattain(fun,x0,goal,weight,A,b,Aeq,beq,lb,ub)
x = fgoalattain(fun,x0,goal,weight,A,b,Aeq,beq,lb,ub,nonlcon)
x = fgoalattain(fun,x0,goal,weight,A,b,Aeq,beq,lb,ub,nonlcon,... options)
x = fgoalattain(problem)
[x,fval] = fgoalattain(...)
[x,fval,attainfactor] = fgoalattain(...)
[x,fval,attainfactor,exitflag] = fgoalattain(...)
[x,fval,attainfactor,exitflag,output] = fgoalattain(...)
[x,fval,attainfactor,exitflag,output,lambda] = fgoalattain(...)
```

其中 fun 代表 F(x)函数，x0 是初值，goal 表示目标，weight 是权函数，其他参数与前面
函数中的参数意义相同。

应用举例

【例 10.14】　本例给出目标-达到函数的用法。

已知一个闭环复杂设备的输出反馈控制器，其信号可由如下方程描述：

$$\dot{x} = (A + BKC)x + Bu$$
$$y = Cx$$

希望设计 K，使其特征值 eig($A+B*K*C$)位于[−5,−3,−1]的左侧，且 K 的各元素的绝对值
小于 4。考虑双输入双输出非稳态过程，输入设备状态空间矩阵由下面信息给出：

$$A = \begin{bmatrix} -0.5 & 0 & 0 \\ 0 & -2 & 10 \\ 0 & 1 & -2 \end{bmatrix} \quad B = \begin{bmatrix} 1 & 0 \\ -2 & 2 \\ 0 & 1 \end{bmatrix} \quad C = \begin{bmatrix} 1 & 0 & 0 \\ 0 & 0 & 1 \end{bmatrix}$$

解：首先创建特征值表征函数 eigfun.m

```
function F = eigfun(K,A,B,C)
F = sort(eig(A+B*K*C)); % Evaluate objectives

A = [-0.5 0 0; 0 -2 10; 0 1 -2];B = [1 0; -2 2; 0 1];
C = [1 0 0; 0 0 1]; K0 = [-1 -1; -1 -1];          % 初值
goal = [-5 -3 -1];            % 特征值目标
weight = abs(goal);           % 权
lb = -4*ones(size(K0));ub = 4*ones(size(K0));
[K,fval,attainfactor] = fgoalattain(@(K)eigfun(K,A,B,C),... K0,goal,weight,
[],[],[],[],lb,ub,[])
K =
   -4.0000   -0.2564
   -4.0000   -4.0000
fval =
   -6.9313
   -4.1588
   -1.4099
attainfactor =
   -0.3863
```

结果说明优化结果超过目标 38.63%，如果希望优化尽可能地接近目标，可设 optiset 为 GoalsExactAchieve

```
options = optimset('GoalsExactAchieve',3);
[K,fval,attainfactor] = fgoalattain(@(K)eigfun(K,A,B,C),… K0,goal,weight,
[],[],[],[],lb,ub,[],options)
K =
   -1.5953    1.2040
   -0.4201   -2.9047
fval =
   -5.0000
   -3.0000
   -1.0000
attainfactor =
   -2.4929e-021
```

此式表明特征值几乎精确达到目标。整个算例过程可由 goaldemo 演示。

10.7 非线性方程的优化解

在 MATLAB 的优化工具箱中提供了两个用来求解非线性方程的功能函数 fzero 和 fsolve，用它们来求非线性方程的优化解十分方便。下面就给予这方面的介绍。

1. fzero 函数

fzero 函数用来求解单变量连续函数的根，其标准调用格式为：

```
x = fzero(fun,x0)
x = fzero(fun,x0,options)
x = fzero(problem)
[x,fval] = fzero(...)
[x,fval,exitflag] = fzero(...)
[x,fval,exitflag,output] = fzero(...)
```

其中 x0 是初值，fzero 函数返回在 x0 附近的零点。若 x0 为单标量，则 x 返回在 x0 附近的函数值变号的点，如果失败则返回 NaN。若搜索过程中遇到 Inf, NaN 或者复数值，则搜索中断。若 x0 为双元素的向量，则 x 返回在此向量构成的数值区间内的某个根。其他参数与前面的函数参数意义相同。

【例如】

```
>> fzero ('sin', 3)
ans =
     3.141592653589793e+000
```

说明　注意函数的引号；函数亦由 M 文件定义，例如 f.m

```
function y = f(x)
y = x.^3-2*x-5;

>> z = fzero(@f,2)
z =
   2.0946
```

2. fsolve

fsolve 用于求解非线性方程 F（x）=0 的解。其中 x 可为向量或矩阵。调用格式如下。

```
x = fsolve(fun,x0)
x = fsolve(fun,x0,options)
x = fsolve(problem)
[x,fval] = fsolve(fun,x0)
[x,fval,exitflag] = fsolve(...)
[x,fval,exitflag,output] = fsolve(...)
[x,fval,exitflag,output,jacobian] = fsolve(...)
```

参数与前面的函数参数意义相同，不在冗述。

【例 10.15】

（a）求解方程 $\cos(x)+x=0$。

```
>> fsolve ('cos (x) +x', 0)
ans =
    -0.7391
>> cos (ans)            %检验解
ans =
    0.7391
```

（b）求解方程组

$$2x_1 - x_2 = e^{-x_1}$$
$$-x_1 + 2x_2 = e^{-x_2}$$

解：

建立函数文件

```
function F = myfun(x)
F = [2*x(1) - x(2) - exp(-x(1));
     -x(1) + 2*x(2) - exp(-x(2))];

>> x0 = [-5; -5];
>> [x,fval] = fsolve(@myfun,x0)
x =
    0.567143031397357
    0.567143031397357
fval =
    1.0e-006 *
    -0.405909605705190
    -0.405909605705190
```

习　题

1. 求解下面的线性规划问题：

$$\begin{cases} \min f = -3x_1 + 4x_2 - 2x_3 + 5x_4 \\ \text{s.t. } 4x_1 - x_2 + 2x_3 - x_4 = -2 \\ \quad x_1 + x_2 + 3x_3 - x_4 \leqslant 14 \\ \quad -2x_1 + 3x_2 - x_3 + 2x_4 \geqslant 2 \\ \quad x_1, x_2, x_3 \geqslant 0, x_4 无约束 \end{cases}$$

2．求解线性规划问题：

$$\begin{cases} \min f = 5x_1 + 4x_2 + 8x_3 \\ \text{s.t. } x_1 + 2x_2 + x_3 = 6 \\ \quad -2x_1 + x_2 \geqslant -4 \\ \quad 5x_1 + 3x_2 \leqslant 15 \\ \quad x_j \geqslant 0, j = 1,2,3 \end{cases}$$

3．某部门在今后五年内考虑给下列项目投资，已知：

项目 1 从第一年到第四年每年年初需要投资，并于次年末回收本利 115%；项目 2 第三年年初需要投资，到第五年末能回收本利 125%，但规定最大投资额不超过 4 万元；项目 3 第二年年初需要投资，到第五年末能回收本利 140%，但规定最大投资额不超过 3 万元；项目 4 五年内每年年初可购买公债，于当年末归还，并加利息 6%。该部门现有资金 10 万元，问它应如何确定给这些项目每年的投资额，使到第 5 年末拥有的资金的本利总额为最大？

这是一个与时间有关的连续投资问题，但在此我们对该问题不是按时间去动态地考虑，而是将五年情况总体静态地考虑。

4．某合金厂生产甲、乙两种合金，生产每吨甲和乙种合金各需用 A、B、C 三种元素的量见下表。

合　金　＼元　素	需 A 元素（千克）	需 B 元素（千克）	需 C 元素（千克）
甲（每吨）	20	40	90
乙（每吨）	100	80	60

工厂每月所能获得的 A、B 和 C 三种元素最大供应量分别为 200 千克、200 千克和 360 千克。工厂生产每吨甲种合金的利润为 30 万元，生产每吨乙种合金的利润为 40 万元。工厂该如何制订生产计划，才能获得最大利润？

5．某工厂制造甲、乙两种产品，每种产品消耗煤、电、工作日及获利如下表所示，现有煤 360 吨，电力 200 千瓦，工作日 300 个。请制定一个使总利润最大的生产计划。

原　料　＼消耗/吨　产　品	煤（吨）	电（千瓦）	工作日	单位利润（元/吨）
甲	9	4	3	7000
乙	5	5	10	12000

6．某两个煤厂 A_1 和 A_2 每月进煤量分别为 60 吨和 100 吨，联合供应 3 个居民区 B_1、B_2 和 B_3。3 个居民区每月对煤的需求量依次分别为 50 吨，70 吨，40 吨。煤厂 A_1 离

3 个居民区 B_1、B_2 和 B_3 的距离分别为 10 公里，5 公里和 6 公里，煤厂 A_2 离 3 个居民区 B_1、B_2 和 B_3 的距离分别为 4 公里，8 公里和 12 公里。问如何分配供煤量使得运输量（即吨×公里）达到最小？

7. 棉纺厂的主要原料是棉花，一般要占总成本的 70%左右。所谓配棉问题，就是要根据棉纱的质量指标，采用各种价格不同的棉花，按一定的比例配制成纱，使其既达到质量指标，又使总成本最低。棉纱的质量指标一般由棉结和品质指标来决定。这两项指标都可用数量形式来表示。一般来说，棉结粒数越少越好，品质指标越大越好。一个年纺纱能力为 15000 锭的小厂在采用最优化方法配棉前，某一种产品 32D 纯棉纱的棉花配比、质量指标及单价如下表。有关部门对 32D 纯棉纱规定的质量指标为棉结不多于 70 粒，品质指标不小于 2900。请给出配棉方案。

原料品名	单价　元/t	混合比%	棉结粒	品质指标	混棉单价　元/t
国棉 131	8400	25	60	3800	2100
国棉 229	7500	35	65	3500	2625
国棉 327	6700	40	80	2500	2680
平均合计		100	70	3175	7405

提示：可考虑使混棉的单价最小。

8. 用单纯形法（或调用上面程序 Lp_Mlex.m）求解线性规划：

$$\begin{cases} \min z = -x_1 - 2x_2 + x_3 - x_4 - 4x_5 + 2x_6 \\ \text{s.t.}\ \ x_1 + x_2 + x_3 + x_4 + x_5 + x_6 \leqslant 6 \\ \quad\ \ 2x_1 + x_2 - 2x_3 + x_4 \leqslant 4 \\ \quad\ \ x_3 + x_4 + 2x_5 + x_6 \leqslant 4 \\ \quad\ \ x_j \geqslant 0, (j = 1, 2, \cdots, 6) \end{cases}$$

9. 求解 $\min((6 + x_1 + x_2)^2 + (2 - 3x_1 - 3x_2 - x_1 x_2)^2)$，初始点 $x = (-4, 6)'$。

10. 设有 400 万元资金，要求 4 年内用完，若在一年内使用资金 x 万元，则可得到效益 $\sqrt{x}$ 万元（效益不能再使用），当年不用的资金可存入银行，年利率为 10%。试制订出资金的使用规划，以使 4 年效益为最大。

11. 计算下列非线性规划，初始点为 $(1, 1)$。

$$\begin{cases} \min (x_1 + x_2) \\ \text{s.t.} \\ \quad 1.805 - \left(4 + \dfrac{x_2 - 7}{x_1}\right)\left(1 - \dfrac{4 - x_2}{x_1}\right) \leqslant 0 \\ \quad 0.9025 - \dfrac{4 - (7 - x_2)}{3x_1} \leqslant 0 \\ \quad 0.9025 - \dfrac{1 - (4 - x_2)}{\frac{2}{3} x_1} \leqslant 0 \\ \quad x_1 > 0, x_2 > 0 \end{cases}$$

12. 计算下列非线性规划

$$\max \ f(x) = x_1 x_2 x_3, \quad \text{s.t.} \quad \begin{cases} -x_1 + 2x_2 + 2x_3 \geqslant 0 \\ x_1 + 2x_2 + 2x_3 \leqslant 72 \\ 10 < x_2 < 20 \\ x_1 - x_2 = 10 \end{cases}$$

13. 某工厂向用户提供一种产品，按合同规定，其交货数量和日期是：第一季末交 40 吨，第二季末交 60 吨，第三季末交 80 吨。工厂的最大生产能力为每季 100 吨，每季的生产费用是 $f(x) = 50x + 0.2x^2$（元），此处 x 为该季生产该产品的吨数。若工厂生产得多，多余的该产品可移到下季向用户交货，这样，工厂就要支付存储费，每吨该产品每季的存储费为 4 元。问该厂每季应生产多少吨该产品，才能既满足交货合同，又使工厂所花费的费用最少（假定第一季开始时该产品无存货）。

14. 求解下列整数规划问题：

$$\begin{cases} \max f = 3x_1 - x_2 \\ \text{s.t.} \quad 3x_1 - 2x_2 \leqslant 3 \\ \qquad 5x_1 + 4x_2 \geqslant 10 \\ \qquad 2x_1 + x_2 \leqslant 5 \\ \qquad x_1, x_2 \geqslant 0 \\ \qquad x_1, x_2 \text{ 为整数} \end{cases}$$

15. 现有一节铁路货车，车厢长 10 米，最大载重量为 40 吨，可以运载 7 类货物包装箱。包装箱的厚度和重量不同，但宽和高相同且适合装车，每件包装箱不能拆开装卸，只能装或不装。每件货物的重量、厚度与价值如下表所示：

货物	厚度（厘米）	重量（吨/件）	价值（千元）	件数
1	55	0.5	40	8
2	58	1.7	37	8
3	62.4	3	58	6
4	49	2.2	36	7
5	40.6	3	35	3
6	53.3	1	45	4
7	66	4	50	8

请给出装货方案，使总的价值最大。

16. 某工厂用甲、乙两种原料生产 A、B、C、D 四种产品，每种产品消耗原料定额如下表所示，现有甲原料 18 吨，乙原料 3 吨。请制定一个使总利润最大的生产计划。

消耗(吨/万件) ＼ 产品 原料	A	B	C	D
甲	2	3	10	4
乙	—	—	2	0.5
单位利润（万元/万件）	9	8	50	19

17. 某机械厂制造 A、B 和 C 三种机床，每种机床须用不同数量的两类电气部件：部件 1 和部件 2。设机床 A、B 和 C 各用部件 1 的个数分别为 4、6 和 2，各用部件 2 的

个数分别为 4、3 和 5；在任何一个月内共有 22 个部件 1 和 25 个部件 2 可用；生产 A、B 和 C 三种机床每台的利润分别为 5 万元、6 万元和 4 万元。问 A、B 和 C 三种机床每月各生产几台，才能取得最大利润。

18. 某公司拟在市东、西、南三区建立门市部。拟议中有 7 个位置点 A_i（$i=1,2,\cdots,7$）可供选择。规定：在东区，由三个点 A_1、A_2、A_3 中至多选两个；在西区，由两个点 A_4、A_5 中至少选一个；在南区，由两个点 A_6、A_7 中至少选一个。投资总额不能超过 700 万元。设备投资费与每年可获利润见下表。问应选择哪几个点可使年利润为最大？

费用与获利＼地点	A_1	A_2	A_3	A_4	A_5	A_6	A_7
设备投资费（万元）	13	18	21	29	11	28	19
年终或利润（万元）	21	25	27	37	19	33	25

19. 求解 0-1 规划：
$$\begin{cases} \min\quad f = 4x_1 + 3x_2 + 2x_3 \\ \text{s.t.}\quad 2x_1 - 5x_2 + 3x_3 \leqslant 4 \\ \qquad 4x_1 + x_2 + 3x_3 \geqslant 3 \\ \qquad x_2 + x_3 \geqslant 1 \\ \qquad x_1,x_2,x_3\text{为0或1} \end{cases}$$

20. 求解 0-1 规划：
$$\begin{cases} \max\quad f = -2x_1 - 5x_2 - 3x_3 - 4x_4 \\ \text{s.t.}\quad -4x_1 + x_2 + x_3 + x_4 \geqslant 0 \\ \qquad -2x_1 + 4x_2 + 2x_3 + 4x_4 \geqslant 4 \\ \qquad x_1 + x_2 - x_3 + x_4 \geqslant 1 \\ \qquad x_1,x_2,x_3\text{为0或1} \end{cases}$$

21. 某机床厂生产甲、乙两种机床，每种机床的利润分别为 5000 元和 4000 元。生产甲种机床需要使用 A, B, C 三种机器加工，加工时间分别为每台 3 小时、2 小时和 1 小时，生产乙种机床需要使用 A, B 两种机器加工，加工时间均为每台 1 小时。若每天可用于生产加工的机器小时数分别为 A 机器 9 小时，B 机器 8 小时，C 机器 7 小时。请问该工厂生产甲、乙机床各几台，才能使得总利润最大？

22. 某一趟昼夜服务的公交线路每天各个时间段所需司机和售票员的数目如下表所示。

班　次	时　间	所需人数	班　次	时　间	所需人数
1	5:30~9:30	50	4	17:30~21:30	40
2	9:30~13:30	60	5	21:30~1:30	10
3	13:30~17:30	50	6	1:30~5:30	20

假设司机和售票员分别在各个时间段的开始时刻上班并连续工作 8 小时，请问该公司如何安排司机和售票员，既能够满足工作需求，又配备最少的工作人员？

23. 有 A, B, C 三块农田，总面积和单位面积种植水稻、土豆和高粱的年产量（kg）如下表所示。

	总 面 积	水 稻	土 豆	高 粱
A	30	8000	4500	10500
B	50	7000	5000	9500
C	70	6500	4000	9000

种植水稻、土豆和高粱的单位面积投资分别是 200 元、300 元和 100 元。现在要求最低产量分别是 30 万千克、10 万千克和 50 万千克，如何制定种植计划才能使得在总投资最少的情况下得到的总产量最高。

24．求解下述二次规划：

$$\begin{cases} \min f(x) = 2x_1^2 - 5x_1x_2 + 4x_2^2 - 7x_1 - 3x_2 \\ \text{s.t.} \quad x_1 + x_2 \leqslant 4 \\ \qquad 3x_1 + x_2 \leqslant 9 \\ \qquad x_1, x_2 \geqslant 0 \end{cases}$$

25．某个航空发动机修理厂准备用 6000 万元人民币用于甲、乙两个生产线的技术改造投资。设 x_1, x_2 分别表示分配给甲、乙两个生产线改造项目的投资金额。根据相关技术专家估计，投资甲、乙生产线的年收益分别为 75% 和 68%。同时，投资后总的风险损失将随着总投资和单项投资的增加而增加。已知总的风险损失为 $0.02x_1^2 + 0.01x_2^2 + 0.04(x_1 + x_2)^2$，请问应该如何分配投资金额才能使得在风险损失最小时的平均收益最大。

26．求解二元非线性函数 $y = 2x_1^3 + 4x_1x_2^3 - 10x_1x_2 + x_2^2$ 的最小值和最小值点。

27．求解下述两个函数的最小值：

（a）$f(x) = 3x_1^2 + 2x_1x_2 + x_2^2$

（b）$f(x) = 100(x_2 - x_1^2)^2 + (1 - x_1)^2$

28．求解下述非线性规划问题：

$$\begin{cases} \min f(x) = x_1^2 + 2x_2^2 + 9 \\ \text{s.t.} \quad x_1^2 - 2x_2 \geqslant 0 \\ \qquad -x_1 - x_2^2 + 2 = 0 \\ \qquad x_1, x_2 \geqslant 0 \end{cases}$$

29．求解下述两个非线性规划问题：

（a）$\begin{cases} \min f(x) = -x_1x_2x_3 \\ \text{s.t.} \quad 0 \leqslant x_1 + x_2 + 3x_3 \leqslant 70 \end{cases}$

（b）$\begin{cases} \min f = \exp(x_1)\left(6x_1^2 + 2x_2^2 + 3x_1x_2 + 5x_2 + 1\right) \\ \text{s.t.} \quad x_1 + 2x_2 = 0 \\ \qquad x_1x_2 - x_1 - x_2 + 1 \leqslant 0 \\ \qquad -2x_1x_2 - 5 \leqslant 0 \end{cases}$

30．求解下述非线性方程：

（a）$y = -\left(5 - \dfrac{4}{\sqrt{1 - y^2}}\right)\exp(y)$

（b）$y = -\sqrt{1 - 2y^2}(1 + y^2)$

31．求解下述非线性方程组：

$$\begin{cases} x_1 - 0.7\sin x_1 - 0.2\cos x_2 = 0 \\ x_2 - 0.7\cos x_1 + 0.2\sin x_2 = 0 \end{cases}$$

32．求解 $\boldsymbol{x} = (x_1, x_2, x_3)$ 使得 $\displaystyle\sum_{k=1}^{10}(k + \sin kx_1 + \sin kx_2 + \sin kx_3)^2$ 最小，初始点设置为（0.3, 0.4, 0.5）。

33．求解线性规划问题：

$$\begin{cases} \min \quad y = x_1 + 2x_2 + 3x_3 + 4x_4 + 5x_5 \\ \text{s.t.} \quad -2x_1 + x_2 - x_3 + x_4 - 3x_5 \leqslant 1 \\ \qquad 2x_1 + 3x_2 - x_3 + 2x_4 + x_5 \leqslant -2 \\ \qquad 0 \leqslant x_j \leqslant 1, \quad j = 1,2,3,4,5 \end{cases}$$

34．某育婴所需要购买婴幼儿奶粉，已知每个婴儿每天至少需要 200 克蛋白质，80 毫克矿物质，100 克维生素，现在有五种奶粉可供选用。各种奶粉每千克营养成分含量及单价如下表所示。请确定在满足婴儿成长的营养需要的前提下费用尽可能少的奶粉购买方案。

奶粉	蛋白质/克	矿物质/毫克	维生素/克	价格/（元/千克）
1	300	100	80	45
2	200	120	100	50
3	250	150	60	60
4	400	80	150	80
5	260	90	200	75

35．一个贸易公司经营玉米作物的批发业务，公司现有库存容量 6000 千克的大仓库。7 月 1 日，公司拥有库存 1200 千克的玉米，并有活动资金 25000 元。估计第三季度该玉米的各月价格如下表所示：

月份	进货价/(元/千克)	出售价/(元/千克)
7	3	3.2
8	2.9	3.1
9	3.1	3.15

已知买进的豆子当月到货，但需要到下月才能卖出，且规定"货到付款"。公司希望本季度末时库存为 2500 千克，请问采取怎样的买进与卖出策略才能使得该季度的总获利最大？

36．假设某个城市在进行街区改造时准备在路口设置 10 个惠民方便商店，每个方便商店都采用一个坐标定位，并且它们的规划坐标如下表所示。假设该城市的道路网与坐标轴平行，彼此正交。现在打算建设一个货物供应中心，以满足这些方便商店的进货需求。由于城市规划的某些限制，该货物供应中心的坐标 x 不能介于[5, 8]，y 不能介于[5, 8]的范围之间。请问该货物供应中心建在何处使得商店进货最为方便？

x	1	4	3	5	9	12	6	10	8	9
y	2	10	8	18	1	4	5	20	17	8

37. 求解下述最小最大化问题：

$$\min \max[f_1(x), f_2(x), f_3(x), f_4(x)]$$

其中：

$$\begin{cases} f_1(x) = 3x_1^2 + 4x_2^2 - 10x_1 + 30 \\ f_2(x) = 5x_1x_2 - 4x_1 + 9 \\ f_3(x) = x_1^2 + 7x_2 \\ f_4(x) = x_1^2 + 16x_2^2 - 12x_1x_2 + 20 \end{cases}$$

38. 请在实际生活中寻找一个三目标优化的实例，并建立优化模型获得最优解。

39. 某卫视电视台为某个社会爱心公司特约播放两套公益活动宣传片，其中宣传片 A 的总时间为 20 分钟，插播广告时间为 2 分钟，收视观众为 50 万，宣传片 B 的总时间为 10 分钟，插播广告时间为 1 分钟。社会爱心公司规定每周至少有 5 分钟广告，而电视台每周只能为该公司提供不多于 80 分钟的节目时间。请问电视台每周该播映两套宣传片各多少次，才能获得最高的收视率？

附录 A　MATLAB 的设置

MATLAB 的各种开发环境的属性设置可以通过桌面平台的【File】→【Preference】菜单来实现，该选项将打开属性设置对话框，如图 A.1 所示。

图 A.1　属性设置对话框

在属性设置页面中有 4 个按钮控制，其中【OK】确认已作的设置，【Cancel】取消所作的设置，【Apply】应用已作的设置，而【Help】则会调用属性设置的帮助信息。

MATLAB 属性设置的项很多，由于篇幅的限制，不能一一讲述，下面仅介绍 MATLAB 常用属性设置界面的内容和使用方法。

A.1　通用属性设置（General）

通用属性的设置界面也如图 A.1 所示。

【Toolbox path caching】选项对于网络上使用 MATLAB 时的启动速度极为重要。若用户定义的 MATLAB 搜索路径包含许多文件夹，则启动 MATLAB 时将会花费相当多的时间在远程机器中检测，若从一个预设定的高速缓存区读取，则会显著提高启动速度；而对于单机用户而言，使用该选项则不会对启动速度有太大的帮助。

【Figure window printing】选项栏可以设置彩色图形输出，其中【Use printer defaults】选项表示按打印机默认设置输出，【Always send as black and white】选项表示按黑白图形输出，而【Always send as color】表示按彩色图形输出。

【Deleting files】选项栏可以设置删除功能，其中【Move to the Recycle Bin】选项表示将删除的文件移入垃圾箱中，【Delete permanently】选项表示永久删除。

A.2 颜色设置（Colors）

颜色设置（Colors）的界面如图 A.2 所示。

在【Colors】属性设置界面中可以设置不同标示符的特征颜色。MATLAB 的标示符包括：关键词（Keywords）、注释语句（Comments）、字符串（Strings）、未输完整字符串（Unterminated strings）、系统命令（System commands）、语法错误（Syntax errors）、错误文本（Error text）、警告文本（Warning text）以及超链接（Hyperlinks）等。

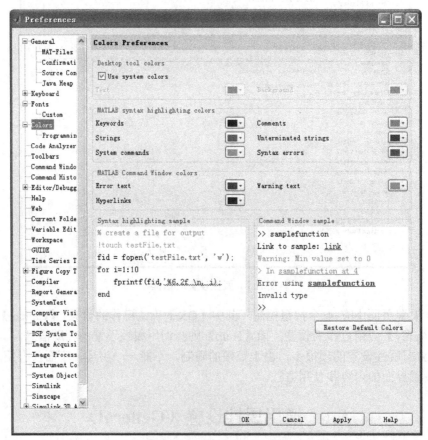

图 A.2　颜色属性设置界面

A.3 命令窗口属性设置（Command Window）

通用命令窗口属性设置界面如图 A.3 所示。

在文本属性设置组（Text display）中可以设置数据格式（Numeric format）和数据显示格式（Numeric display）。设置数据格式将控制数值型变量在命令窗口中的显示形式，而不影响其在 MATLAB 中的存储形式；设置数据显示格式可以控制数据在命令窗口中的显示格式，选择【loose】选项，则命令窗口中的命令以及显示结果都将隔行显示，而选择【compact】选项则会以紧凑形式显示（表 A.1）。

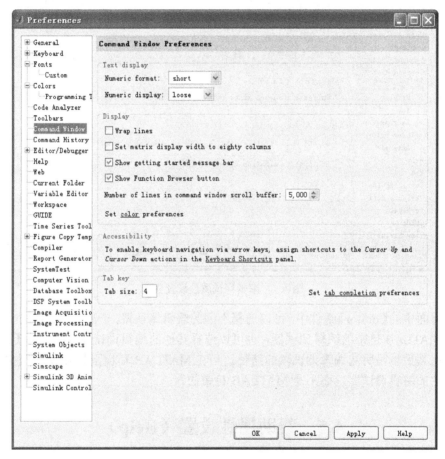

图 A.3 命令窗口属性设置

表 A.1 MATLAB 中的数据显示形式

数据显示形式	说　　明	示　　例	数据显示形式	说　　明	示　　例
+	+，−，空格	+	long g	15 位最优形式	3.14159265358979
bank	金融数据	3.14	rational	最小整数比形式	355/113
hex	十六进制数	123a23bcf	short	5 位原始形式	3.1415
long	15 位原始形式	3.14159265358979	short e	5 位指数形式	3.1415e+00
long e	15 位指数形式	3.14159265358979e+00	short g	5 位最优形式	3.1415

A.4 编辑调试属性设置（Editor/Debugger）

通用的 MATLAB 编辑调试属性设置界面如图 A.4 所示。

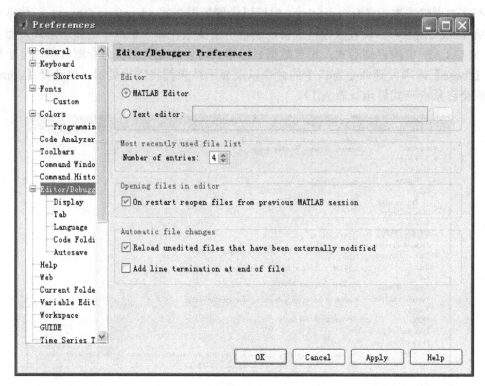

图 A.4 编辑调试属性设置界面

在该界面中的【Editor】组件中，可以选择不同的编辑调试器，一般选择【MATLAB Editor】选项，即 MATLAB 自带的编辑调试器，也可以选择其他的编辑调试器，即选择【Text editor】选项，并在其后填写所选编辑调试器的路径。当在 MATLAB 环境下打开 M 文件时，将自动使用所选定的编辑调试器，而不是 MATLAB 自带的。

A.5 帮助属性设置（Help）

帮助属性设置界面如图 A.5 所示。

其中，【Filter by Product】组件中有一个复选框，提供所有的 Mathworks 公司的产品，可以通过选择来控制帮助浏览器中帮助导向的显示。

A.6 当前文件夹属性设置（Current Folder）

当前路径属性设置界面如图 A.6 所示。

图 A.5　帮助属性设置界面

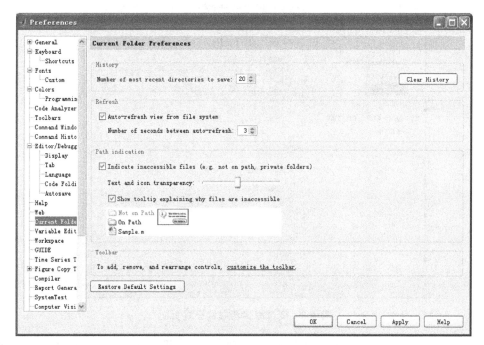

图 A.6　当前文件夹属性设置界面

其中【History】组件可以设置所保存的历史路径的个数。

A.7　工作空间属性设置（Workspace）

工作空间属性设置页面如图 A.7 所示。

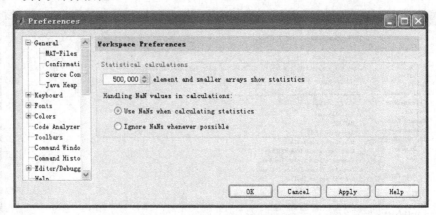

图 A.7 工作空间属性设置页面

A.8 变量编辑器属性设置（Variable Editor）

变量编辑器属性设置页面如图 A.8 所示。

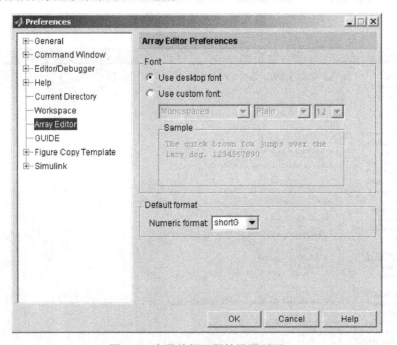

图 A.8 变量编辑器属性设置页面

该设置页面由两部分组成，一部分为字体控制，另一部分为数据格式控制，这两部分内容在前面都有介绍，这里不再重复了。

A.9 GUIDE 属性设置页面（GUIDE）

GUI 向导属性设置页面如图 A.9 所示。

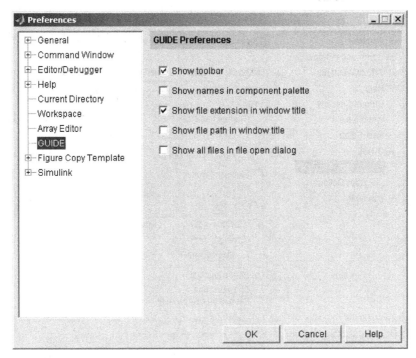

图 A.9　向导属性设置页面

其中【Show toolbar】选项控制在 GUI 向导中显示工具栏，【Show names in component palette】选项控制组件平台的名称显示，【Show file extension in window title】选项控制在窗口题头中显示文件扩展名，【Show file path in window title】选项控制在窗口题头中显示文件的全称路径，【Show all files in file open dialog】选项则控制在打开文件对话框中显示所有文件。

A.10　图形复制属性设置（Figure Copy Template）

图形复制属性设置页面（图 A.10）将控制 MATLAB 图形的复制过程。

在该页面中，第一行将选择所绘 MATLAB 图形的输出对象为 Word 文档或 Powerpoint 文档时的默认设置；按钮【Restore Defaults】用以保存修改的设置；【Text】组件中，【Change font size】选项可以设定文本字体大小的转换，包括两种方式，其一为直接设定输出后的字体大小，以 point 作为字体大小的单位，1point=1/72inch，也可以设置输出前后的比例，【Black and white】选项将输出文本显示转换为黑白形式，【Bold】选项将输出文本显示转换为黑体形式；在【Lines】组件中包含两个设置选项，一个用于设置线宽（Custom width），该属性也是以 point 为单位的，另一个用于设置线型（Change style），这里线型可以设置为黑白模式（Black and white），也可以用不同的线型区分不同的线条（B&W styles）；【Uicontrols and axes】组件用以设置用户控件和坐标轴，其中【Show uicontrols】选项用以控制用户控件的显示与否，选择【Keep axes limits and tick spacing】选项将保持源图中的坐标限制以及坐标分度；【Apply to Figure】按钮将把所作的设置保存至图形文件，【Restore Figure】将调回图形的原始设置。

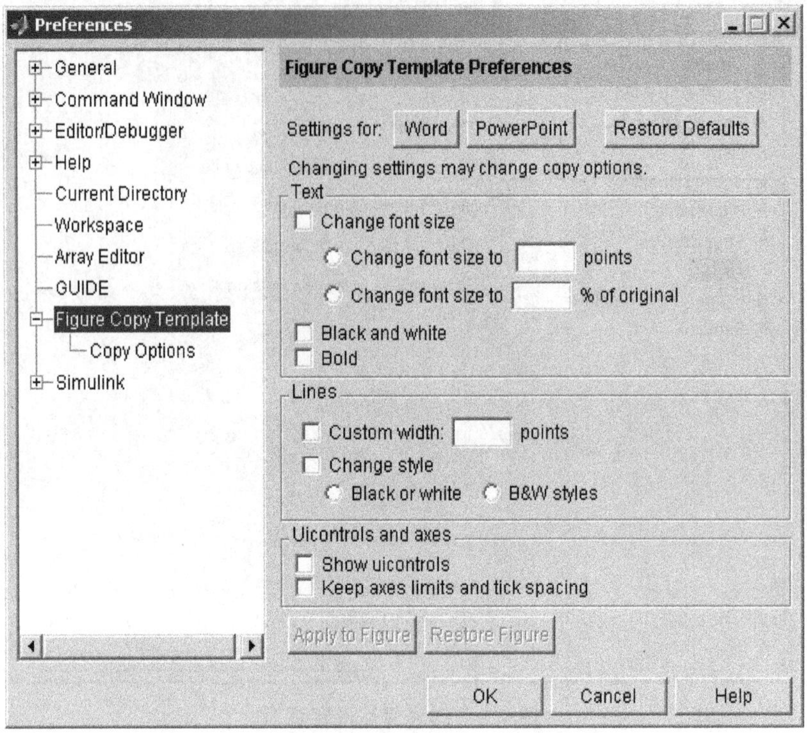

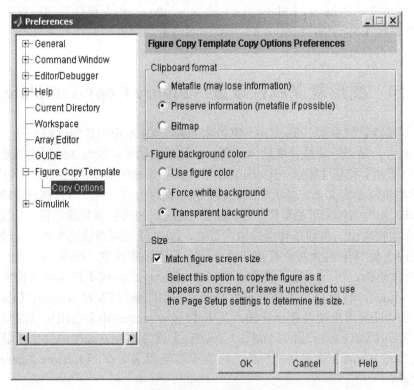

图 A.10　图形复制属性设置页面

图形复制属性设置页面包含一个子设置页面，用以设置复制属性，如图 A.11 所示。

图 A.11　复制属性子设置页面

　　该页面包含三个组件，其中【Clipboard format】用以设置剪贴板，【Metafile】选项将以 EMF 格式复制图形，选择【Preserve information】选项将使 MATLAB 选择 EMF 格式，并在可能的情况下使用该格式。而【Bitmap】选项将以 Bmp 8 位彩图复制图形。另一个组件为【Figure background color】用以设置复制图形背景颜色，其中【Use figure color】选项将保持原有图形的背景颜色，【Force white background】则将控制背景颜色为白色，如果希望得到平滑的背景则应当选择【Transparent background】选项；最后一个是【Size】组件，【Match figure screen size】将以图形原来的大小复制到指定对象中。

附录 B 主要函数命令注释

B.1 一般函数命令

1. 常用信息

help   在线帮助（显示在命令窗口中）　　　doc   打开帮助浏览器
doc   提供全部函数的注释帮助　　　ver   MATLAB 及工具箱的版本信息
demo   运行演示

2. 管理工作区命令

who   显示当前变量　　　whos   显示当前变量的具体信息
clear   从内存中清除变量和函数　　　load   从磁盘中加载工作变量
save   保存工作变量到磁盘中　　　pack   整理工作区内存
quit   退出 MATLAB

3. 管理命令和函数

what   显示此目录 MATLAB 文件　　　type   显示文件
edit   编辑文件
lookfor   以关键字搜索 M 文件中的第一注释行中的文字
which   找出函数和文件的位置　　　inmem   显示内存中的函数
pcode   生成加密保护的函数文件　　　mex   编译 MEX 函数

4. 路径管理

path   设置/显示路径　　　addpath   增加路径
rmpath   消除某路径目录

5. 操作命令窗口

echo   M 文件的回应命令　　　diary   保存 MATLAB 任务
more   命令窗口的分页控制　　　format   设置输出格式

6. 操作系统命令

cd   改变当前工作目录　　　dir   显示目录
pwd   显示当前工作目录　　　delete   删除文件
getenv   得到环境变量　　　web   打开页面浏览器加载文件
computer   显示运行当前 MATLAB 的计算机的信息

！ 执行操作系统命令

unix 执行 UNIX 命令返回结果

dos 执行 DOS 命令返回结果

7．编译 M 文件

debug 显示调试命令

dbclear 消除断点

dbcont 继续执行

dbdown 改变当地工作区下文

dbstack 显示函数调用栈

dbquit 退出调试模式

dbstop 设置断点

dbstatus 列出所有断点

dbup 改变当地工作区上文

dbmex 调试 MEX 文件

dbstep 执行一行或多行

8．其他函数

doc 加载 HTML 文件到浏览器

isstudent 判断是否为学生版本

ls 显示目录

memory 显示内存信息

info 关于 MATLAB 和 Mathworks 的信息

isunix 判断是否为 UNIX 版本

notebook 打开 NOTEBOOK（Windows only）

exit 退出 MATLAB

9．用户交互式功能

genpath 生成工具箱可能路径

workspace 打开工作空间

path2rc 保存当前路径到 pathdef.M 文件

pathtool 路径浏览器

B.2 运算符与运算

1．算术运算符

plus 加 +

mtimes 矩阵乘 *

mldivide 矩阵左除 \

uminus 负号 −

power 数组乘方 .^

rdivide 数组右除 ./

kron Kronecker 张量积 .\

minus 减 −

mpower 矩阵乘方 ^

uplus 正号 +

times 数组乘 .*

mrdivide 矩阵右除 /

ldivide 数组左除 .\

2．关系符

eq 等于 ==

ne 不等于 ~=

le 小于等于 <=

lt 小于 <

gt 大于 >

ge 大于等于 >=

3．逻辑运算符

and 逻辑与 &

not 逻辑否 ~

any 向量有非零元素时为真

or 逻辑或 |

xor 逻辑异或

all 向量全为非零时为真

4. 特殊符号

colon 冒号 ：	paren 方括号 []
paren 圆括号 ()	paren 大括号 {}
punct 小数点 .	punct 续行符 …
punct 分号 ；	punct 执行操作系统命令 ！
punct 父目录 ..	punct 引用 '
punct 逗号 ，	punct 备注 %
punct 赋值 =	transpose 矩阵的转置 '
ctranspose 共轭转置 '	horzcat 水平连接 [,]
vertcat 竖直连接 [;]	

5. 二进制数的位运算

bitand 位与	bitor 位或
bitxor 位异或	bitget 得到位
bitcmp 位补	bitmax 最大浮点整数
bitset 设置位	bitshift 移位操作

6. 设置操作

union 设置并	intersect 设置交
setdiff 设置差	setxor 设置异或

B.3　参　数　选　择

1. 参数选择文件

startup 用户启动文件	matlabrc 主启动文件
finish 用户结束文件	printopt 打印机默认值

2. 参数选择命令

colordef 设置颜色默认值	whitebg 改变轴的背景色
graymon 设置图形窗口默认值	

3. 配置信息

hostid 显示 MATLAB 服务器识别号	version 显示 MATLAB 的版本号
license 显示 MATLAB 的 License	

4. 功能函数

userpath 查看或改变用户的环境路径

B.4　数据类型和结构

1. 数据类型

double 双精度类型	char 定义字符数组或字符串

cell　定义单元

inline　构造内联对象

uint8　转换至 8 位无符号整数

struct　生成或转换至结构阵列

sparce　生成稀疏矩阵

2. 多维数组函数

cat　连接数组

ndgrid　生成 n 维空间的网格

ipermute　反向置换数组维数

squeeze　消去次元

ndims　数组维数

permute　数组维数重排

shiftdim　替换维数

3. 单元数组函数

cell　生成单元数组

celldisp　显示单元数组内容

iscell　单元数组判断

num2cell　转换数值数组成单元数组

cellplot　单元数组的图形描述

deal　将输入处理成输出

struct2cell　转换结构数组成单元数组

cell2struct　转换单元数组成结构数组

4. 结构函数

struct　生成或转换成结构数组

getfield　得到结构域目录

fieldnames　得到结构域名

isfield　判断域是否在结构数组中

isstruct　判断是否为结构

rmfield　消除结构域

setfield　设置结构域目录

5. 导向目标的程序函数

class　产生对象或返回对象的类

isobject　判断是否为对象

isa　判断对象是否为给定类

inferiorto　下级类关系

methods　显示类的方法名

struct　转换对象至结构数组

superiorto　上级类关系

6. 基本数学符号

plus　加

times　数组乘

rdivide　数组右除

mtimes　矩阵乘

mrdivide　矩阵右除

uplus　正号

horzcat　水平连接

lt　小于

gt　大于

eq　等于

and　与

or　或

minus　减

power　数组乘方

ldivide　数组左除

mldivide　矩阵左除

mpower　矩阵乘方

uminus　负号

vertcat　竖直连接

le　小于等于

ge　大于等于

ne　不等于

not　非

subsref　子空间

subsasgn 子空间赋值   colon 冒号算符

transpose 数组转置   ctranspose 共轭转置

subsindex 坐标索引

B.5 数据分析和 Fourier 变换

1. 基本操作

max 最大元素   min 最小元素

mean 平均值   median 中值

std 标准差   sortrows 以升序排列

sort 以升序排序（数）   sum 元素和

prod 元素积   trapz 梯形法求数值积分

cumsum 元素累和   cumprod 元素累积

cumtrapz 梯形法累积数值积分   hist 直方图

2. 有限差分

diff 差分和近似导数   del2 离散 Laplace 算子

gradient 近似梯度

3. 相关关系

corrcoef 相关系数（矩阵）   subspace 子空间夹角

cov 协变矩阵、协方差

4. 滤波和卷积

filter 一维数值滤波   filter2 二维数值滤波

conv 卷积和多项式乘法   conv2 二维卷积

convn n 维卷积   deconv 反卷积和多项式除法

5. Fourier 变换

fft 离散 Fourier 变换   fft2 二维离散 Fourier 变换

fftn n 维离散 Fourier 变换   ifft 离散 Fourier 逆变换

ifft2 二维离散 Fourier 逆变换   ifftn n 维离散 Fourier 逆变换

fftshift 重排 fft 和 fft2 的输出

6. 声音和音频处理

sound 演奏声音矢量   soundsc 自动按比例演奏声音矢量

mu2lin 将语音编码转换成线性信号   lin2mu 将线性信号转换成语音编码

7. 声音文件的输入/输出

auwrite 以 au 格式写入声音文件   wavwrite 以 wav 格式写声音文件

auread 读出 au 格式声音文件   wavread 读出 wav 格式声音文件

B.6　基本矩阵和矩阵操作

1. 基本矩阵函数

zeros　零矩阵函数

eye　单位矩阵

randn　正态分布随机数（阵）

logspace　对数间距矢量

repmat　折叠或平铺数组

ones　全 1 矩阵

rand　均匀分布随机数（阵）

linspace　线性间距矢量

meshgrid　三维网图

:　规则间距矢量和矩阵索引

2. 基本数组操作

size　矩阵大小

ndims　维数

logical　转换数值为逻辑型

isnumeric　判断数值矩阵

islogical　判断逻辑数组

length　数组长度

disp　矩阵或文字显示

isempty　判断空矩阵

isequal　判断相等数组

3. 矩阵操作

reshape　矩阵重置

tril　抽取下三角部分

fliplr　左右方向翻转矩阵

rot90　顺时针 90°翻转矩阵

find　寻找非零元素坐标

ind2sub　线性下标的多维索引

triu　抽取上三角部分

diag　生成对角矩阵和矩阵对角向量

flipud　上下方向翻转矩阵

flipdim　按指定维数翻转矩阵

:　规则置向量或矩阵内部索引

sub2ind　多下标的线性索引

4. 专用变量和常量

ans　最新答案

realmax　最大正浮点数

pi　3.1415926535897…圆周率

inf　无限大

isnan　判断不定数

isinf　判断无限大元素

eps　浮点运算相对精度

realmin　最小正浮点数

i, j　复数单位

NaN　不定数

isfinite　判断有限大元素

5. 特殊矩阵

compan　友矩阵函数

hilb　Hilbert 矩阵

magic　魔方矩阵

vander　范德蒙矩阵

hankel　Hankel 矩阵

toeplitz　Toeplitz 矩阵

hadamard　Hadamard 矩阵

invhilb　Hilbert 矩阵的逆

rosser　经典对称特征值测试矩阵

gallery Higham　测试阵

pascal　Pascal 矩阵

wilkinson　Wilkinson 特征值测试矩阵

6．其他共享函数

freqspace　频率响应的频率间隔函数

B.7　基本数学函数

1．三角函数

sin　正弦函数	sinh　双曲正弦函数
asin　反正弦函数	asinh　反双曲正弦函数
cos　余弦函数	cosh　双曲余弦函数
acos　反余弦函数	acosh　反双曲余弦函数
tan　正切函数	tanh　双曲正切函数
atan　反正切函数	atanh　反双曲正切函数
sec　正割函数	sech　双曲正割函数
asec　反正割函数	asech　反双曲正割函数
csc　余割函数	csch　双曲余割函数
acsc　反余割函数	acsch　反双曲余割函数
cot　余切函数	coth　双曲余切函数
acot　反余切函数	acoth　反双曲余切函数
atan2　四象限反正切函数	

2．指数函数

exp　指数函数	log　自然对数函数
log10　常用（以 10 为底）对数函数	log2　以 2 为底对数函数
pow2　以 2 为底的幂函数	nextpow2　求不小于变量的最小 2 指数
sqrt　平方根函数	

3．复数函数

abs　模函数	angle　相角函数
unwrap　打开相角函数	conj　复共轭函数
real　复矩阵实部	imag　复矩阵虚部
isreal　实阵判断函数	cplxpair　调整数为共轭对

4．舍入函数和剩余函数

fix　朝零方向舍入	floor　朝负方向舍入
ceil　朝正方向舍入	round　四舍五入函数
sign　符号函数	mod　（带符号）求余函数
rem　无符号求余函数	

B.8　矩　阵　函　数

1．矩阵分析

norm　矩阵或向量的范数	normest　估计矩阵的 2 范数

rank　矩阵的秩

trace　矩阵的迹

orth　正交化

rref　简化行为梯形型

det　矩阵行列式的值

null　零空间

subspace　两个解空间的夹角

2．线性方程

\、/　线性方程解（除）

condest　1 范条件数估计

icho　不完全 Cholesky 分解

ilu　不完全 LU 分解

pinv　伪逆

lscov　已知协方差的最小二乘法

cond　条件数

chol　Cholesky 分解

lu　LU 分解

qr　QR 分解

inv　矩阵的逆

3．特征值和奇异值

eig　特征值和特征向量

svd　奇异值分解

poly　特征多项式

condeig　已知特征值求条件数

hess　Hessenberg 型

eigs　六个最大的特征值和特征向量

svds　六个最大的奇异值和奇异向量

polyeig　多项式特征值问题

qz　广义特征值的 QZ 分解

schur　Schur 分解

4．矩阵函数

expm　矩阵指数

sqrtm　矩阵平方根

logm　矩阵对数

funm　一般矩阵函数计算

5．分解功能函数

qrdelete　从 QR 分解出发消去列

qrinsert　从 QR 分解出发插入列

cdf2rdf　复对角块变为实对角块

balance　改善特征值精度的对角变换

rsf2csf　实对角块变为复对角块

planerot　Given's 平面旋转

6．其他共享函数

expm1　由 Pade 近似计算矩阵指数

B.9　稀 疏 矩 阵

1．基本稀疏矩阵

speye　稀疏单位阵

sprandn　稀疏的正态分布随机阵

spdiags　以对角带形成稀疏阵

sprand　稀疏的均匀分布随机阵

sprandsym　稀疏的对称随机阵

2．稀疏阵和满阵的转换

sparse　产生稀疏阵

find　非零元素索引

full　转换稀疏阵为满阵

spconvert　从稀疏阵外部形式输入

3．稀疏阵的操作

nnz　非零矩阵元素数目

nonzeros　返回非零矩阵元素

nzmax　非零矩阵元素的内存分配

spones　以 1 代替非零矩阵元素

spalloc　稀疏矩阵的空间分配

issparse　判断稀疏矩阵

spfun　非零矩阵元素的应用函数

spy　稀疏图可视化

4．重排算法

colperm　列排列

randperm　随机排列

symrcm　对称反 Cuthill-McKee 排列

dmperm　Dulmage-Mendelsohn 法排列

5．线性代数

eigs　六个最大的特征值和特征向量

svds　六个最大的奇异值和奇异向量

ilu　不完全 LU 分解

icho　不完全 Cholesky 分解

normest　矩阵 2 范数估计

sprank　结构秩

condest　条件数估计（1 范）

6．线性方程（迭代法）

pcg　预处理共轭梯度法

bicg　Bi 共轭梯度法

bicgstab　Bi 稳定共轭梯度法

cgs　二次共轭梯度法

gmres　广义最小残差法

qmr　准最小残差法

7．图形操作

treelayout　展示树

treeplot　绘制树图

etree　消去树

etreeplot　绘制消去树

gplot　绘图（以图论）

8．其他方面

symbfact　符号因式分解分析

spparms　稀疏矩阵的参数设置

spaugment　形成最小二乘扩充系统

9．功能函数

rjr　随机 Jacobi 旋转

10．旧版本函数

unmesh　转换边界表为图或矩阵

B.10　专用数学函数

1．专用数学函数

airy　Airy 函数

besselj　第一类 Bessel 函数

bessely　第二类 Bessel 函数

besselh　第三类 Bessel 函数

besseli　改进的第一类 Bessel 函数

besselk　改进的第二类 Bessel 函数

beta Beta 函数	betainc 不完全的 Beta 函数
betaln Beta 函数的对数	ellipke 完全椭圆积分
erfc 补充的误差函数	ellipj Jacobi 椭圆函数
erf 误差函数	erfcx 比例补充误差函数
erfinv 反误差函数	gamma Gamma 函数
gammaln Gamma 函数的对数	gammainc 不完全 Gamma 函数
legendre 联合 legendre 函数	cross 向量叉积
expint 幂积分函数	

2. 数字理论函数

factor 主因子	isprime 判断主数
primes 生成主数列表	gcd 最大公约数
lcm 最小公倍数	rat 有理逼近
rats 有理输出	nchoosek n 个元素中取 k 个的所有组合
perms 所有可能排列	

3. 坐标变换

cart2sph 转换笛卡儿坐标为球坐标系	sph2cart 转换球坐标为笛卡儿坐标系
cart2pol 转换笛卡儿坐标为极坐标系	pol2cart 转换极坐标为笛卡儿坐标系
hsv2rgb 转换饱和色值颜色为红-绿-蓝色系	rgb2hsv 转换红-绿-蓝色系为饱和色值颜色

4. 其他函数

dot 向量点积

B.11 时间函数

1. 日期和时间函数

now 以日期数字的形式返回日期、时间	clock 以日期向量的形式返回日期、时间
date 以日期字符串的形式返回日期	

2. 基本函数

datenum 日期数字	datevec 日期组成
datestr 日期字符	

3. 日期函数

calendar 返回日历	eomday 返回给定年月的最后日期
weekday 返回星期	datetick 日期格式标记表

4. 计时函数

cputime 以秒返回 CPU 时间	tic, toc 启动、关闭计时器
etime 占用时间	pause 以输入值秒为单位等待

B.12 二 维 图

1. 基本二维图

plot　线性绘图　　　　　　　　　　　semilogx　半对数（x）坐标图
semilogy　半对数（y）坐标图　　　　　loglog　双对数坐标图
polar　极坐标图　　　　　　　　　　　plotyy　左右各有 y 标签的二维图

2. 坐标轴控制

axis　控制坐标轴的比例和外观　　　　　zoom　二维放缩
grid　栅格线　　　　　　　　　　　　box　轴箱
hold　保持当前图窗　　　　　　　　　subplot　分割图窗
axes　在任意位置产生坐标轴

3. 图形注解

legend　图形标签　　　　　　　　　　title　图题目
xlabel　x 轴标签　　　　　　　　　　ylabel　y 轴标签
text　文字注解　　　　　　　　　　　gtext　鼠标标注

4. 打印

print　打印图形　　　　　　　　　　printopt　打印机默认值
orient　设置纸走向

5. 功能

selectmoveresize　用来抓和移动图例轴

B.13 图 形 句 柄

1. 图形窗口的生成和控制

figure　生成图形窗口　　　　　　　　gcf　得到当前图形句柄
clf　清除当前图形　　　　　　　　　shg　显示图形窗口
close　关闭图形　　　　　　　　　　refresh　刷新图形

2. 轴的生成和控制

subplot　生成子图窗　　　　　　　　axes　任意位置生成轴
axis　控制轴比例和外观　　　　　　　gca　得到当前轴的句柄
cla　清除当前轴　　　　　　　　　　box　轴箱形式显示坐标轴
caxis　控制伪色轴比例　　　　　　　hold　保持当前图形
ishold　返回保持状态

3. 处理图形对象

figure　生成图形窗口

axes　生成轴

line　生成线

text　生成文字

patch　生成多边形

surface　生成面

image　生成图像

light　生成光线

uicontrol　生成用户界面控制

uimenu　生成用户界面菜单

4. 处理图形操作

set　设置对象属性

get　得到对象属性

reset　重置对象属性

delete　消除对象

gco　得到当前对象句柄

gcbo　得到当前回收对象句柄

gcbf　得到当前回收图像句柄

drawnow　实行待定图像事件

findobj　以特定属性值找到对象

copyobj　复制图像对象和它的子图

5. 打印

print　打印图像

printopt　打印机默认值

orient　设置打印纸方向

6. 功能回收

closereq　靠近请求功能图像

ishandle　判断图像句柄

newplot　指定绘图区

clf　清除图像窗口

B.14　特　殊　图　形

1. 特殊二维图形

area　填充面积图

bar　条形图

barh　水平柱图

bar3　三维柱状图

bar3h　水平三维柱状图

errorbar　误差条形图

feather　箭头图（矢量图）

fplot　给定范围的函数图

comet　彗星形轨线

ezplot　函数图

fill　填充二维多边形

hist　直方图

pareto　Pareto 图表

pie　Pie 图表

pie3　三维 Pie 图表

ribbon　以三维带形式画二维线

stem　火柴杆图

stairs　台阶图

2. 等高线图和向量图

contour　等高线图

contourf　填充等高线图

contour3　三维等高线图

clabel　等高线图仰角标签

pcolor　伪色图

voronoi　Voronoi 图表

quiver　向量图

3. 特殊三维图

comet3　三维彗星轨线

meshz　三维网帘图

surfc　表面/轮廓组合图

trisurf　三角形表面图

slice　测定体积的切片图

meshc　网格/轮廓组合图

quiver3　三维振动图

trimesh　三角形网图

stem3　三维火柴杆图

waterfall　瀑布图

4. 图形显示和文件输入/输出

image　显示图形

colormap　颜色搜寻表

contrast　灰度色图来增强图形对比

brighten　亮度开关

imwrite　写图像到图形文件

imagesc　坐标数据和图形显示

gray　线性灰度色图

colorbar　显示色条

imread　从图形文件中读图像

imfinfo　图形文件信息

5. 动画

capture　抓取当前图窗的图

rotate　旋转对象

movie　播放动画框架

im2frame　转换索引图形格式为动画

getframe　得到动画框架

moviein　初始化动画帧存储器

frame2im　转换动画框架为索引图形

6. 颜色关系函数

spinmap　旋转色图

colstyle　从字符串判断颜色和类型

rgbplot　绘制色图

7. 固体模型

cylinder　生成圆柱

patch　生成多边形

sphere　生成球

B.15　三　维　图

1. 基本三维图

plot3　三维点线图

mesh　三维网面

surf　三维色面

fill3　填充三维多边形

2. 颜色控制

colormap　颜色查找表

shading　颜色渲染模式

brighten　色图亮度开关

caxis　伪色轴比例控制

hidden　消隐线切除模式

3. 光线操作

surfl　三维光照阴影面

lighting　光照模式

material　材料反射比模式　　　　diffuse　漫反射比

specular　镜面反射比　　　　　　surfnorm　表面标准

4．色图

hsv　饱和色度色图　　　　　　　gray　线性灰度色图

copper　线性铜色调色图　　　　　white　全白色图

lines　线色的色图　　　　　　　 jet　HSV 的变异

cool　青色和洋红色阴影的色图　　spring　黄、洋红色阴影的色图

summer　黄绿色阴影的色图　　　　hot　黑-红-黄-白色图

bone　蓝色调灰度色图　　　　　　pink　粉红色图的柔和阴影

flag　交互的红、白、蓝、黑色图　colorcube　增强的立方色的色图

prism　棱镜色图　　　　　　　　 autumn　红黄色阴影的色图

winter　蓝绿色阴影的色图

5．轴控制

axis　控制轴比例和外观　　　　　grid　栅格线

hold　当前图保持开关　　　　　　zoom　图形放缩

box　轴箱　　　　　　　　　　　 axes　任意位置产生轴

6．观察点控制

view　三维图观察点控制　　　　　rotate3d　三维图的交互式旋转观察点

viewmtx　观察点转换矩阵

7．图形注解

title　图名标注　　　　　　　　 xlabel　x 轴标签

ylabel　y 轴标签　　　　　　　　 zlabel　z 轴标签

colorbar　显示颜色条　　　　　　text　文字注解

gtext　鼠标标注

B.16　插值和多项式

1．数据插值

interp1　一维插值（查表）　　　　interp1q　快速一维线性插值

interpft　FFT 方法一维插值　　　　interp2　二维插值

interp3　三维插值　　　　　　　　griddata　数值栅格和曲面拟合

2．曲线插值

spline　立方曲线样条插值　　　　ppval　分段多项式估计函数

3．几何分析

voronoi　Voronoi diagram　　　　rectint　矩形交叉区

convhull 凸壳

inpolygon 判断点是否在多边形区域内

polyarea 多边形面积

4. 多项式函数

roots 多项式根

poly 由根得多项式

polyval 多项式值

polyvalm 以矩阵自变量求多项式值

residue 留数（残数）

polyfit 为数据拟合多项式

polyder 微分多项式

conv 多项式乘法

deconv 多项式除法

5. 功能函数

xychk 一维和二维数据自变量检验

xyzchk 三维数据自变量检验

xyzvchk 三维空间数据自变量检验

automesh 判断是否输入应被自动网格化

mkpp 分解多项式

unmkpp 分解多项式的详细过程

resi2 重极点留数

tzero 线性系统的不变零点

abcdchk 检查 a, b, c, d 矩阵的一致性

ss2tf 转换状态-空间系统为传递函数

ss2zp 转换状态-空间系统为零点-极点系统

tf2ss 转换传递函数为状态-空间系统

tf2zp 转换传递函数为零点-极点系统

zp2ss 转换零点-极点系统为状态-空间系统

zp2tf 转换零点-极点系统为传递函数

tfchk 适当传递函数检验

B.17　语言程序设计

1. 控制流

if 条件判断

else 条件判断

else if 条件判断

end for、while、switch 和 if 语句的结束标志

for 循环语句

while 循环语句

break while、for 的循环中断语句

switch 分支语句

case switch 条件判断

otherwise 默认 switch 条件

return 返回函数

2. 执行函数

eval 执行命令串表达式

evalin 在工作区中执行表达式

assignin 在工作区中分配变量

feval 执行串指定函数

builtin 执行内置函数

run 运行命令

3. 命令、函数、变量

script 命令

global 定义通用变量

lists 逗号分离表

isglobal 检验通用变量

function 函数

mfilename 显示当前执行的M文件的文件名

exist 检验变量或函数是否定义

4. 自变量处理

narginchk 输入自变量的数目 nargout 函数输出自变量的数目
varargout 输出变量表的变量长度 nargin 函数输入自变量的数目
varargin 输入变量表的变量长度 inputname 输入自变量名

5. 消息显示

error 显示出错信息 lasterr 上次出错信息
disp 显示数组 sprintf 写格式数据到字符串
warnmg 显示警告信息 fprintf 显示格式信息

6. 交互式输入

input 提示用户输入 pause 等待用户反应
uicontrol 产生用户交互控制 keyboard 请求键盘输入
uimenu 产生用户交互菜单

B.18 文件输入/输出函数

1. 文件打开关闭函数

fopen 打开文件 fclose 关闭文件

2. 二进制文件输入/输出函数

fread 从文件中读二进制数据 fwrite 写二进制数据到文件

3. 格式文件输入/输出

fscanf 从文件读入格式数据 fprintf 写格式数据到文件
fgetl 从文件读行（丢弃新行） fgets 从文件读行（保持新行）
input 提示用户输入

4. 字符串转换

sprintf 写格式数据到字符串 sscanf 以格式控制读字符串

5. 文件状态

ferror 查究文件错误状态 fseek 设置文件位置指示
frewind 设置文件位置指示到开头 feof 文件结束判断
ftell 得到文件位置标识

6. 文件名处理

matlabroot MATLAB 安装根目录 pathsep 平台路径分离
fullfile 建立全文件名 tempdir 得到暂时目录
filesep 平台目录分离 mexext 平台 MEX 文件名扩展
partialpath 部分路径名 tempname 得到暂时文件

7. 文件输入/输出函数

load　从 MAT 文件加载工作空间　　save　保存工作空间到 MAT 文件
dlmread　读 ASCII 码文件　　dlmwrite　写 ASCII 码文件

8. 图像文件输入/输出函数

imread　从图形文件读图像　　imwrite　写图像到图形文件
imfinfo　返回图形文件信息

9. 声音文件输入/输出函数

auwrite　写 au 格式声音文件　　auread　读 au 格式声音文件
wavwrite　写 wav 格式声音文件　　wavread　读 wav 格式声音文件

10. 命令窗口输入/输出

clc　清除命令窗口　　disp　显示
pause　等待用户反应　　home　光标移至行首
input　提示用户输入

B.19　字符串函数

1. 常用函数

char　生成字符串　　cellstr　从字符数组生成字符串
deblank　移去字符串内空格　　double　字符串转换为数值码
blanks　空串　　eval　以 MATLAB 表达式执行串

2. 串检验

ischar　字符串检验　　isletter　字母检验
iscellstr　字符串的单元阵检验　　isspace　空格检验

3. 串操作

strcat　连接串　　char　垂直连接串
strcmp　比较串　　strncmp　比较串的前 N 个字符
findstr　在其他串中找此串　　strrep　以其他串代替此串
upper　转换串为大写　　lower　转换串为小写
strjust　证明字符数组　　strtok　寻找串中记号

4. 字符串和数字间的转换

num2str　数字转换为字符串　　mat2str　矩阵转换为字符串
int2str　整数转换为字符串　　str2num　转换字符串为数字
sprintf　将格式数据写为字符串　　sscanf　在格式控制下读字符串

5. 基本数字转换

hex2num　转换十六进制串为双精度数　　hex2dec　转换十六进制串为十进制整数

dec2hex　转换十进制整数为十六进制串　　dec2bin　转换十进制整数为二进制串
dec2base　转换十进制整数为 B 底字符串　　bin2dec　转换二进制串为十进制整数
base2dec　转换 B 底字符串为十进制整数

B.20　符号数学工具箱

1．微积分

diff　微分函数　　　　　　　　　　　　int　积分函数
limit　极限函数　　　　　　　　　　　jacobian　Jacobi 矩阵
taylor　泰勒级数展开函数　　　　　　　symsum　序列求和

2．线性代数

diag　产生或提取对角阵　　　　　　　　triu　提取上三角
tril　提取下三角　　　　　　　　　　　inv　矩阵的逆
det　行列式的值　　　　　　　　　　　rank　矩阵的秩
rref　简化梯形阵　　　　　　　　　　　null　基本零空间
colspace　基本列空间　　　　　　　　　eig　特征值和特征向量
svd　奇异值分解　　　　　　　　　　　poly　特征多项式
jordan　Jordan 标准型　　　　　　　　　expm　矩阵指数函数

3．矩阵的简化

simplify　简化函数　　　　　　　　　　factor　因数分解
simple　寻找最短型　　　　　　　　　　horner　嵌套多项式表示
expand　展开函数　　　　　　　　　　　collect　合并同类项
numden　分子和分母

4．求解方程

solve　代数方程的符号求解　　　　　　compose　复合函数
dsolve　微分方程的符号求解

5．变量精度

vpa　变量精度函数　　　　　　　　　　digits　设置变量精度

6．固有变换

fourier　Fourier 变换　　　　　　　　　laplace　Laplace 变换
ztrans　Z 变换　　　　　　　　　　　　ifourier　Fourier 逆变换
ilaplace　Laplace 逆变换　　　　　　　iztrans　Z 逆变换

7．转换函数

double　转换符号矩阵为双精度　　　　　sym2poly　符号多项式转换成系数向量
poly2sym　系数向量转换成符号多项式　　char　转换符号对象为字符串

8. 基本操作

sym　生成符号对象 　　　　　　　　　　syms　定义多个符号对象
symvar　确定符号变量

9. 字符串

isvarname　检验有效变量名 　　　　　　vectorize　符号表达式的向量化

10. 图形应用

ezplot　函数图形 　　　　　　　　　　funtool　函数计算器

11. Maple 接口

mfun　Maple 函数的数字值 　　　　　　mfunlist　mfun 函数表

B.21　统计工具箱

1. 参数估计

betafit　Beta 参数估计 　　　　　　　expfit　指数参数估计
mle　极大似然估计 　　　　　　　　　poissfit　Poisson 参数估计
wblfit　Weibull 参数估计 　　　　　　binofit　二项式参数估计
gamfit　Gamma 参数估计 　　　　　　normfit　标准正态参数估计
unifit　均匀参数估计

2. 概率密度函数

betapdf　Beta 密度 　　　　　　　　　chi2pdf　卡方密度
fpdf　F 分布密度函数 　　　　　　　　geopdf　几何分布密度函数
lognpdf　对数分布密度函数 　　　　　　ncfpdf　非中心 F 分布密度函数
ncx2pdf　非中心卡方分布密度函数 　　　pdf　指定分布的密度函数
raylpdf　Rayleigh 分布密度函数 　　　　unidpdf　离散均匀分布密度函数
wblpdf　Weibull 分布密度函数 　　　　binopdf　二项式密度
exppdf　指数密度 　　　　　　　　　　gampdf　Gamma 分布密度函数
hygepdf　超几何分布密度函数 　　　　　nbinpdf　负二项式分布密度函数
nctpdf　非中心 T 分布密度函数 　　　　normpdf　正态分布密度函数
poisspdf　Poisson 分布密度函数 　　　　tpdf　T 分布密度函数
unifpdf　连续均匀分布密度函数

3. 累积分布函数

betacdf　Beta 累积分布函数 　　　　　cdf　估算选定的累积分布函数
expcdf　指数累积分布函数 　　　　　　gamcdf　Gamma 累积分布函数
hygecdf　超几何累积分布函数 　　　　　nbincdf　负二项式累积分布函数
nctcdf　非中心 T 累积分布函数 　　　　normcdf　正态累积分布函数

binocdf　二项式累积分布函数	chi2cdf　卡方累积分布函数
fcdf　F 累积分布函数	geocdf　几何累积分布函数
logncdf　对数累积分布函数	ncfcdf　非中心 F 累积分布函数
ncx2cdf　非中心卡方累积分布函数	poisscdf　Poisson 累积分布函数
rayicdf　Rayleigh 累积分布函数	unidcdf　离散均匀分布累积分布函数
wblcdf　Weibull 累积分布函数	tcdf　T 累积分布函数
unifcdf　连续均匀分布累积分布函数	

4．分布函数的临界值（分值点）

betainv　Beta 逆累积分布函数	chi2inv　卡方逆累积分布函数
finv　F 逆累积分布函数	geoinv　几何逆累积分布函数
icdf　选定的逆累积分布函数	nbininv　负二项式逆累积分布函数
nctinv　非中心 T 逆累积分布函数	norminv　正态逆累积分布函数
raylinv　Rayleigh 逆累积分布函数	unidinv　离散均匀分布逆累积分布函数
wblinv　Weibull 逆累积分布函数	binoinv　二项式逆累积分布函数
expinv　指数逆累积分布函数	gaminv　Gamma 逆累积分布函数
hygeinv　超几何逆累积分布函数	logninv　对数逆累积分布函数
ncfinv　非中心 F 逆累积分布函数	ncx2inv　非中心卡方逆累积分布函数
poissinv　Poisson 逆累积分布函数	tinv　T 逆累积分布函数
unifinv　连续均匀分布逆累积分布函数	

5．随机数的产生

betarnd　Beta 分布随机数	chi2rnd　卡方分布随机数
frnd　F 分布随机数	geornd　几何分布随机数
lognrnd　对数分布随机数	nbinrnd　负二项式分布随机数
nctrnd　非中心 T 分布随机数	normrnd　正态分布随机数
random　给定分布随机数	trnd　T 分布随机数
unifrnd　连续均匀分布随机数	binornd　二项式分布随机数
dexprnd　指数分布随机数	gamrnd　Gamma 分布随机数
hygernd　超几何分布随机数	mvnrnd　多元正态分布随机数
ncfrnd　非中心 F 分布随机数	ncx2rnd　非中心卡方分布随机数
poissrnd　Poisson 分布随机数	raylrnd　Rayleigh 分布随机数
unidrnd　离散均匀分布随机数	wblrnd　Weibull 分布随机数

6．统计量

betastat　Beta 分布期望和方差	chi2stat　卡方分布期望和方差
fstat　F 分布期望和方差	geostat　几何期望和方差
lognstat　对数分布期望和方差	ncfstat　非中心 F 分布期望和方差
ncx2stat　非中心卡方分布期望和方差	poisstat　Poisson 分布期望和方差
binostat　二项式分布期望和方差	expstat　指数分布期望和方差
gamstat　Gamma 分布期望和方差	hygestat　超几何分布期望和方差

nbinstat　负二项式分布期望和方差　　　nctstat　非中心 T 分布期望和方差

normstat　正态分布期望和方差　　　　　raylstat　Rayleigh 分布期望和方差

tstat　T 分布期望和方差　　　　　　　　unifstat　连续均匀分布期望和方差

unidstat　离散均匀分布期望和方差　　　wblstat　Weibull 分布期望和方差

7. 描述性统计

corrcoef　相关系数　　　　　　　　　　crosstab　叉表

grpstats　群的摘要统计　　　　　　　　kurtosis　峰度函数

mean　简单平均函数　　　　　　　　　　moment　样本动差

nanmean　均值　　　　　　　　　　　　nanmedian　中值

nanmax　极大值　　　　　　　　　　　　nanmin　极小值

nanstd　标准差　　　　　　　　　　　　nansum　求和

range　极差　　　　　　　　　　　　　tabulate　频率表

var　方差　　　　　　　　　　　　　　cov　协方差

geomean　几何均数　　　　　　　　　　harmmean　和谐平均值

mad　中值绝对差分　　　　　　　　　　median　中位数

prctile　百分位数　　　　　　　　　　skewness　偏斜度

trimmean　调整平均值

8. 线性模型

anova1　单因素试验的方差分析　　　　anova2　双因素试验的方差分析

dummyvar　虚变量编码　　　　　　　　lscov　已知协方差矩阵的最小二乘估计

polyval　多项式函数的预测值　　　　　regstats　回归诊断

rstool　多维反应表面可视化　　　　　　x2fx　基因设置矩阵

leverage　回归诊断法　　　　　　　　　polyfit　最小二乘多项式拟合

regress　多元线性回归　　　　　　　　　ridge　脊回归

stepwise　梯式回归的交互工具

9. 非线性模型

nlinfit　非线性最小二乘拟合　　　　　nlpredci　预测置信区间函数

nlintool　非线性模型的 GUI 工具预测　nlparci　参数的置信区间

10. 试验设计

cordexch　D-最佳设计　　　　　　　　dcovary　固定公变量的 D-最佳设计

fullfact　全因子设计　　　　　　　　　rowexch　行交换

daugment　增强 D-最佳设计　　　　　　ff2n　二级全因子设计

hadamard　正交阵

11. 统计过程控制

capaplot　性能图　　　　　　　　　　normspec　给定限制的正态密度图

histfit　正态分布密度的直方图

12．主要元素分析

barttest　Bartlett's 维数检验

pcacov　协变矩阵的主要元素

pcares　主要元素残差

princomp　原始数据的主要元素分析

13．多元统计学

classify　线性判别式分析

mahal　马哈朗诺比斯距离

14．假设检验

ranksum　Wilcoxon 秩和检验

ttest　正态样本与常数比较的期望（t）检验

signrank　Wilcoxon 符号秩检验

signtest　符号检验

ttest2　双正态样本的期望（t）检验

ztest　Z 检验

15．统计图

boxplot　箱形图

lsline　在离散点图中加最小二乘拟合曲线

refline　参考直线

fsurfht　函数的交互式轮廓图

normplot　正态概率图

surfht　数据栅格的交互式轮廓图

gline　图形点、线的绘制

qqplot　Quantile-Quantile 图

wblplot　Weibull 概率图

gname　二维图的交互式标注

refcurve　参考多项式曲线

16．统计演示

disttool　测试概率分布函数的图形用户界面工具

randtool　产生随机数的图形用户界面工具

rsmdemo　反应模型（DOE、RSM 非线性曲面拟合）

polytool　预测拟合多项式的交互图

17．文件基本输入/输出

tblread　以表格方式读入数据

caseread　以块名读入

tblwrite　以表格方式写出数据

casewrite　以块名写出

18．功能函数

betalike　负 Beta 对数似然函数

gamlike　负 Gamma 对数似然函数

hougen　Hougen 模型的预测函数

B.22　最优化工具箱

1．非线性最小化函数

fgoalattain　多目标达到优化

fminimax　最小的最大解

fsolve　非线性方程求解

fzero　非线性方程求解（数量情况）

fseminf　半无穷区间最小化

fminbnd　有边界最小化

fminsearch　使用简单法的无约束最小化

fminunc　使用梯度法的无约束最小化

lsqnonlin　非线性最小二乘

2．矩阵问题的最小化

linprog　线性规划	lsqnonneg　非负线性最小二乘
quadprog　二次规划	lsqlin　约束线性最小二乘

B.23　常微分方程解法（ODE）

1．常微分方程解

ode23　解非刚性微分方程（低阶方法）

2.常微分方程参数处理

odeset　产生/改变参数结构	odephas3　三维相平面输出函数
odeget　得到参数数据	odeprint　命令窗口打印输出函数

参 考 文 献

[1] 李庆杨，王能超，易大义. 数值分析. 5 版. 北京：清华大学出版社，2008.

[2] 关治，陆金甫. 数值方法. 北京：清华大学出版社，2006.

[3] 蔡大用，白峰杉. 高等数值分析. 北京：清华大学出版社，1997.

[4] 西安交通大学. 复变函数. 北京：高等教育出版社，1996.

[5] 白峰杉. 数值计算引论. 北京：高等教育出版社，2004.

[6] 盛骤，谢式千，潘承毅. 概率论与数理统计. 北京：高等教育出版社，1997.

[7] 盛骤，谢式千，潘承毅. 概率论与数理统计. 4 版. 北京：高等教育出版社，2010.

[8] 陈宝林. 最优化理论与算法. 2 版. 北京：清华大学出版社，2005.

[9] 张立卫，单锋. 最优化方法. 北京：科学出版社，2010.

[10] 黄红选，韩继业. 数学规划. 北京：清华大学出版社，2006.

[11] 王永县. 运筹学——规划论及网络. 北京：清华大学出版社，2011.

[12] 王沫然. MATLAB 5.x 与科学计算. 北京：清华大学出版社，2000.

[13] 王沫然. MATLAB 与科学计算. 2 版. 北京：电子工业出版社，2003.

[14] MATLAB 2011b Release Notes. Mathworks. 2011.

[15] Highlight of R2011b. Mathworks. 2011.

[16] 王正林，刘明. 精通 MATLAB（升级版）. 北京：电子工业出版社，2011.

[17] 张志涌. 精通 MATLAB R2011a. 北京：北京航空航天大学出版社，2011.

[18] 王沫然. Simulink4 建模及动态仿真. 北京：电子工业出版社，2002.

[19] An Introduction to Numerical Methods: a MATLAB approach. 2011. A. Kharab, R.B. Guenther. CRC Press.

[20] 王沫然. MATLAB 与科学计算. 3 版. 北京：电子工业出版社，2012.

反侵权盗版声明

电子工业出版社依法对本作品享有专有出版权。任何未经权利人书面许可，复制、销售或通过信息网络传播本作品的行为；歪曲、篡改、剽窃本作品的行为，均违反《中华人民共和国著作权法》，其行为人应承担相应的民事责任和行政责任，构成犯罪的，将被依法追究刑事责任。

为了维护市场秩序，保护权利人的合法权益，我社将依法查处和打击侵权盗版的单位和个人。欢迎社会各界人士积极举报侵权盗版行为，本社将奖励举报有功人员，并保证举报人的信息不被泄露。

举报电话：（010）88254396；（010）88258888

传　　真：（010）88254397

E-mail：　dbqq@phei.com.cn

通信地址：北京市万寿路 173 信箱

　　　　　电子工业出版社总编办公室

邮　　编：100036